生态养鸡

家庭农场致富指南

肖冠华　编著

化学工业出版社
·北京·

图书在版编目（CIP）数据

生态养鸡家庭农场致富指南/肖冠华编著. —北京：化学工业出版社，2022.11

ISBN 978-7-122-42081-7

Ⅰ.①生… Ⅱ.①肖… Ⅲ.①鸡-饲养管理-指南 Ⅳ.①S831.4 -62

中国版本图书馆CIP数据核字（2022）第160950号

责任编辑：邵桂林　　文字编辑：李玲子　药欣荣　陈小滔

责任校对：田睿涵　　装帧设计：韩　飞

出版发行：化学工业出版社

（北京市东城区青年湖南街 13 号　邮政编码 100011）

印　　装：北京缤索印刷有限公司

850mm×1168mm　1/32　印张 10　字数 251 千字

2023 年 1 月北京第 1 版第 1 次印刷

购书咨询：010-64518888　　售后服务：010-64518899

网　　址：http://www.cip.com.cn

凡购买本书，如有缺损质量问题，本社销售中心负责调换。

定　　价：69.80元

前言

PREFACE

鸡的生态养殖绿色环保、零排放，并与农业生产有机结合，相互促进，维持了生态平衡，体现了养殖业可持续发展的方针策略，无论从市场的角度还是从环保的立场都值得大力推广。用生态养鸡的方式养殖出来的“生态鸡蛋”或者“生态鸡肉”，因其肉质鲜美、营养丰富、绿色健康，备受人们的青睐，生态养鸡不论是现在，还是未来，都会有广阔的市场前景以及丰厚的利润回报。

家庭农场是全球最为主要的农业经营方式之一，在现代农业发展中发挥了非常重要的作用，各国普遍对发展家庭农场特别重视。作为农业的微观组织形式，家庭农场在欧美等发达国家已有几百年的发展历史，坚持以家庭经营为基础是世界农业发展的普遍做法。

2008 年，党的十七届三中全会所作的决定中提出，有条件的地方可以发展专业大户、家庭农场、农民专业合作社等规模经营主体，这是我国首次把家庭农场写入中央文件。

2013 年，中央一号文件进一步把家庭农场明确为新型农业经营主体的重要形式，并要求通过新增农业补贴倾斜、鼓励和支持土地流入、加大奖励和培训力度等措施，扶持家庭农场发展。

2019 年，中农发〔2019〕16 号《关于实施家庭农场培育计划的指导意见》中明确，加快培育出一大批规模适度、生产集约、管理先进、效益明显的家庭农场。

2020 年，中央一号文件中明确提出“发展富民乡村产业”“重点培育家庭农场、农民合作社等新型农业经营主体”。

2020 年 3 月，农业农村部印发了《新型农业经营主体和服务主体高质量发展规划（2020—2022 年）》，对包括家庭农场在内的新型农业经营主体和服务主体的高质量发展作出了具体规划。

家庭农场作为新型农业经营主体，有利于推广科技，提升农业生产效率，实现专业化生产，促进农业增产和农民增收。家庭农场相较于规模化养殖场也具有很多优势。家庭农场的劳动者主要是农场主本人及其家庭成员，这种以血缘关系为纽带构成的经济组织，其成员之间具有天然的亲和性。家庭成员的利益一致，内部动力高度一致，可以不计工时，无需付出额外的外部监督成本，可以有效克服“投机取巧、偷懒耍滑”等机会主义行为。同时，家庭成员在性别、年龄、体质和技能上的差别，有利于取长补短，实现科学分工，因此这一模式特别适用于农业生产，也提高了生产效率。特别对从事养殖业的家庭农场更有利，有利于调动家庭成员的积极性、主动性，使家庭成员在饲养管理上更有责任心、更加细心和更有耐心，也会使经营成本更低等。

国际经验与国内现实都表明，家庭农场是发展现代农业最重要的经营主体，将是未来最主流的农业经营方式。

由于家庭农场经营的专业性和实战性都非常强，涉及的种养方面知识和技能非常多，这就要求家庭农场主及其成员具备较强的专业技术，可以说专业程度决定其成败，投资越大，专业要求越高。同时，随着农业供给侧结构性改革，农业结构的不断调整以及农村劳动力的转移，新型职业农民成为从事农业生产的主力军。而新型职业农民的素质直接关乎农业的现代化和产业结构性调整的成效。加强对新型职业农民的职业培训，对全面扩展新型农民的知识范围和专业技术水平，推进农业供给侧结构性改革，转变农业发展方式，助力乡村全面振兴具有重要意义。

为顺应养鸡产业的不断升级和家庭农场健康发展的需要，本书针对生态养鸡家庭农场经营者应该掌握的经营管理重点知识和基本技能，对生态养鸡家庭农场投资兴办、养殖场区选址和规划、养殖环境控制、生态鸡优良品种的选择、饲料的加工与供应、鸡场日常饲养管理、疾病防治和家庭农场经营管理等家庭农场经营过程中涉及的一系列知识，详细地进行了介绍。

这些实用的技能，既符合家庭农场经营管理的需要，也符合新型职业农民培训的需要。为家庭农场更好地实现适度规模经营，取得良好的经济效益和社会效益助力。

本书在编写过程中，参考借鉴了国内外一些养殖专家和养殖实践者实用的观点和做法，在此对他们表示诚挚的感谢！由于编著者水平有限，书中很多做法和体会难免有不妥之处，敬请批评指正。

编著者

2022 年 12 月

CONTENTS

视频目录

第一章 家庭农场概述

一、家庭农场的概念

家庭农场，一个起源于欧美的舶来名词；在中国，它类似于种养大户的升级版。通常定义为：以家庭成员为主要劳动力，以家庭为基本经营单元，从事农业规模化、标准化、集约化生产经营。它是现代农业的主要经营方式。

家庭农场具有家庭经营、适度规模、市场化经营、企业化管理等四个显著特征，农场主是所有者、劳动者和经营者的统一体。家庭农场是实行自主经营、自我积累、自我发展、自负盈亏和科学管理的企业化经济实体。家庭农场区别于自给自足的小农经济的根本特征，就是以市场交换为目的，进行专业化的商品生产，而非满足自身需求。家庭农场与合作社的区别在于家庭农场可以成为合作社的成员，合作社是农业家庭经营者（可以是家庭农场主、专业大户，也可以是兼业农户）的联合。

从世界范围看，家庭农场是当今世界农业生产中最有效率、最可靠的生产经营方式。目前已经实现农业现代化的西方发达国家，普遍采取的都是家庭农场生产经营方式，并且在21世纪的今天，其重要性正在被重新发现和认识。

从我国国内情况看，20世纪80年代初期我国农村经济体制改革实行的家庭联产承包责任制，使我国农业生产重新采取了农户家庭生产经营这一最传统也是最有生命力的组织形式，极大地解放和发展了农业生产力。然而，家庭联产承包责任制这种“均田到户”的农地产权配置方式，形成了严重超小型、高度分散的土地经营格局，已越来越成为我国农业经济发展的障碍。在坚持和完善农村家庭承包经营制度的框架下，创新农业生产经营组织体制，推进农地适度规模经营，是加快推进农业现代化的客观需要，符合农业生产关系要调整适应农业生产力发展的客观规律要求。而家庭农场生产经营方式因其技术、制度及组织路径的便利性，成为土地集体所有制下推进农地适度规模经营的一种有效的实现形式，是家庭承包经营制的“升级版”。与西方发达国家以土地私有制为基础的家庭农场生产经营方式不同，我国的家庭农场生产经营方式是在土地集体所有制下从农村家庭承包经营方式的基础上发展而来的，因而有其自身的特点。我国的家庭农场是有中国特色的家庭农场，是土地集体所有制下推进农地适度规模经营的重要实现形式，是推进中国特色农业现代化的重要载体，也是破解“三农”问题的重要抓手。

家庭农场的概念自提出以来，一直受到党中央的高度重视，党中央为家庭农场的快速发展提供了强有力的政策支持和制度保障，使其具有广阔的发展前途和良好的未来。截至2018年底，全国家庭农场达到近60万家，其中县级以上示范家庭农场达8.3万家。全国家庭农场经营土地面积1.62亿亩，家庭农场的经营范围逐步走向多元化，从粮经结合，到种养结合，再到种养加一体化，一二三产业融合发展，经济实力不断增强。

二、生态养鸡家庭农场的经营类型

（一）单一生产型家庭农场

单一生产型家庭农场是指单纯以饲养生态肉鸡（图 1-1）或生态蛋鸡为主的生产型家庭农场，以饲养蛋鸡、肉鸡为核心，以出售鸡蛋和商品肉鸡为主要经济来源的经营模式。

图 1-1 林地养鸡

如小王是个地地道道的农民，高中未毕业就外出务工挣钱，城市生活的经历，让他发现如今绿色、环保、生态食品越来越受到消费者的青睐，这里面蕴含着巨大的商机。而自己的家乡环境优美，林地条件好，空气、土壤无污染，饮用水质佳，是发展生态养殖的理想之地。

2008 年，小王带着妻子回到了家乡，东拼西凑投资 20 万元，在老家流转了 20 多亩土地，开始了他的创业之路——发展生态养鸡。小王的第一批鸡苗，一共500只。当鸡长到两斤多的时候，眼看就可以出栏销售了，但因为经验不足，把防疫球虫病的药量搞错了，导致大批的鸡突然死亡。面对漫山遍野的死鸡，小王没有气馁，继续外出赚钱准备继续养鸡。

2013年，小王创办生态养殖家庭农场。他认识到必须打破传统养殖观念，依靠科学，创新方法，才能降低养殖成本，提高养殖效益。初期，小王常常外出学习养殖经验，购买了很多关于养殖管理、防疫防病的技术书籍学习，专注于尝试“以草代粮”的生态养殖技术。

终于，“以草代粮”的生态养殖技术在他的无数次尝试下取得成功。“利用益生菌发酵的原理，将野草切碎通过青贮发酵，使其软化和糖化，配合少量农家粮饲喂土鸡。”小王自信地说道，让野草变“不吃”为“要吃”，变“难吃”为“好吃”，真正达到了“以草代粮、变废为宝”的效果。

同时，为了让土鸡们有一个更好的生活环境，他还种草种树，栽植了1000余株核桃树，引进了各种牧草。小王夫妻俩每隔半个月就把鸡的粪便收集起来进行生物发酵养殖蚯蚓，再把蚯蚓和蚯蚓粪便加工成饲料用来喂猪、喂鱼，形成良性循环、可持续发展的绿色养殖模式。

现在，小王的生态养殖事业逐渐步入正轨，一开始不理解的父母也常常过来帮忙。“因为环境好，鸡在林地里，吃的是野草，喝的是井水，养出的鸡体格健壮、肉质细嫩，鸡蛋口感鲜香、胆固醇低、活性钙高，现在很多客人都是慕名前来购买。”说到销售，小王笑得合不拢嘴。

夫妻俩还在永乐镇、复兴镇、新政镇的市场都设有固定摊位销售，并向一些餐馆推销。由于鸡肉、鸡蛋味道纯正，经过几年的经营，小王的家庭农场生产的草鸡、草鸡蛋逐渐在市场上站稳了脚跟。

不仅如此，为了使自己的鸡和鸡蛋销路更广，小王还注册了商标，制作了精美的包装盒，在网上开起了网店，主要由妻子打理。现在，草鸡、草鸡蛋搭乘“电商快车”，飞出陈家沟，销往广东、新疆等地，端上了千家万户的餐桌。

目前，他的鸡苗成活率基本达到95%以上，存栏2000余只土鸡，还建了雏鸡孵化室实现自繁自养，孵化了新品种芦花鸡2000余只，年产值30余万元。

单一生产型适合产销衔接稳定、饲草料供应稳定、养殖设施和养殖技术良好、周转资金充足的规模化生态养鸡的家庭农场。

（二）产加销一体型家庭农场

产加销一体型家庭农场是指家庭农场将本场养殖的商品肉鸡、鸡蛋等产品进行初加工，如肉鸡加工成食品或以鸡、鸡蛋为主要食材开设特色餐饮等后对外进行销售的经营模式（图1-2）。即生产产品、加工产品和销售产品都由自己来做，省掉了很多中间环节，延长了养生态鸡的产业链，使利润更加集中在自己手中。

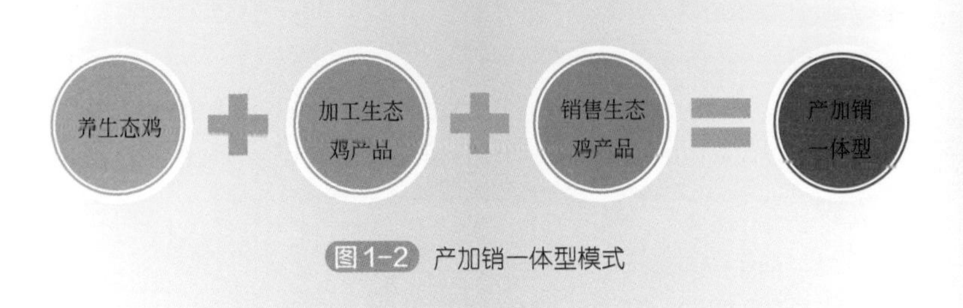

图1-2 产加销一体型模式

产加销一体型家庭农场，以市场为导向，充分尊重市场发展的客观规律。依靠农业科技化、机械化、规模化、集约化、产业化等方式，延伸经营链，提高家庭农场经营过程中的产品的附加价值。

如山西绛县首家集生态养殖、深加工及市场经营为一体的新型畜牧养殖产业化模式的家庭农场。该生态养殖家庭农场占地 40 余亩，附近 10 公里内既没有工厂，也没有任何污染源，在安静的山沟里，蓝天白云和新鲜的空气令人心旷神怡，土鸡在一望无际的油松林下闲庭信步、啄食进餐。

据饲养员介绍，这 8000 只土鸡主要是柴鸡、芦花鸡和乌骨黑羽鸡等，还有些未成年的珍珠鸡。农场为此专门种了 10 亩大白菜，建了白菜冷藏库。所有土鸡不饲喂任何有添加剂的饲料，玉米、麸皮、豆粕和白菜是主要饲料。特别值得一提的是，为了让鸡多运动、肉质更鲜美，鸡吃的白菜都用铁丝挂在树上；为防止鸡群互啄伤害，所有的鸡鼻子上都戴着“眼镜”，这样只能用眼睛两侧的余光看向对方，就互相啄不着了。

邦轲家庭农场主小王夫妇介绍，他们的生态养鸡家庭农场是 2018 年 5 月在自家地里建起来的，目前已有上万只鸡。第一批柴鸡已出栏上市，第二批芦花鸡、乌骨黑羽鸡等也将在今年年底出栏。为了迎合现代人追求健康、美味的消费心理，他们筹划了这家柴火炖土鸡店，可以在生态化养殖的过程中发挥综合效益，实现了生态养殖—餐饮加工—市场销售为一体的规模化、多样化一条龙经营。

据悉，在柴火炖土鸡店试营业一周时间里，前来品尝的顾客络绎不绝，大家对土鸡鲜香的味道、嫩而不腻的肉质和这种创新的经营模式一致叫好。农场主不满足于这些成绩，还有更远大的目标：针对现代人休闲娱乐、品尝美食的农家游需求，在养殖场建成鸡、鸭、鹅和珍禽零距离体验认养区，让小朋友们在这里体验饲喂，领养动物，把蛋带回家，同时在手机客户端随时关注自己领养的小动物，与大自然亲密接触。还要把鸡粪全部进行深加工，做成花卉和果树的有机肥料。由此提高家庭农场的附加值，实现经济效益、生态效益和社会效益的最大化。

（三）种养结合型家庭农场

种养结合型家庭农场是指将种植业和养殖业有机结合的一种生态农业模式。即将生态养鸡产生的粪便作为有机肥的基础，为养殖业提供有机肥来源；同时，种植业生产的作物又能够给生态鸡养殖提供食源或者作物生产场地又能作为生态鸡活动觅食空间。该模式能够充分将物质和能量在动植物之间进行转换及良好的循环，既解决了生态鸡养殖的环保问题，又为生产安全放心的食品提供了饲料保障，做到了农业生产的良性循环。

如林 - 草 - 禽模式，作为一项种养结合、环保生态型的农业生产技术，利用相互的共生关系，发挥各自的生态调控功能，减少了对除草剂、杀虫剂、杀菌剂及化肥等的依赖，具有良好的生态效益、经济效益，有利于农业的可持续发展。

如采用果（茶）园种草养鸡（图 1-3），利用果（茶）园空旷的林下空间与良好的生态环境种草养鸡，鸡啄食了林地中的害虫，减少了林地病虫害的发生率，既可以降低治虫治草成本，又可以节省饲料。种植优质牧草既改善了核桃园的土壤结构又减少了水土流失，而且鸡粪是一种优质有机肥，直接排泄在园内，既可以改良果（茶）园土壤结构，又可以提高肥力，从而对果（茶）树的生长产生积极的影响。

(a)

(b)

图 1-3　果园养鸡

林下种草散养土鸡，有利于增强鸡的抗病力，可生产出风味好、品质优的土鸡，提高了饲养土鸡的经济效益。总体来说，发展林下种草养鸡既可以充分利用农村闲置劳动力，又有利于提高林地利用率，缓解林牧矛盾，弥补造林前期的空档收益，增加农民收入，保护造林成果，具有良好的经济效益、生态效益和社会效益，有着较好的发展前景。

种养结合型家庭农场模式属于循环农业的范畴，可以实现农业资源的最合理化和最大化利用，实现经济效益、社会效益和生态效益的统一，降低种养业的经营风险。此模式适合既有种植技术，又有养殖技术的家庭农场采用，同时对农场主的素质和经营管理能力，以及农场的经济实力都有较高的要求。

（四）公司主导型家庭农场

公司主导型家庭农场是指家庭农场在自主经营、自负盈亏的基础上，与当地龙头企业合作，龙头企业统一制定生产规划和生产标准，以优惠价格向家庭农场提供种苗、农业生产资料及技术服务，并以高于市场的价格回收农产品。通常以“公司＋家庭农场”的形式出现（图1-4），也是“公司＋农户”的升级版。

中央、部委、地方三层政策均鼓励“公司＋农户”模式的发展。2017年5月31日，中共中央办公厅、国务院办公厅发布《关于加快构建政策体系培育新型农业经营主体的意见》，提出“加快培育新型农业经营主体，加快形成以农户家庭经营为基础、合作与联合为纽带、社会化服务为支撑的立体式复合型现代农业经营体系”。随后，2017年10月26日，农业部、国家发展改革委、财政部、国土资源部、人民银行、税务总局六部委联合印发《关于促进农业产业化联合体发展的指导意见》（以下简称《意见》），《意见》指出“农业产业化联合体是龙头企业、农民合作社和家庭农场等新型农业经营主体以分工协作为前提，以规模经营为依托，以利益联结为纽带的一体化农

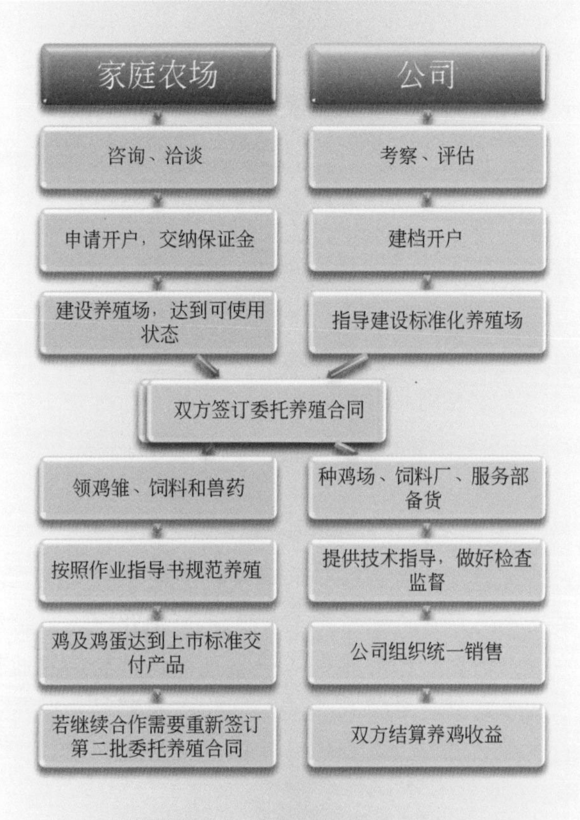

图1-4 公司主导型家庭农场模式

业经营组织联盟”。强调要“强化家庭农场生产能力，完善内部组织制度，组建农业产业化联合体。要健全资源要素共享机制，发展土地适度规模经营，引导资金有效流动，促进科技转化应用，加强市场信息互通，推动品牌共创共享，推动联合体各成员融通发展。要完善利益共享机制，提升产业链价值，促进龙头企业、农民合作社和家庭农场互助服务，探索成员相互入股、组建新主体等联结方式，实现深度融合发展。”

公司主导型家庭农场养殖模式中，家庭农场按照龙头企业的生产要求进行生产，产出的生态鸡产品直接按合同规定的品种、时间、数量、质量和价格出售给龙头企业。家庭农场利用场地和人工等优势，龙头企业利用资金、技术、信息、品牌、销售等优势，一方面，减少了家庭农场的经营风险和销售成本；另一方面，龙头企业解决了大量用工、大量需要养殖场地的问题，减少了生产的直接投入。在合理分工的前提下，相互之间配合，获得各自领域的效益。

一般家庭农场负责提供饲养场地、生态养鸡舍、人工、周转资金等。龙头企业一般实行统一提供生态鸡品种、统一生产标准、统一饲养标准、统一技术培训、统一饲料配方、统一市场销售等六统一。有的还实行统一供应良种、统一供应饲料、统一防病治病等。

“公司＋家庭农场”的养殖模式，公司作为产业链资源的组织者、优质种源的培育者和推广者、资金技术的提供者、防病治病的服务者、产品的销售者、饲料营养的设计者，通过订单、代养、赊销、包销、托管等形式连成互利互惠的产业纽带，实现降低生产成本、降低经营风险、优化资源配置、提高经济效益的目的，有效推进生态养鸡产业化进程与集约化经营，实现规模养殖，健康养殖。如温氏集团就是采用这种模式的代表。

此模式减少了家庭农场的经营风险和销售成本，家庭农场专心养好鸡就行。适合本地区有信誉良好的龙头企业的家庭农场采用。

（五）合作社（协会）主导型家庭农场

合作社（协会）主导型家庭农场是指家庭农场自愿加入当地生态养鸡的养殖专业合作社或养殖协会，在养殖专业合作社或养殖协会的组织、引导和带领下，进行生态鸡专业化生产和产业化经营，产出的生态鸡产品由生态养鸡的养殖专业合作社或养殖协会负责统一对外销售。

一般家庭农场负责提供饲养场地、生态养鸡舍、人工和周转资金等，通过加入合作社获得国家的政策支持，同时，又可享受来自合作社的利益分成。生态鸡养殖专业合作社或养殖协会主要承担协调和服务的功能，在组织家庭农场生产过程中实行统一提供生态鸡优良品种、统一技术指导、统一饲料供应、统一饲养标准、统一产品销售等五统一。同时，注册自己的商标和创立生态养鸡产品品牌，有的还建立生态鸡养殖风险补偿资金，对因不可抗拒因素造成的损失进行补偿。有的生态鸡养殖专业合作社或养殖协会还引入公司或龙头企业，实行“合作社＋公司（龙头企业）＋家庭农场”的发展模式。

在美国，一个家庭农场平均要同时加入4～5家合作社；欧洲一些国家将家庭农场纳入了以合作社为核心的产业链系统，例如，荷兰以适度规模家庭农场为基础的“合作社一体化产业链组织模式”。在该种产业链组织模式中，家庭农场是该组织模式的基础，是农业生产的基本单位；合作社是该组织模式的核心和主导，其存在价值是全力保障社员家庭农场的经济利益；公司的作用是收购、加工和销售家庭农场所生产的农产品，以提高农产品附加值。家庭农场、合作社和公司三者组成了以股权为纽带的产业链一体化利益共同体，形成了相互支撑、相互制约、内部自律的“铁三角”关系。国外家庭农场发展的经验表明，与合作社合作是家庭农场成功运营、健康快速发展的重要原因，也是确保家庭农场利益的重要保障。养殖专业合作社或养殖协会将家庭农场经营过程中涉及的畜禽养殖、屠宰加工、销售渠道、技术服务、融资保险、信息资源等方面有机地衔接，实现资源的优势整合、优化配置和利益互补，化解家庭农场小生产与大市场的矛盾，解决家庭农场标准化生产、食品安全和适度规模化问题，使家庭农场能获得更强大的市场力量、更多的市场权利，降低家庭农场养殖生产的成本，增加养殖效益。

此模式适合本地区有实力较强的生态养鸡专业合作社和养殖协会的家庭农场采用。

（六）观光型家庭农场

观光型家庭农场是指家庭农场利用周围生态农业和乡村景观，在做好适度规模种养生产经营的条件下，开展各类观光旅游业务，借此销售家庭农场的畜禽产品。

如家庭农场以农业休闲观光为主题，利用水库、鱼塘、河流养鱼和生态养鸡，利用生态养鸡的鸡粪在空闲地种植有机蔬菜。在园区内开设农家乐，开展清水养殖、果蔬种植、水上游乐、休闲观光等功能区，开展餐饮、宿营、烧烤、水上嬉戏、无公害蔬菜采摘等乡村休闲旅游户外活动，吸引游客前来体验（图 1-5、图 1-6）。并开展生态鸡和生态鸡蛋深加工，开发生态鸡和鸡蛋的休闲食品，为游客提供新鲜、有机、味美的鸡肉和鸡蛋，让家庭农场更有活力和吸引力，从而延伸产业链、提升综合效益。

图 1-5 抓鸡游戏

图 1-6 捡鸡蛋

这种集规模养鸡、休闲农业和乡村旅游于一体的经营方式，既满足了消费者的新鲜、安全、绿色、健康饮食心理，又提高了鸡产品的商品价值，增加了农场收益。

此模式适合在城郊或城市周边、交通便利、环境优美、种养殖设施完善、特色养鸡和餐饮住宿条件良好的家庭农场采用。此模式对自然资源、农场规划、养殖技术、经营和营销能力、经济实力等都有较高的要求。

三、当前我国家庭农场的发展现状

（一）家庭农场主体地位不明确

家庭农场是我国新型农业经营主体之一，家庭农场立法的缺失制约了家庭农场的培育和发展。现有的民事主体制度不能适应家庭农场培育和发展的需求，再加上由于家庭农场在法律层面的定义不清晰，导致家庭农场登记注册制度、税收优惠、农业保险等政策及配套措施缺乏，融资及涉农贷款无法解决。家庭农场抵御自然灾害的能力也较差，这些都对家庭农场的发展造成很大制约。

应当明确家庭农场为新型非法人组织的民事主体地位，这是家庭农场从事规模化、集约化、商品化农业生产，参与市场活动的前提条件。家庭农场市场主体地位的明确也为其与其他市场主体进行交易等市场活动，或与其他市场主体进行竞争打下良好的基础。

（二）农村土地流转程度低

目前我国的农村土地制度尚不完善，导致很多地区农地产权不清晰，而且农村存在过剩的劳动力，他们无法彻底转移土地经营权，进一步限制了土地的流转速度和规模。体现在四个方面：其一是土地的产权体系不够明确，土地具体归属于哪一级也没有具体明确的规定，制度的缺陷导致土地所有权的混乱。由于土地不能明确归属于所有者，这样就造成了在土地流转过程中无法界定交易双方权益，双方应享受的权利和义务也无法合理协调，使得土地在流转过程中出现了诸多的权益纷争，加大了土地流转难度，也对土地资源合理优化配置产生不利影响。其二是土地承包经营权权能残缺，即使我国已出台《物权法》，对土地承包经营权进行相应的制度规范，但是从目前农村土地承包经营的大环境来看，其没有体现出法律法规在现实中的作用，土地的承包经营权不能用于抵押，使得土地的物权性质表现出残缺的一面。其三是农民惜地意识较强，土地流转租期普遍较短，稳定性不足，家庭农场规模难以稳定，同时土地流转不规范，难以获得相对稳定的集中连片土地，影响了农业投资及家庭农场的推广。其四是农民缺乏相关的法律意识，充分利用使用权并获取经济效益的愿望还不强烈，土地流转没有正式协议或合同，容易发生纠纷，土地流转后农民的权益得不到有效保障。

（三）资金缺乏问题突出

家庭农场前期需要大量资金的投入，土地租赁、畜禽舍建设、养殖设备、种畜禽引进、农机购置等需大量资金。而且家庭农场的运营和规模扩张亦需相当数量的资金，这对于农民来说是无形中的障碍。

目前，家庭农场资金的投入来源于家庭农场开办者人生财富的积累、亲友的借款和民间借贷。而农业经营效益低、收益慢，家庭农场又没有可供抵押的资产，使其很难从银行得到生产经营所需的贷款，即使能从银行得到贷款，也存在额度小、利息高、缺乏抵押物、授信担保难、手续繁杂等问题，这对于家庭农场前期的发展较为不利。除沿海发达地区家庭农场发展资金通过这些渠道能够凑足外，其他地区相对紧迫，都不同程度地存在生产资金缺乏的问题。

（四）经营方式落后

家庭农场是对现有单一、分散农业经营模式的突破和推进。农民必须从原有的家长式的传统小农经营意识中解脱出来，建立现代化经营理念，要运用价格、成本、利润等经济杠杆进行投入、产出及效益等经济核算。

家庭农场的经营方式落后表现在缺乏长远规划，不懂得适度规模经营，不掌握市场运行规律，不能实时掌握市场信息，对市场不敏感，接受新技术和新的经营理念慢，没有自己的特色和优势产品等。如多数家庭农场都是看见别人养殖或种植什么挣钱了，也跟着种植或养殖，盲目的跟风就会打破市场供求均衡，进而导致家庭农场的亏损。

家庭农场作为一个组织，其管理者除了需要有农产品生产技能，更加需要有一定的管理技能，需要有进行产品生产决策的能力和市场开拓的技能。组织方式要逐步由传统式向现代企业式家庭农场转化。

（五）经营者缺乏科学种养技术

家庭农场劳动者是典型的职业农民。即使现行“家庭农场＋龙头企业”或“家庭农场＋合作社”模式对家庭农场经营者的组织能力要求较低，但是也需要掌握科学的种养技术和一定的销售能力。同时，由于采用这种模式家庭农场生产环节的利润相对较低，就如同“中国制造”随着行业的发展生存环境将会越发艰难一样，家庭农场要取得更大的经济效益就不仅是单纯的“养（种）得好”的问题。家庭农场未来依赖于附加值发展壮大，而附加值的增加需要技术的改良和技术的应用，更需专业的种养技术。

而目前许多年轻人，特别是文化程度较高的人不愿意从事农业生产。多数家庭农场经营者学历以高中以下为多，最新的科技成果也无法在农村得到及时推广，这些现实情况影响和制约了家庭农场决策能力和市场拓展能力的发展，成为我国家庭农场发展面临的严峻挑战。

第二章 家庭农场的兴办

一、兴办生态养鸡家庭农场的基础条件

做任何事情都要具备一定的条件，具备了充分且必要的条件以后再行动，这样成功的概率就大一些。否则，如果准备不充分，甚至连最基础的条件都不具备就盲目上马，极容易导致失败。家庭农场的兴办也是一样，家庭农场要事先对兴办所需的条件和自身实力进行充分的考察、咨询、分析和论证，找出自身的优势和劣势，对兴办家庭农场都需要具备哪些条件，已经具备的条件、不具备的条件有哪些，有一个准确、客观、全面的评估和判断，最终确定是否适合兴办，以及兴办哪一类家庭农场。下面所列的八个方面，是兴办家庭农场前就要确定的基础条件。

（一）确定经营类型

兴办家庭农场首先要确定经营的类型。目前我国家庭农场的经营类型有单一生产型家庭农场、产加销一体型家庭农场、种养结合型家庭农场、公司主导型家庭农场、合作社（协会）主导型家庭农场和观光型家庭农场等六种类型。这六种类型各有其适应的条件，家庭农场在兴办前要根据所处地区的自然资源、种植及养殖能力、加工销售能力和经济实力等综合确定兴办哪一类型的家庭农场。

如果家庭农场所处地区只有适合养殖用的场地，没有种植用场地，能够做好粪污无害化处理，同时，饲料保障和销售渠道稳定，交通又相对便利，可以兴办单一生产型家庭农场。如果家庭农场既有养殖能力，同时又有将鸡肉和鸡蛋加工成特色食品的技术能力和条件，还有销售能力，可以考虑兴办产加销一体型家庭农场，通过直接加工成食品后销售，延伸了产业链，提高了家庭农场经营过程中的附加价值。

种养结合型家庭农场是非常有前途的一种模式。将种植业和养殖业有机结合，走循环农业、生态农业的良性发展之路，可以实现农业资源的最合理化和最大化利用，实现经济效益、社会效益和生态效益的统一，降低种养业的经营风险。如果家庭农场所在地既有适合养殖用的场地，又有种植用场地，畜禽污染处理环保压力大的地区，可以重点考虑这种模式。特别是以生产无公害食品、绿色食品和有机食品为主要方式的家庭农场，种植环节可以按照生产无公害食品、绿色食品和有机食品所需饲料原料的要求组织生产和加工，鸡养殖环节也可以按照无公害食品、绿色食品和有机食品饲养要求去做，做到整个种植及养殖环节安全可控，是比较理想的生产方式。

对于有养殖所需的场地，能自行建设规模化养鸡场，又具有养殖技术，具备规模化肉鸡或蛋鸡养殖条件的，如果自有周转资金有限，而所在地区又有大型龙头企业的，可以兴办公司主导型家庭农场。与大型公司合作养鸡，既减少了家庭农场的经营风险和销售成本，又解决了龙头企业需要大量用工、大量养殖场地的问题，也减少了生产的直接投入。

如果所在地没有大型龙头企业，而当地的养鸡专业合作社或养鸡协会又办得比较好，可以兴办合作社（协会）主导型家庭农场。如果农场主具有一定的工作能力，也可以带头成立养鸡专业合作社或养鸡协会，带领其他养殖场（户）共同养鸡致富。

如果要兴办家庭农场的地方是城郊或在城市的周边，交通便利，同时有山有水，环境优美，有适合生态放养的林地、草地及生态养鸡设施条件，以及绿色食品种植场地的，兴办者又有资金实力、养殖技术和营销能力的，可以兴办以生态养鸡和绿色蔬菜瓜果种植为核心的，集采摘、餐饮、旅游观光为一体的观光型家庭农场。

需要注意的是，以上介绍的只是目前常见的养殖类家庭农场经营的几种类型。在家庭农场实际经营过程中还有很多好的做法值得我们学习和借鉴，而且以后还会有许多创新和发展。

小贴士：

家庭农场在确定采用哪种经营类型的时候应坚持因地制宜的原则，没有哪一种经营模式是最好的，应选择能充分发挥自身优势和利用地域资源优势的经营模式，少走弯路，适合自己的就是最好的经营模式。

（二）确定生产规模

生态养鸡家庭农场的生产规模应坚持适度规模的原则。适度规模经营来源于规模经济，指的是在既有条件下，适度扩大生产经营单位的规模，使畜禽养殖规模、土地耕种规模、资本、劳动力等生产要素配置趋向合理，以达到最佳经营效益的活动。

对家庭农场来讲，到底多大的养殖规模和多大的土地面积算适度规模经营，要根据家庭农场的要素投入、养殖和种植技术、家庭农场经营类型、经济效益、家庭农场所处地区综合确定。主要考虑的因素有家庭农场类型、资金、当地自然条件、气候、经济社会发展进度、技术推广应用、机械化和设施化水平、劳动力状况、社会化服务水平等。还要受到家庭农场经营者主观上对机会成本的考量、家庭农场经营者的经营意愿（能力）的影响，以及当地农村劳动力转移速度与数量、土地流转速度与数量、乡村内生环境、农民分化程度、农业保险市场以及信贷市场等外部制度性因素的约束。

确定家庭农场生态养鸡的饲养规模，应遵循以下三个原则。一是平衡原则。使饲料供给量与鸡群饲养量相平衡，避免料多鸡少或鸡多料少两种情况发生。具体地说是使各个月份供应的饲料种类、饲料数量与各月份的生态养鸡数量及饲料需要量相平衡，避免出现季节性饲料不足的现象。二是充分利用原则。各种生产要素都要合理地加以利用。应当将以最少的生产要素如鸡舍、资金、劳动力等的耗费，获得最大经济效益的生产规模列入计划，即最大限度地利用现有的生产条件。三是以销定产原则。生产的目标应与销售的目标相一致，生产计划应为销售计划服务，坚持以销定产，避免以产定销。要以盈利为目标，以销售额为结果，以生产为手段，合理安排各个阶段的规模和任务。

如单一生产型家庭农场，只涉及生态鸡养殖，不涉及种植的，只考虑养殖方面的规模即可。而种养结合型家庭农场，除了考虑养殖规模，还要考虑种植规模。养殖类家庭农场，以目前的三口之家所能承受的工作量为标准，主要依据养殖品种的规模来确定家庭农场的适度规模即可。而实行种养结合的家庭农场，需要以家庭农场能承受的种植和养殖两方面的规模来通盘考虑。确定与养殖规模相配套的种植规模时，应根据养殖所需消耗饲料的数量、土地种植作物产量、机械化程度等确定种植的土地面积。对于实行生态放养的家庭农场，应以每平方米生态养鸡密度为基准确定所需放养场地的面积，以及结合家庭农场自身经营能力来确定饲养生态鸡的数量。

生态养鸡已经进入微利时代，必须靠规模效益取胜。由小规模分散饲养过渡到大规模集约化饲养已经成为必然的发展趋势。规模太小了不行，但也不是规模越大越好，通常如果生态养鸡规模过大，资金投入就相对较大，会导致资源过度消耗，生态环境恶化，疫病防控成本倍增，饲料供应、生态鸡或鸡蛋的销售、鸡粪处理的难度增大，而且市场风险也会增大。生态养鸡规模的扩大必须以提高劳动生产率和经济效益为目的。养殖规模的大小因养殖经营者自身具备的生产各要素条件的不同而不同，不能一概而论。

由于生态养鸡以依靠可利用的自然资源为主，人工补饲为辅的饲养方式，因此，生态养鸡的养殖规模应以鸡采食饲草情况决定。如果是非人工草地，以采食饲草为主，基本不饲喂精饲料的，每亩（667 平方米）饲养 50 ～ 70 只生态鸡为宜，每批饲养 1500 只生态活鸡或 800 只生态蛋鸡的规模确定；如果鸡能采食大部分饲草，补饲一部分精饲料，每亩（667 平方米）养鸡 100 ～ 150 只，每批饲养 2000 只生态放养活鸡或 1200 只生态放养蛋鸡的规模确定。在实际生产中，应尽量降低养殖密度，尽可能利用青绿饲草，减少精饲料用量，实现畜草平衡，从而降低养殖成本。

小贴士：

经济学理论告诉我们：规模才能产生效益，规模越大效益越大，但规模达到一个临界点后其效益会随着规模呈反方向下降。这就要求找到规模的具体临界点，而这个临界点就是适度规模。

适度规模经营是指在一定适合的环境和适合的社会经济条件下，各生产要素（土地、劳动力、资金、设备、经营管理、信息等）的最优组合和有效运行，取得最佳的经济效益。在不同的生产力发展水平下，养殖规模经营的适应值不同，一定的规模经营产生一定的规模效益。

（三）确定饲养工艺

生态鸡饲养的目的不同，生产工艺流程也不一样，以生产生态活鸡为目的的，可将鸡的整个饲养过程划分为育雏期（0～42日龄）和生长育肥期（43～150日龄）两个阶段（图2-1）；以生产生态鸡蛋为目的的，可将鸡的整个饲养过程划分为育雏期（0～42日龄）、育成期（43～120日龄）和产蛋期（121～300日龄）三个阶段（图2-2）。由于生态养鸡的品种主要为地方品种鸡或地方品种改良鸡，因此产蛋率相对较低，饲养300天左右，鸡的产蛋高峰期已过，若产蛋率下降以后再延长饲养时间，经济上不合算。另外，从放牧鸡的特点看，300日龄左右时，鸡的羽毛还未换羽，此时鸡的毛色光亮，出售时鸡的卖相较好，售价也较高。而300日龄以后，随着饲养时间延长，鸡群将进入换羽期，此时出售卖相较差，售价必然降低。从肌肉品质看，300日龄左右，其肌内脂肪、肌间脂肪、肌苷酸、谷氨酸钠、牛磺酸等风味物质含量丰富，肌纤维细嫩，用这种鸡煨汤香气四溢，味道鲜美。如果饲养时间过长，则肌纤维和结缔组织老化，肉质口感变差。生态养鸡以生产鲜蛋和活鸡相结合，300日龄左右是获取效益的最佳结合点。

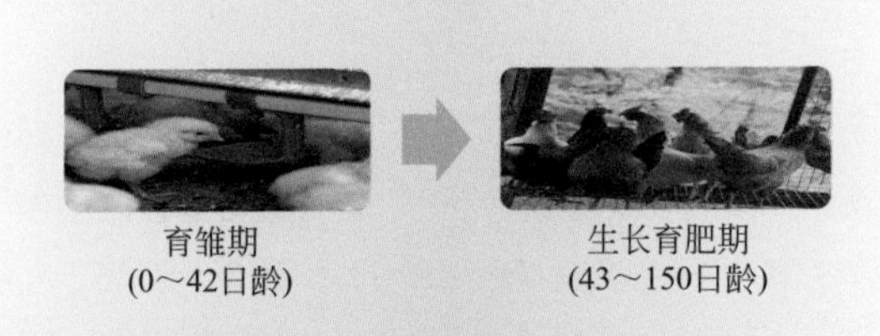

图2-1 生态活鸡生产工艺流程图

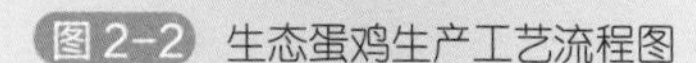
图2-2 生态蛋鸡生产工艺流程图

根据上面的生产工艺流程，家庭农场在确定生态鸡的生产批次的时候，要结合家庭农场所在地区的气候特点，合理确定饲养批次。如北方的大部分地区，宜选择春季（2～4月）育雏较为适宜，最晚不能晚于6月。春季培育的雏鸡生长发育速度快，成活率高。进入育成阶段正是春末夏初季节，植物青绿、昆虫丰富，可为生态鸡提供优质的饲料。育成后期光照时间逐渐缩短，可防止雏鸡过早开产，从而保证适宜的产蛋体况，维持较长的产蛋期。春季培育的雏鸡在当年秋季开产，气温适宜，作物和昆虫丰富，蛋品质好并在国庆节前后到达产蛋高峰，此后紧接中秋节、元旦、春节，需求量增加。活鸡在300日龄后即可开始陆续淘汰，而此时又正遇中秋、国庆两节，因此活鸡销售价格也较高。

南方由于气候温暖，全年除少数时间放养场地可供采食的野草、昆虫较少外，大部分时间都有野草、昆虫可采食。因此，可采取一年多批次生产肉用生态鸡，蛋用生态鸡按照前一批规定的淘汰时间提前做好接茬的下一批蛋用生态鸡养殖即可。

河北省地方标准DB13/T 926—2008《规模化生态放养鸡养殖技术规程》中有4种生产模式值得借鉴。

模式一：105天×2生态放养肉用鸡生产模式。此模式适用于河北省中南部气候较温暖地区。从雏鸡出壳到出栏，公鸡

90～100天，母鸡110～120天，平均105天，平均体重1.25千克。每年饲养两批。具体安排：第一批，4月上旬进雏，5月中旬放养，7月中旬出栏；第二批，6月中旬进雏，7月中旬放养，9月底～10月初出栏。

模式二：365天蛋肉结合生产模式。此模式适用于河北省，前期以产蛋为主，后期以产肉为主，饲养1年后母鸡作为肉鸡出售。具体安排：1月上旬进雏（冬季育雏），3月放养（春季育成），6月上、中旬产蛋，元旦淘汰。生产周期1年。

模式三：500天蛋鸡生产模式。此模式适用于河北省北部气候较寒冷地区。0～140日龄，通过育雏期、育成期，开始产蛋，蛋鸡一年后作为肉鸡淘汰。具体安排：4月下旬至5月上旬进雏，6月中旬放养，10月上旬产蛋，第二年10月上旬淘汰。

其他模式：如果采取人工强制换羽1～2次，生产周期更长，效益更高，可根据具体情况选择。

生态养鸡要实行全进全出的饲养制度，即一批鸡全部上市销售后，对放养场地进行全面清理和消毒，最好将放养地翻耕1次，这样有利于防疫和肥土，对林果树和下批鸡养殖都有益。

小贴士：

生态养鸡实行“全进全出”是关键。家庭农场要结合自身规模、资金实力和技术实力选择适合自己的饲养工艺流程，然后根据饲养工艺流程确定应该建设的鸡舍类型，附属配套设施，以及各舍、区之间规划布局。

（四）资金筹措

家庭农场生态养鸡需要的资金很多，这一点投资兴办者在兴办前一定要有心理准备。生态养鸡场地的购买或租赁、鸡舍建筑及配套设施建设、购置生态养鸡设备、购买鸡雏、购买饲料、防疫费用、人员工资、水费、电费等费用，都需要大量的资金作保障。

从生态养鸡场的兴办进度上看，在生态养鸡场前期建设至正式投产运行，再到能对外出售生态活鸡或鸡蛋这段时间，都是资金的净投入阶段。这些资金都要求家庭农场准备充足。

中国有句谚语，“家财万贯，带毛的不算”。说的是即使你饲养的家禽家畜再多，一夜之间也可能全死光。这其中折射出人们对养殖业风险控制的担忧。如果家庭农场经营过程中出现不可预料的、无法控制的风险，应对的最有效办法就是继续投入大量的资金。如生态养鸡场内部出现管理差错或者暴发大规模疫情时，生态养鸡场的支出会增加更多。或者外部生态养鸡或鸡蛋市场出现大幅波动，价格大跌，养鸡行业整体处于亏损状态时，还要准备充足的资金保证能够度过价格低谷期。这些资金都要提前准备好，现用现筹集不一定来得及。遇到上述情况时如果没有足够的资金支持，生态养鸡场将难以经营下去。

还有投资前资金准备不充足的问题，如有建场的钱没买鸡雏的钱；盲目建设，建设饲养场地不合理或不按照饲养规模租用场地，浪费资金，使本来就紧张的资金更加紧张；对价格低谷没有准备，生态活鸡出栏的时候正好赶上价格低谷期，雪上加霜等。这些都是由于投资兴办前对资金计划不周全，资金准备不充足，导致家庭农场经营上出现问题。所以，为了保证家庭农场资金不影响运营，必须保证资金充足。

1. 自有资金

在投资建场前自己就有充足的资金，这是首选。俗话说，谁有也不如自己有。自有资金用来生态养鸡也是最稳妥的方式，这就要求投资者做好家庭农场生态养鸡的整体建设规划和预算，然后按照总预算额加上一定比例的风险资金，足额准备好兴办资金，并做到专款专用。资金不充足时最好不建设，避免因缺资金导致半途而废。对于以前没有生态养鸡经验或者刚刚进入生态养鸡行业的投资者来说，最好采用滚雪球的方式适度规模发展，切不可贪大求全，规模比能力大，驾驭不了家庭农场的经营。

2. 亲戚朋友借款

需要在建场前落实具体数额，并签订借款协议，约定还款时间和还款方式。因为是亲戚朋友，感情的因素起决定性作用，所以是一种帮助性质的借款，但要以保证借款的本金安全为主，借款利息以低于银行贷款的利息为宜。双方可以约定如果家庭农场盈利了，适当提高利息数额，并尽量多付一些，如果经营不善，以还本为主，还款时间也可适当延长，这样是比较合理的借款方式。这里提醒家庭农场注意的是，根据作者掌握的情况，家庭农场要远离高利贷，因为这种民间借贷方式对于养殖业不适合，风险太大，特别是经营能力差的家庭农场无论何时都不宜通过借高利贷经营家庭农场。

3. 银行贷款

尽管银行贷款的利息较低，但对家庭农场来说是最难的借款方式，因为生态养鸡具有许多先天的限制条件。从资产的形成来看，家庭农场生态养鸡本身投资很大，但没有可以抵押的东西，比如生态养鸡用地多属于承包租赁、生态鸡舍建筑无法取得房屋产权证，不像我们在市区买套商品房，能够做抵押。于是出现了在农村投资百万建个生态养鸡场，却不能用来抵押的现象。而且许多中小家庭农场本身的财务制度也不规范，还停留在以前小作坊的经营方式上，资金结算多是通过现金直接进行的。而银行借钱给家庭农场，要掌握家庭农场的现金流、物流和信息流，同时银行还要了解家庭农场经营者的为人、其

还款能力以及其家族的背景，才会借钱给你。而家庭农场这种经营方式很难满足银行的要求，信息不对称，在银行就借不到钱。所以，家庭农场的经营管理必须规范有序，诚信经营，适度规模养殖，还要使资金流、物流、信息流对称。可见，良好的管理既是家庭农场经营管理的需要，也是家庭农场良性发展的基础条件。

4. 网络借贷

网络贷款是指个体和个体之间通过互联网平台实现的直接借贷。它是互联网金融（ITFIN）行业中的子类。网贷平台数量近两年在国内迅速增长。

2017年中央一号文件继续聚焦农业领域，支持农村互联网金融的发展，提出了鼓励金融机构利用互联网技术，为农业经营主体提供小额存贷款、支付结算和保险等金融服务。同时，农业强烈的刚需属性保证了其必要性，农产品价格虽有浮动但波动不大，农产品一定的周期性又赋予了其稳定长线投资的特点，生态农业、农村金融已经成为中国农业发展的新蓝海。

5. 公司 + 农户

公司 + 农户是指家庭农场与实力雄厚的公司合作，由大公司提供鸡雏、饲料、兽药及服务保障，家庭农场提供场地和人工，等生态活鸡出栏后交由合作的公司，合作公司按照约定的价格收购。这种方式有效地解决了家庭农场有场地无资金的问题，风险较小，收入不高但较稳定。

6. 众筹生态养鸡

众筹生态养鸡是近几年兴起的一种经营模式，发起人为家庭农场、互联网理财平台或其他提供众筹服务的企业或组织等，跟投人为消费者或投资者，以自然人和团体为主，平台为互联网、微信、手机APP（应用程序）等平台。

众筹生态养鸡的一般流程为：家庭农场自己发起或者由发起人选定家庭农场，确定众筹的条件，如生态鸡的品种、认筹价格、数量、生产期限、销售供应方式或回报等。然后由众筹平台发布、消费者认领、履约等阶段完成整个众筹过程。众筹生态养鸡项目，可以帮助消费者找到可靠的采买订购对象，品尝到最新鲜最安全的食材，也为养殖农户解决了农产品难销难卖和创业资金不足的问题，从而实现了合作双赢。

小贴士：

无论采用何种筹集资金的方式，生态鸡场的前期建设资金还是要投资者自己准备好的。

在决定借外力实现生态养鸡赚钱的时候，要事先有预案，选择最经济的借款方式，还要保证这些方式能够实现，要留有伸缩空间，绝不能落空。这就需要生态养鸡场投资者具备广泛的社会关系和超强的生态养鸡场经营管理能力，能够熟练应用各种营销手段。

（五）场地与土地

生态养鸡需要建设生态鸡舍、放养场地、饲料储存和加工用房、人员办公和生活用房、消毒间、水房、锅炉房等生产和生活用房，以及废弃物无害化处理场所等。实行种养结合的家庭农场，还需要种植本场所需饲料的农田等，这些都需要有一定的土地作为保障。所以家庭农场生态养鸡用地也是投资兴办家庭农场必备的条件之一。

《全国土地分类》和《关于养殖占地如何处理的请示》规定：养殖用地属于农业用地，其上建造养殖用房不属于改变土地用途的行为，占用基本农田以外的耕地从事养殖业不再按照建设用地或者临时用地进行审批。应当充分尊重土地承包人的生产经营自主权，只要不破坏耕地的耕作层，不破坏耕种植条件，土地承包人可以自主决定将耕地用于养殖业。

自然资源部、农业农村部《关于设施农业用地管理有关问题的通知》（自然资规〔2019〕4号）规定：设施农业用地包括农业生产中直接用于作物种植和畜禽水产养殖的设施用地。其中，畜禽水产养殖设施用地包括养殖生产及直接关联的粪污处置、检验检疫等设施用地，不包括屠宰和肉类加工场所用地等。

设施农业属于农业内部结构调整，可以使用一般耕地，不需落实占补平衡。养殖设施原则上不得使用永久基本农田，涉及少量永久基本农田确实难以避让的，允许使用但必须补划。

设施农业用地不再使用的，必须恢复原用途。设施农业用地被非农建设占用的，应依法办理建设用地审批手续，原地类为耕地的，应落实占补平衡。

各类设施农业用地规模由各省（区、市）自然资源主管部门会同农业农村主管部门根据生产规模和建设标准合理确定。其中，看护房执行“大棚房”问题专项清理整治整改标准，养殖设施允许建设多层建筑。

市、县自然资源主管部门会同农业农村主管部门负责设施农业用地日常管理。国家、省级自然资源主管部门和农业农村主管部门负责通过各种技术手段进行设施农业用地监管。设施农业用地由农村集体经济组织或经营者向乡镇政府备案，乡镇政府定期汇总情况后汇交至县级自然资源主管部门。涉及补划永久基本农田的，须经县级自然资源主管部门同意后方可动工建设。

尽管国家有关部门的政策非常明确地支持养殖用地需要。但是，根据国家有关规定，规模化生态养鸡必须先经过用地申请，符合乡镇土地利用总规划，办理租用或征用手续，还要取得环境评价报告书和动物防疫条件合格证（图2-3）等。如今畜禽养殖的环保压力巨大，全国各地都划定了禁养区和限养区，选一块合适的养殖场地并不容易。

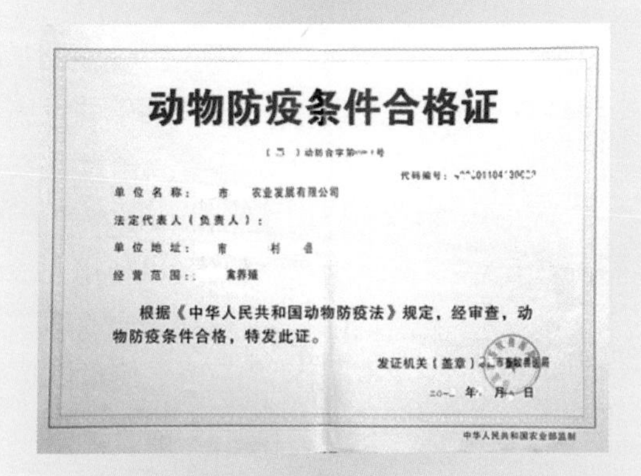
动物防疫条件合格证

单位名称：市 农业发展有限公司

法定代表人（负责人）：

单位地址：市 村

经营范围： 禽养殖

根据《中华人民共和国动物防疫法》规定，经审查，动物防疫条件合格，特发此证。

发证机关（盖章）

年 月 日

中华人民共和国农业部监制

图 2-3 动物防疫条件合格证

因此。家庭农场在用地上要做到以下三点。

1. 面积与生态养鸡规模配套

规模化生态养鸡需要占用的养殖场地较大，在建场规划时要本着既要满足当前养殖用地的需要，还要为以后的发展留有可拓展空间的原则。既有放养场地，还要有饲料、饲草种植用地。

2. 自然资源合理

为了减少养殖成本，家庭农场养鸡要采取以利用当地自然资源为主的策略。自然资源主要是指当地的江河湖泊、水库等。当地产饲料的主要原料如玉米、小麦、豆粕等要丰富，应尽量避免主要原料经过长途运输，增加饲料成本，从而增加养殖成本。尤其是实行生态放养的家庭农场，对当地自然资源的依赖程度更高，可以说，家庭农场所在地如果没有可利用的自然资源，就不能投资兴办生态放养的家庭农场。

3. 可长期使用

投资兴办者一定要在所有用地手续齐全后方可动工兴建，以保证家庭农场长期稳定地运行，切不可轻率上马。否则，家庭农场的发展将面临环保、噪声、拆迁等诸多麻烦事。

小贴士：

在投资兴办前要做好生态养鸡场用地的规划、考察和确权工作。为了减少土地纠纷，家庭农场要与土地的所有者、承包者当面确认所属地块边界，查看土地承包合同及农村土地承包经营权证（图 2-4）、林权证（图 2-5）等相关手续，与所在地村民委员会、乡镇土地管理所、林业站等有关土地、林地主管部门和组织确认手续的合法性，在权属明晰、合法有效的前提下，提前办理好土地、鱼塘、水库和林地租赁、土地流转等一切手续，保证家庭农场建设的顺利进行。

图 2-4 农村土地承包经营权证

图 2-5 林权证

（六）饲养技术保障

生态养鸡是一门技术，是一门学问，科学技术是第一生产力。想要养得好，靠生态养鸡发家致富，不掌握养殖技术，没有丰富的养殖经验是断然不行的。可以说养殖技术是生态养鸡成功的保障。

1. 掌握技术的必要性

工欲善其事，必先利其器。干什么事情都需要掌握一定的方法和技术，掌握技术可以提高工作效率，使我们少走弯路或者不走弯路，生态养鸡也是如此。

生态养鸡需要很多专业的技术，绝不仅是盖个鸡舍、喂点饲料、给点水，保证鸡不被风吹雨淋、饿不着、渴不着那么简单。还涉及雏鸡的选择、温度和湿度控制、光照控制、通风换气、饲料配制、饲料投喂、饮水供应、疾病防治等一系列饲养管理技术，这些技术是生态养鸡必不可少的，这些技术也决定着家庭农场养殖的成败。可见，生态养鸡技术对家庭农场正常运营的重要性。

2. 需要掌握的技术

规模生态养鸡生产的发展，将是以生态养鸡生产技术、设施设备、管理为基础，专业化、职业化员工参与的规模化、标准化、高水平、高效率的生态养鸡生产方式。规模生态养鸡需要掌握的技术很多，从建场规划选址、鸡舍及附属设施设计建设、品种选择、饲料配制、鸡群饲养管理、繁殖、环境控制、防病治病、废弃物无害化处理、营销等各个方面，都离不开技术的支撑，并根据办场的进度逐步运用。如在鸡场选址规划时，要掌握鸡场选址的要求，各类鸡舍及附属设施的规划布局。在正式开工建设时，要用到鸡舍样式结构及建筑材料的选择，养殖设备的类型、样式、配备数量、安装要求等技术。鸡舍建设好以后，就要涉及品种选择、种鸡或种蛋的引进方式、种鸡及雏鸡的挑选、孵化技术、饲料配制等技术。后续进行温度湿度、光照、饮水、饲喂、卫生消毒、疾病防治、粪便无害化处理等日常饲养管理，都需要家庭农场的经营管理人员掌握和熟练运用各种技术。

3. 技术的来源

一是聘用懂技术会管理的专业人员。很多鸡场的投资人都是生态养鸡的外行，对如何生态养鸡一知半解，如果单纯依靠自己的能力很难胜任规模鸡场的管理工作，需要借助外力来实现鸡场的高效管理。因此，雇用懂技术会管理的专业人才是首选，雇用的人员最好是畜牧兽医专业毕业的，有丰富的规模鸡场实际管理经验，吃苦耐劳，以场为家，具有奉献精神。

二是聘请有关科技人员做顾问。如果不能聘用到合适的专业技术人员，同时本场的饲养员有一定的饲养经验和执行力，可以聘请农业院校、科研院所、各级兽医防疫部门权威的专家做顾问，请他们定期进场查找问题、指导生产、解决生产难题等。

三是使用免费资源。如今各大饲料公司和兽药生产企业都有负责售后技术服务的人员，这些人员中有很多人的养殖技术比较全面，特别是疾病的治疗技术较好，遇到弄不懂或不明白的问题可以及时向这些人请教。可以同他们建立联系，遇到问题及时通过电话、电子邮件、微信、登门等方式向他们求教。必要的时候可以请他们来场现场指导，请他们做示范，同时给全场的养殖人员上课，传授饲养管理方面的知识。

四是技术培训。技术培训的方式很多，如建立学习制度，购买生态养鸡方面的书籍。生态养鸡方面的书籍很多，可以根据本场员工的技术水平，选择相应的生态养鸡技术书籍来学习。采用互联网学习和交流也是技术培训的好方法，互联网的普及极大地方便了人们获取信息和知识，人们可以通过网络方便地进行学习和交流，及时掌握生态养鸡动态。互联网上涉及生态养鸡内容的网站很多，生态养鸡方面的新闻发布得也比较及时。但涉及养殖知识的原创内容不是很多，多数都是摘录或转载报纸和刊物的内容，内容重复率很高，学习时可以选择中国畜牧学会、中国畜牧兽医学会等权威机构或学会的网站。还可以让技术人员多参加有关的知识讲座和有关会议，既可以扩大视野，交流养殖心得，又可以掌握前沿的养殖方法和经营管理理念。

小贴士：

我们在调查普通农户散养鸡情况时，农户普遍反映成活率低，特别是雏鸡阶段。经详细了解，原来这些农户只知道喂食，对防疫知识一点不懂，最基本的鸡新城疫疫苗都不打，其他饲养管理知识也知道得很少，如果让这样的人搞规模化养鸡，后果可想而知。

所以说，规模化养鸡需要掌握相关的技术，不懂技术吃大亏。

（七）人员分工

家庭农场是以家庭成员为主要劳动力，这就决定了家庭农场所有的生态养鸡工作都要以家庭成员为主来完成。通常家庭成员有 3 人，即父母和一名子女，家庭农场生态养鸡要根据家庭成员的个人特点进行科学合理的分工。

一般父母的文化水平较子女低，接受新技术能力也相对较弱，但他们平时家里多饲养一些鸡、鸭、鹅、猪等，已经习惯了畜禽养殖和农活，只要不是特别反感的话，一般对畜禽饲养都积累了一些经验，有责任心，对鸡有爱心和耐心，可承担生态养鸡场的体力工作及饲养工作。子女一般都受过初中以上教育，有的还受过中等以上职业教育，文化水平较高，接受能力强，对外界了解较多，可承担鸡场的技术工作。但子女有年轻浮躁、耐力不足，特别对脏、苦、累的养殖工作不感兴趣的问题，需要家长加以引导。

生态养鸡场的工作分工为：父亲负责饲料保障，包括饲料的采购运输和饲料加工、粪污处理、对外联络等；母亲负责饲喂及集蛋工作，包括育雏、喂料、鸡舍环境控制、集蛋等；子女负责技术工作，包括生产记录、消毒、防疫、电脑操作和网络销售等。

对规模较大的家庭农场生态养鸡场，仅依靠家庭成员是完成不了所有工作的，哪一方面工作任务重，就雇用哪一方面的人，来协助家庭成员完成生态养鸡工作。如雇用一名饲养员或者技术员，也可以将饲料保障、防疫、粪污处理等工作交由专业公司去做，让家庭成员把主要精力放在饲养管理和家庭农场经营上。

（八）满足环保要求

家庭农场生态养鸡涉及的环保问题，主要是粪污是否对生态养鸡场周围环境造成影响。随着养殖总量不断上升，环境承载压力也随之增大，畜禽养殖污染问题日益凸显。目前全国畜禽粪污年产生量约 38 亿吨——相当于每生产 1 公斤肉类，就会产生 44 公斤的畜禽粪污。这是农业面源污染的主要来源。为此，2014 年 1 月 1 日起施行的国家第一部专门针对畜禽养殖污染防治的法规性文件——《畜禽规模养殖污染防治条例》（以下简称《条例》），明确畜牧业发展规划应当统筹考虑环境承载能力以及畜禽养殖污染防治要求，合理布局，科学确定畜禽养殖的品种、规模、总量。《条例》明确了禁养区划分标准、适用对象（畜禽养殖场、养殖小区）、激励和处罚办法。2015 年 1 月 1 日起施行的新《中华人民共和国环境保护法》明确畜禽养殖场、养殖小区、定点屠宰企业等的选址、建设和管理应当符合有关法律法规规定。2015年4月，国务院发布《水十条》，明确要求，要科学划定畜禽养殖禁养区，2017年底前，依法关闭或搬迁禁养区内的畜禽养殖场（小区）和养殖专业户，京津冀、长三角、珠三角等区域提前一年完成。2015年8月，农业部发文，要求各级畜牧兽医行政主管部门要积极配合环保部门做好禁养区划定工作，及时报送禁养区划定情况。2016年5月，国务院发布《土十条》，要求合理确定畜禽养殖布局和规模，强化畜禽养殖污染防治。2016年11月，环保部、农业部发布《畜禽养殖禁养区划定技术指南》，作为后期全国各地划定禁养区的依据。文件要求禁养区划定完成后，地方环保、农牧部门要按照地方政府统一部署，积极配合有关部门，协助做好禁养区内确需关闭或搬迁的已有养殖场关闭或搬迁工作。2016年12月，国务院印发《"十三五"生态环境保护规划》，要求2017年底前，各地区依法关闭或搬迁禁养区内的畜禽养殖场（小区）和养殖专业户。

规模化生态养鸡环保问题是建场规划时首先要解决好的问题。鸡场选址要符合所在地区畜牧业发展规划、畜禽养殖污染防治规划，满足动物防疫条件，并进行环境影响评价。《畜禽规模养殖污染防治条例》第十一条规定：禁止在饮用水水源保护区，风景名胜区；自然保护区的核心区和缓冲区；城镇居民区、文化教育科学研究区等人口集中区域；法律、法规规定的其他禁止养殖区域等区域内建设畜禽养殖场、养殖小区。第十二条规定：新建、改建、扩建畜禽养殖场、养殖小区，应当符合畜牧业发展规划、畜禽养殖污染防治规划，满足动物防疫条件，并进行环境影响评价。对环境可能造成重大影响的大型畜禽养殖场、养殖小区，应当编制环境影响报告书；其他畜禽养殖场、养殖小区应当填报环境影响登记表。大型畜禽养殖场、养殖小区的管理目录，由国务院环境保护主管部门商国务院农牧主管部门确定。除了以上的规定，考虑到以后生态鸡场的发展，还要尽可能地避开限养区。

除了制定严格的生产制度和落实责任制外，还要在兽药和饲料及饲料添加剂的使用上做好工作。如在生产过程中不滥用兽药和添加剂，有效控制微量元素添加剂的使用量，严格禁止使用对人体有害的兽药和添加剂，提倡使用益生素、酶制剂、天然中草药等。严格执行兽药和添加剂停药期的规定。使用高效、低毒、广谱的消毒药物，尽可能少用或不用对环境易造成污染的消毒药物，如强酸、强碱等。以实现养殖过程清洁化、粪污处理资源化、产品利用生态化的总要求。

小贴士：

家庭农场实行规模化生态养鸡，在环境保护方面要严格按照畜禽养殖有关环保方面的规定执行，在选址、规划、建设和生产运行等方面，做到生态养鸡不对周围环境造成污染，同时也不受到周围环境污染的侵害和威胁。只有做到这样，家庭农场生态养鸡才能够得以建设和长期发展，而不符合环保要求的生态养鸡场是没有生存空间的。

二、家庭农场的认定与登记

目前，我国家庭农场的认定与登记尚没有统一的标准，均是按照《农业部关于促进家庭农场发展的指导意见》（农经发〔2014〕1号）的要求，由各省、自治区、直辖市及所属地区自行出台相应的登记管理办法。因此，兴办家庭农场前，要充分了解所在省及地区的家庭农场认定条件。

（一）认定的条件

申请家庭农场认定，各省、地区对具备条件的要求大体相同，如必须是农民户籍、以家庭成员为主要劳动力、依法获得的土地、适度规模、生产经营活动有完整的财务收支核算等。但是，因各省地域条件及经济发展状况的差异，认定的条件也略有不同，需要根据本地要求的条件办理。

（二）认定程序

各省对家庭农场认定的一般程序基本一致，经过申报、初审、审核、评审、公示、颁证和备案等七个步骤（图 2-6）。

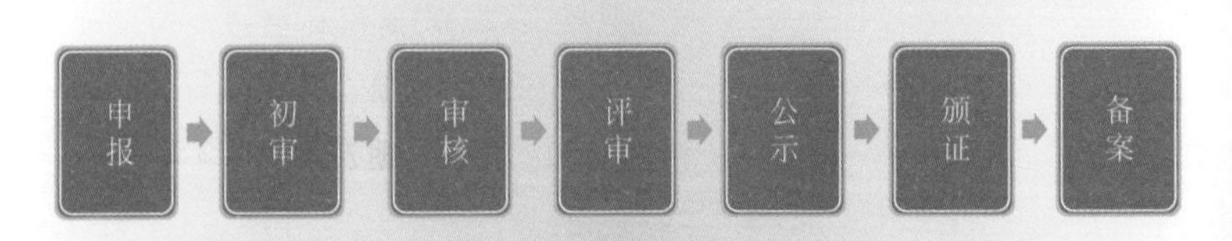

图 2-6 家庭农场认定程序示意图

1. 申报

农户向所在乡镇人民政府（街道办事处）提出家庭农场认定申请，并提供以下材料原件和复印件。

（1）认定申请书；

附：家庭农场认定申请书（仅供参考）

申　请

县农业农村局：

我叫 ×××，家住 ×× 镇 ×× 村 × 组，家有 × 口人，有劳动能

力 × 人，全家人一直以生态鸡养殖为主，取得了很可观的经济收入。同时也掌握了科学养鸡的技术，积累了丰富的鸡场经营管理经验。

我本人现有鸡舍 × 栋，面积 ××× 平方米，年销售生态鸡5000只。鸡场用地 ××× 亩（其中自有承包村集体土地 ×× 亩，流转期限在10年的土地 ×× 亩），具有正规合法的农村土地承包经营权证和《土地流转合同》等经营土地证明。用于种植的土地相对集中连片，土壤肥沃，适宜于种植有机饲料原料，生产的有机饲料原料可满足本场生态鸡的生产需要。因此我决定申办生态鸡家庭农场，扩大生产规模，并对周边其他养生态鸡户起示范带动作用。

此致

敬礼

申请人：××

20×× 年 ×× 月 ×× 日

（2）申请人身份证；

（3）农户基本情况（从业人员情况、生产类别、规模、技术装备、经营情况等）；

附：家庭农场认定申请表（仅供参考）

家庭农场认定申请表

填报日期：　　年　月　日

<table>
<tr><td>申请人姓名</td><td></td><td>详细地址</td><td colspan="3"></td></tr>
<tr><td>性别</td><td></td><td>身份证号码</td><td></td><td>年龄</td><td></td></tr>
<tr><td>籍贯</td><td colspan="2"></td><td>学历技能特长</td><td colspan="2"></td></tr>
<tr><td>家庭从业人数</td><td colspan="2"></td><td>联系电话</td><td colspan="2"></td></tr>
<tr><td>生产规模</td><td colspan="2"></td><td>其中连片面积</td><td colspan="2"></td></tr>
<tr><td>年产值</td><td colspan="2"></td><td>纯收入</td><td colspan="2"></td></tr>
<tr><td>产业类型</td><td colspan="2"></td><td>主要产品</td><td colspan="2"></td></tr>
<tr><td>基本经营情况</td><td colspan="5"></td></tr>
<tr><td>村（居）民委员会意见</td><td colspan="2"></td><td>乡镇（街道）审核意见</td><td colspan="2"></td></tr>
</table>

续表

县级农业行政主管部门评审意见	
备案情况	

（4）土地承包、土地流转合同或农村土地承包经营权证等证明材料；

附：土地流转合同范本

土地流转合同范本

甲方（流出方）：____________

乙方（流入方）：____________

双方同意对甲方享有承包经营权、使用权的土地在有效期限内进行流转，根据《中华人民共和国合同法》《中华人民共和国农村土地承包法》《农村土地承包经营权流转管理办法》及其他有关法律法规的规定，本着公正、平等、自愿、互利、有偿的原则，经充分协商，订立本合同。

一、流转标的

甲方同意将其承包经营的位于___________县（市）__________乡（镇）__________村______组______亩土地的承包经营权流转给乙方从事____________________生产经营。

二、流转土地方式、用途

甲方采用以下土地转包、出租的方式将其承包经营的土地流转给乙方经营。

乙方不得改变流转土地用途，用于非农生产，合同双方约定__________________。

三、土地承包经营权流转的期限和起止日期

双方约定土地承包经营权流转期限为____年，从______年_____月_____日起，至_________年______月_____日止，期限不得超过承包土地的期限。

四、流转土地的种类、面积、等级、位置

甲方将承包的耕地______亩流转给乙方，该土地位于___________
_________________________。

五、流转价款、补偿费用及支付方式、时间

合同双方约定，土地流转费用以现金（实物）支付。乙方同意每年____月_____日前分_____次，按______元/亩或实物_____公斤/亩，合计________元流转价款支付给甲方。

六、土地交付、交回的时间与方式

甲方应于________年_____月______日前将流转土地交付乙方。乙方应于________年_____月_____日前将流转土地交回甲方。

交付、交回方式为_____________。并由双方指定的第三人__________予以监证。

七、甲方的权利和义务

（一）按照合同规定收取土地流转费和补偿费用，按照合同约定的期限交付、收回流转的土地。

（二）协助和督促乙方按合同行使土地经营权，合理、环保正常使用土地，协助解决该土地在使用中产生的用水、用电、道路、边界及其他方面的纠纷，不得干预乙方正常的生产经营活动。

（三）不得将该土地在合同规定的期限内再流转。

八、乙方的权利和义务

（一）按合同约定流转的土地具有在国家法律、法规和政策允许范围内，从事生产经营活动的自主生产经营权，经营决策权，产品收益、处置权。

（二）按照合同规定按时足额交纳土地流转费用及补偿费用，不得擅自改变流转土地用途，不得使其荒芜，不得对土地、水源进行毁灭性、破坏性、伤害性的操作和生产。履约期间不能依法保护，造成损失的，乙方自行承担责任。

（三）未经甲方同意或终止合同，土地不得擅自流转。

九、合同的变更和解除

有下列情况之一者，本合同可以变更或解除。

（一）经当事人双方协商一致，又不损害国家、集体和个人利益的。

（二）订立合同所依据的国家政策发生重大调整和变化的。

（三）一方违约，使合同无法履行的。

（四）乙方丧失经营能力使合同不能履行的。

（五）因不可抗力使合同无法履行的。

十、违约责任

（一）甲方不按合同规定时间向乙方交付流转土地，或不完全交付流转土地，应向乙方支付违约金 ________ 元。

（二）甲方违约干预乙方生产经营，擅自变更或解除合同，给乙方造成损失的，由甲方承担赔偿责任，应支付乙方赔偿金 ________ 元。

（三）乙方不按合同规定时间向甲方交回流转土地或不完全交回流转土地，应向甲方支付违约金 ________ 元。

（四）乙方违背合同规定，给甲方造成损失的，由乙方承担赔偿责任，向甲方偿付赔偿金 ________ 元。

（五）乙方有下列情况之一者，甲方有权收回土地经营权。

1. 不按合同规定用途使用土地的；

2. 对土地、水源进行毁灭性、破坏性、伤害性的操作和生产，荒芜土地的，破坏地上附着物的；

3. 不按时交纳土地流转费的。

十一、特别约定

（一）本合同在土地流转过程中，如遇国家征用或农业基础设施使用该土地时，双方应无条件服从，并约定以下第 ________ 种方式获取国家征用土地补偿费和地上种苗、构筑物补偿费。

1. 甲方收取；

2. 乙方收取；

3. 双方各自收取 ________ %；

4. 甲方收取土地补偿费，乙方收取地上种苗、构筑物补偿费。

（二）本合同履约期间，不因集体经济组织的分立、合并，负责人变更，双方法定代表人变更而变更或解除。

（三）本合同终止，原土地上新建附着构筑物，双方同意按以下第 ________ 种方式处理。

1. 归甲方所有，甲方不作补偿；

2. 归甲方所有，甲方合理补偿乙方 ________ 元；

3. 由乙方按时拆除，恢复原貌，甲方不作补偿。

（四）国家征用土地，乡（镇）土地流转管理部门、村集体经济组织、村委会收回原土地重新分配使用，本合同终止。土地收回重新分配给甲方或新承包经营人使用后，乙方应重新签订土地流转合同。

十二、争议的解决方式

在履行本合同过程中发生的争议，由双方协商解决，也可由辖区的市场监督管理部门调解；协商或调解不成的，按下列第 ________ 种方式解决。

（一）提交仲裁委员会仲裁。

（二）依法向 ______________ 人民法院起诉。

十三、其他约定

本合同一式四份，甲方、乙方各一份，乡（镇）土地流转管理部门、村集体经济组织或村委会（原发包人）各一份，自双方签字或盖章之日起生效。

如果是转让土地合同，应以原发包人同意之日起生效。

本合同未尽事宜，由双方共同协商，达成一致意见，形成书面补充协议。补充协议与本合同具有同等法律效力。

双方约定的其他事项 ______________________________________。

甲方：

乙方：

年　月　日

（5）从事养殖业的须提供动物防疫条件合格证；

（6）其他有关证明材料。

2. 初审

乡镇人民政府（街道办事处）负责初审有关凭证材料原件与复印件的真实性，签署意见，报送县级农业行政主管部门。

3. 审核

县级农业行政主管部门负责对申报材料的真实性进行审

核，并组织人员进行实地考察，形成审核意见。

4. 评审

县级农业行政主管部门组织评审，按照认定条件，进行审查，综合评价，提出认定意见。

5. 公示

经认定的家庭农场，在县级农业信息网等公开媒体上进行公示，公示期不少于 7 天。

6. 颁证

公示期满后，如无异议，由县级农业行政主管部门发文公布名单，并颁发家庭农场资格认定证书（图 2-7）。

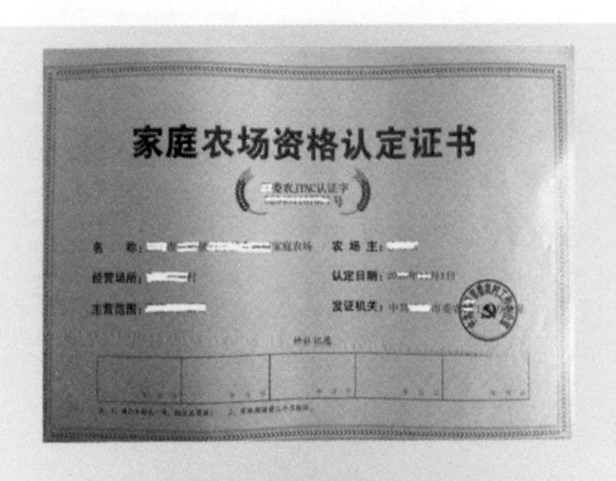
家庭农场资格认定证书
名 称：
农 场 主：
经营场所：
认定日期：
主营范围：
发证机关：

图 2-7 家庭农场资格认定书

7. 备案

县级农业行政主管部门对认定的家庭农场申请、考察、审核等资料存档备查。由农民专业合作社审核申报的家庭农场要到乡镇人民政府（街道办事处）备案。

（三）注册

申办家庭农场应当依法注册登记，领取营业执照，取得市场主体资格。市场监督管理部门是家庭农场的登记机关，按照登记权限分工，负责本辖区内家庭农场的注册登记。

① 家庭农场可以根据生产规模和经营需要，申请设立为个体工商户、个人独资企业、普通合伙企业或者公司。

② 家庭农场申请工商登记的，其企业名称中可以使用“家庭农场”字样。以公司形式设立的家庭农场的名称依次由行政区划＋商号＋“家庭农场”和“有限公司（或股份有限公司）”字样四个部分组成。以其他形式设立的家庭农场的名称依次由行政区划＋商号＋“家庭农场”字样三个部分组成。其中，普通合伙企业应当在名称后标注“普通合伙”字样。

③ 家庭农场的经营范围应当根据其申请核定为“××（农作物名称）的种植、销售；××（家畜、禽或水产品）的养殖、销售；种植、养殖技术服务”。

④ 法律、行政法规或者国务院决定规定属于企业登记前置审批项目的，应当向登记机关提交有关许可证件。

⑤ 家庭农场申请工商登记的，应当根据其申请的主体类型向市场监督管理部门提交国家市场监督管理总局规定的申请材料。

⑥ 家庭农场无法提交住所或者经营场所使用证明的，可以持乡镇、村委会出具的同意在该场所从事经营活动的相关证明办理注册登记。

第三章

生态养鸡场建设与环境控制

一、场址选择

选择生态养鸡场地时，经营者应根据生态鸡的饲养目的、规模等基本特点，对地势、地形、土质、水源、供电等条件进行全面考虑。鸡场应符合无公害食品生产对场地的要求，满足生态和可持续发展、经济性和便于防疫的原则。还要保证养鸡场周围具有较好的气候条件，便于实施卫生防疫措施，便于合理组织生产和提高劳动效率。

场地选择的要求如下。

1. 地势

应该选择地势高燥、平坦、开阔，排水良好的地方。避免低洼潮湿、排水不畅的地方。放养地地下水位要低，如在平原地带，要选地势高燥、稍向南或东南倾斜的地方。

在丘陵和山地应选地势较高，背风向阳，山坡缓的地方，坡度（坡长面与水平面的仰角）在3°～30°，小丘陵的山坡较好。这样的地势便于排水和接纳阳光，冬暖夏凉。场地内最好有鱼塘，以利排污，并进行废物利用，综合经营。

山地放养需要避开容易发生地质灾害的地方，也应避开坡底、谷口地以及风口，避免山洪或暴雨的袭击。

2. 土壤

只要是在有丰富的饲草资源和非低洼潮湿地块，任何土质和土壤的地块都可以放养。为了保证鸡的健康，除了有坡度的山地和丘陵外，最好是沙质土壤，以防雨后场地积水而造成泥泞，影响鸡的健康。

3. 水源

放养期间要保证鸡有充足优质的饮水。因此，场址附近必须有清洁充足的水源，取用和防护方便。水质符合NY 5027—2018《无公害食品 畜禽饮用水水质》的要求。

水源最好是地下水或泉水，以自来水管道输送，地面水源包括江河水、湖泊水，要求无污染，使用时需进行处理。

4. 地形

放养场地尽量大而宽阔，面积不小于30亩，不宜选择过于狭长或边角过多的多边形地块。

5. 植被

植被是生态养鸡赖以生存的根基，生态养鸡必须选择在野生或人工牧草生长密度高或牧草覆盖率高的地方，而且植被中最好有大量鸡喜欢采食的草种，特别是野草类。最好选在果园农田林地的野生草质量较好的地方，其他地方则需要经过人工改良。最好选择在栽植灌木林、茶叶、松树、毛竹、果树林等有树遮荫及草地，以利于鸡只活动的地方。

6. 防疫

养鸡场地不宜选择在人烟稠密的居民住宅区或工厂集中地，不宜选择在交通来往频繁的地方，不宜选择在畜禽贸易场所附近；宜选择在较偏远而车辆又能达到的地方。这样的地方不易传染疫病，有利于防疫。如选择深山或草地，这里没有传染病，空气好，地质好，水质好，杂草树木多，没有或很少农田，不用或几乎不用农业化肥，居住松散，可区域放养。

7. 交通

距公路干线及其他养殖场较远，距离至少在 1000 米，能保证货物的正常送到和销售运输即可。

小贴士：

鸡场一旦建成位置将不可更改，如果位置非常糟糕的话，几乎不可能维持鸡群的长期健康。可以说，场址选择的好坏，直接影响着鸡场将来生产和鸡场的经济效益。

因此，鸡场选址应根据鸡场的性质、规模、地形、地势、水源，当地气候条件及能源供应、交通运输、产品销售，与周围工厂、居民点及其他畜禽场的距离，当地农业生产、鸡场粪污消纳能力等条件，进行全面调查、周密计划、综合分析后，才能选择好场址。

二、规划布局

按照生物安全和饲养管理的要求，规模化生态养鸡场通常应划分为相互隔离的3个功能区，即管理区、生产区和疫病处理区（图3-1）。布局时应从人和鸡保健的角度出发，建立最佳的生产联系和兽医卫生防疫条件，并根据地势和本地区常年主导风向合理安排各功能区的位置。

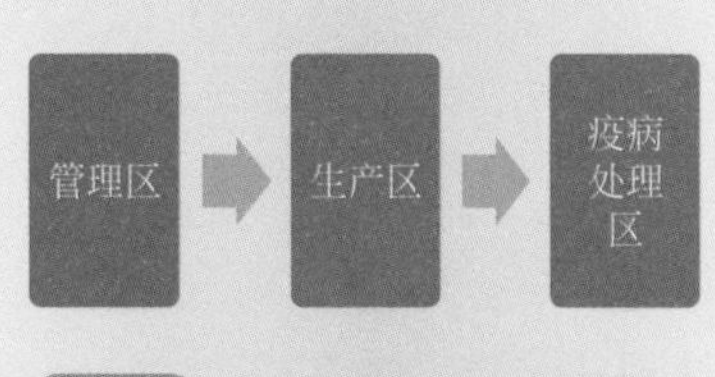

图3-1 生态养鸡场功能区示意图

管理区主要进行经营管理、职工生活福利等活动，在场外运输的车辆和外来人员只能在此区活动。由于该区与外界联系频繁，故设在距离路口较近的地方，应在其大门处设立消毒池、门卫室和消毒更衣室等。除饲料库外，车库和其他仓库应设在管理区。

生产区是生态养鸡场的核心，该区的规划与布局要根据生产规模确定。生态养鸡生产规模较大的，应将不同类型、不同日龄鸡分开隔离饲养，实行全进全出的生产制度。除育雏舍建设在距离管理区较近的固定地点以外，简易式成鸡舍应根据划区轮牧的要求进行相应移动，在布局时相邻鸡舍之间应有足够的安全距离。根据生产的特点和环节确定各建筑物之间的最佳生产联系，不能混杂交错配置，并尽量将各个生产环节安排在不同的地方，如育雏舍、成鸡舍、饲料生产车间、屠宰加工车间等需要尽可能地分散布置，以便于对人员、鸡群、设备、运输甚至气流方向等进行严格的生物安全控制。场区内要求道路直而线路短，运送饲料、鸡及鸡蛋的道路不能与粪便等废弃物运送道路共用或交叉。

饲料库是生产区的重要组成部分，其位置应安排在生产区与管理区的交界处，这样既方便饲料由场外运入，又可避免外面车辆进入生产区。储粪场或废弃物处理场应设置在与饲料调制间相反的一侧，并使其到各舍之间的总距离最短。

疫病处理区应设在全场下风向和地势最低处，并与生产区保持一定的卫生间距，周围应有天然的或人工的隔离屏障，如深沟、围墙、栅栏或浓密的乔灌木混合林等。该区应设单独的通道与出入口，处理病死鸡尸体的尸坑或焚烧炉应严密防护和隔离，以防止病原体的扩散和传播。

小贴士：

鸡场建设可分期进行，但总体规划设计要一次完成。切忌边建设边设计边生产，导致布局零乱，特别是如果附属设施资源各生产区不能共享，不仅造成浪费，还给生产管理带来麻烦。鸡场规划设计涉及气候环境，地质土壤，鸡的生物学特性、生理习性，建筑知识等各个方面，要多参考借鉴正在运行鸡场的成功经验，请教经验丰富的实战专家，或请专业设计团队来设计，少走弯路，确保一次成功，不花冤枉钱。

三、鸡舍建筑

（一）鸡舍

鸡舍分组装式简易鸡舍和固定式鸡舍两大类。组装式简易鸡舍适用于放养青年鸡，也可用于产蛋鸡。固定式鸡舍适用于育雏，也可用于产蛋鸡。此外，还应搭建围栏和遮阳挡雨棚。

1. 组装式简易鸡舍

组装式简易鸡舍的样式较多（图 3-2 ～图 3-4，视频 3-1、视频 3-2），组装制作材料可用木杆、竹竿、角铁、钢管、彩板夹芯板、水泥瓦、塑料瓦、建筑模板、塑料大棚膜、铁丝网、塑料布、油毡、帆布、茅草、钢丝绳、铁丝等。还可以安装上车轮，用拖拉机牵引移动到轮牧地点。

图 3-2　简易式鸡舍

图 3-3　简易式可移动鸡舍

简易鸡舍多采用组装的形式，以便于根据放养轮牧场地的变化而移动。搭建时，在放养区选择一块背风向阳的平地，坐北朝南搭建，鸡舍的大小和长度以养鸡数量而定。并能随着鸡龄增长及所需面积的增加，而灵活扩展。要求牢固，遮风挡雨，不积水，能防止黄鼠狼、老鼠、蛇、鹰等侵害。

图 3-4 移动式鸡舍

视频 3-1 山林中养鸡舍

视频 3-2 移动鸡舍

舍内搭设栖架，安装饮水器、喂料桶和照明灯，饮水器和喂料桶要求吊式安装。鸡舍的面积按照每个鸡舍能容纳 300 ～ 500 只产蛋鸡或 500 只青年鸡的标准搭建。

2. 固定式鸡舍

固定式鸡舍通常采用砖瓦结构或钢架结构（图 3-5），鸡舍高 2.2 ～ 2.5 米，宽 4 ～ 6 米，长 10 ～ 12 米。用于育雏和产蛋鸡，鸡舍要具有坚固、保温隔热的特点，为了满足雏鸡对温度的要求，育雏时还要有增温和通风换气设施，为节省空间，增加单位面积的育雏数量，宜采用育雏笼立体育雏。

鸡舍内安装饮水管线和供料线，鸡舍的面积按照每个鸡舍能容纳 300 ～ 500 只产蛋鸡或 500 只青年鸡的标准搭建。

图3-5 固定式鸡舍

3. 围栏

生态养鸡需要在放养场地用尼龙网、塑料网、钢网、竹竿、木杆、树干、钢管、水泥柱等制作成围栏（图3-6）。经济条件好的家庭农场可以将整个放养场地用围网永久地围起来，实行轮牧放养时再将轮牧场地临时围起来。也可以只将轮牧场地单独围起来，随着轮牧场地一起移动，有利于放养鸡的管理和保证放养鸡的安全，以及放养鸡的休养生息。

围栏高1.5米，间隔2米打一水泥柱（竹竿、木杆、树干、钢管等），把塑料网（尼龙网或钢网）固定在水泥桩上即可。

4. 遮阳挡雨棚

放养鸡场是一个完全开放的环境，直接受到暴风疾雨、酷热严寒的影响。特别是在树木遮蔽较差的场地，放养鸡直接暴露在阳光下，对鸡的生长极为不利，如果刚脱温放养的鸡遇到暴雨或冰雹可直接导致其死亡。因此，放养鸡的场地上除鸡舍以外，还应搭建若干个遮阳挡雨棚。

图 3-6 放养场地围栏

遮阳挡雨棚可用石棉瓦、水泥瓦、塑料瓦、彩钢板、彩条布等材料做棚盖，四角用木杆、钢管等做支架（图 3-7）。每个遮阳挡雨棚面积在 5 ～ 6 平方米，可容纳 30 ～ 50 只鸡遮阳挡雨。根据放养规模和群体数量计算建设数量，均匀分布于远离鸡舍的放养区内。

(a) (b)

图 3-7 遮阳挡雨棚

（二）鸡舍要求

1. 防鼠、蛇危害是重点

无论是组装式简易鸡舍还是固定式鸡舍都要做到防止老鼠、黄鼠狼、蛇侵入。如固定式鸡舍的地基要牢固，舍外围铺设深和宽为 1 ～ 2 米小石子的防鼠带，利用小滑石个小不规则的特点，使老鼠打不成洞。清水花砖墙根要抹 60 厘米高的水泥墙围，或在地面以上 60 ～ 73 厘米处用水泥抹 15 厘米宽（约两块砖宽）的防鼠带，墙根为防止鼠类攀登，夹层墙的下部要填塞水泥块、砌砖或镶钉铁皮。舍内水泥地面，组装式简易鸡舍的地面也要采用红砖、水泥板、石板、瓷砖等整体铺装，防止老鼠打洞。有下水道或排水沟的口要加装铁丝罩，或将排水管伸长加挡鼠板。门和门框要密合，缝隙要小于 0.6 厘米。门框要在门的下部镶铁皮踢板。为了通风或其他目的而常开着的门，要安装自动关闭的铁纱门。若用 40 目以上的铁纱，既可防鼠又能防虫。所有的窗户和通气孔都要加铁丝网，铁丝网孔眼 1.3 厘米 ×1.3 厘米。屋顶上安装铁丝罩等。

日常管理上，特别要注意靠外墙处不堆放物品，鸡舍内也不能堆放物品。贮藏室、存放粮食和饲料的地方都要符合防鼠要求。

经常检查，发现孔洞及时堵塞。墙壁上的小洞可用 4 份沙加 1 份水泥的混合物填补堵塞。大洞可用碎石 4 份、沙 2 份、水泥 1 份的混合物堵塞。并采取加碎玻璃屑、用快速凝固水泥和早晨施工，争取在天黑凝固等办法。木板墙壁上的洞可以用铁皮保护。

2. 便于卫生和防疫

鸡舍内地面平整坚实，易于清扫消毒。屋顶和墙壁应光滑平整、耐腐蚀、易清洗消毒。鸡舍所有门窗、通风口还应设防蚊、防鸟设施，避免引起鸡群应激和传播疾病。

小贴士：

生态养鸡的育雏期要求鸡舍条件必须好，这是提高成活率的关键。到了育成育肥期，对鸡舍的要求主要是遮风挡雨和避免受害。

四、养鸡常用设备和用具

（一）增温设备

增温设备主要用于育雏阶段和严冬季节，用电热、水暖、气暖、煤炉、火炕和热风炉等设备加热，都能达到保暖的目的。电热、水暖、气暖比较干净卫生。水暖是将燃料转化为热能以蒸汽或热水形式输向设备，煤炉加热要注意防止煤气中毒事故发生。火炕加热比较费燃料，但温度较为平稳。电热的设备有电热（保温）伞、电暖器、电热膜、电热板等；水暖的加热设备有取暖锅炉和水套炉；供暖常用的设备还有热风炉和煤炉。在保证达到所需温度的前提下，需要根据本场条件确定供暖设备。

1. 地下烟道式供暖设备

地下烟道式供暖也被称为地炕或火炕，直接建在育雏舍内，用砖或土坯砌成。较大的育雏室可采用长烟道，较小的育雏室可采用田字形环绕烟道。在设计烟道时，烟道进口的口径应大些，通往出烟口处应逐渐变小；进口应稍低些，出烟口应随着烟道的延伸而逐渐提高，以便于暖气的流通和排烟，防止倒烟。烟囱在南墙外，要高出屋顶，使烟畅通。添烧材的烧火口设在室外，可按照整个育雏鸡舍内面积建设，一般可使整个炕面温暖。平养育雏的雏鸡可在炕面上按照各自需要的温度自然而均匀地分布，所以，火炕育雏效果良好。加之火炕育雏操作简便，所用燃料可以就地取材，因此，北方地区中、小型鸡场育雏多用此法。使用时要随时注意检查室内烟道是否漏烟。

2. 电热伞

电热伞又叫保温伞，有折叠式（图 3-8）和非折叠式两种。非折叠式又分方形（图 3-9）、长方形及圆形等。伞内热源有红外线灯、电热丝、煤气燃烧等，采用自动调节温度装置。电热伞罩形状的设计使其热量损失最少，适用于网上育雏和地面育雏。电热伞装有自动控温装置，省电，育雏效率高。每个 2 米直径的伞面可育雏 500 只，平养蛋鸡时，将电热伞挂在场地的居中位置，高度在 1.8 ～ 2.0 米之间，也可根据实际情况自行调节高度；立体养殖（多层笼养），将电热伞装在场地中间的笼子上方，也可避开笼子，只要是居中并高于笼子的位置安装即可。电热伞安装数量根据场地大小及所需温度而定，在使用前应校正好其控温调节与标准温度计，以便正确控温。冬季使用电热伞育雏，还可以用火炉、电暖器等补充热源，增加一定的舍温。

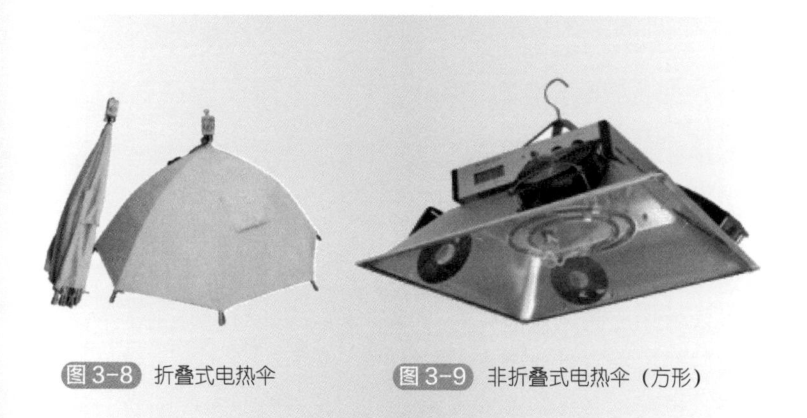

图 3-8 折叠式电热伞　　图 3-9 非折叠式电热伞（方形）

3. 热风炉

热风炉有电（图 3-10）、煤炭或燃气两种，是一种先进的供暖装置，广泛用于畜禽养殖的加温。热风炉由加热和室内送风等部分组成，由管道将温暖的热气输送入舍内。热风炉使用效果好，但安装成本高。热风炉由专门厂家生产，不可自行设计，使用煤炭或燃气时需要防止煤气中毒。

图 3-10 热风炉

4. 煤炉

煤炉（图 3-11）可用铁皮制成，或用烤火炉改制。炉上应有铁板制成的平面炉盖。炉身侧上方留有出气孔，以便接上炉管通向室外排出煤烟及煤气，煤炉下部侧面，在出气孔的另一侧面，留有 1 个进气孔，并有铁皮制成的调节板，由进气孔和出气管道构成吸风系统，由调节板调节进气量以控制炉温，炉管的散热过程就是对舍内空气的加温过程。炉管在舍内应尽量长些，也可一个煤炉上加 2 根出气管道通向舍外，炉管由炉子到舍外要逐步向上倾斜，到达舍外后应折向上方且以超过屋檐为好，从而利于煤气的排出。煤炉升温较慢，降温也较慢，所以要及时根据舍温更换煤球和调节进风量，尽量不使舍温忽高忽低。

图 3-11 煤炉

（二）喂料设备

养鸡最常用的喂料设备包括料盘、料桶和食槽，有长形食槽和吊桶式圆形食槽等，食槽的形状关系到饲料能否充分利用。食槽过浅，没有护沿会造成较多的饲料浪费。食槽一边较高、斜坡较大时，才能防止鸡采食时将饲料抛撒到槽外。食槽的大小要根据鸡体大小的不同来设置。

1. 料盘

料盘（图 3-12）又叫开食盘。用于 0 ～ 2 周龄前的雏鸡开食及育雏早期使用。雏鸡要用饲料浅盘。料盘是塑料和镀锌铁皮制成的圆形和长方形的浅盘。盘底上有防滑突起的小包或线条，以防雏鸡进盘里吃食打滑或劈腿。料盘上可以盖上隔网，以防鸡把料刨出盘外。每盘可供 80 ～ 100 只雏鸡使用。若饲养的雏鸡数量较少，也可用硬纸板或牛皮纸代替开食盘。

图 3-12 料盘

2. 吊桶式圆形食槽

吊桶式圆形食槽（图 3-13）又叫喂料桶或自动喂料吊桶，适用于地面垫料平养或网上平养的蛋鸡，蛋鸡生长的各个时期都可以使用。吊桶式圆形食槽由一个可以悬吊的无底圆桶和一个直径比桶略大些的浅圆盘所组成，桶与盘之间用短链相连，并可调节桶与盘之间的距离。圆桶内一次能放较多的饲料，使用时饲料装入桶内，便可通过圆桶下缘与底盘之间的间隙自动流进盘内，从而供鸡自由采食，鸡边吃料，饲料边从料桶落向料盘（图 3-14）。

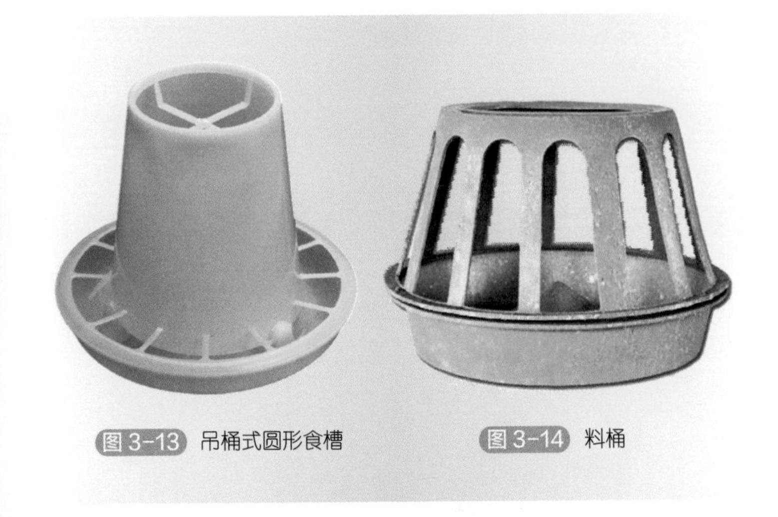

图 3-13 吊桶式圆形食槽　　图 3-14 料桶

使用时应注意料桶的高度，通常料桶上缘的高度与鸡站立时的肩高相平即可，并随着鸡体的生长而提高悬挂的高度。目前市场上销售的料筒有 4 ～ 10 千克的不同规格。根据蛋鸡的大小选择相应容量的桶即可。

3. 长形食槽

长形食槽是养鸡场采用的最多的喂料方式。平养和笼养蛋鸡的育雏期、育成期和产蛋期都适用，几乎笼养蛋鸡都用长的通槽（图 3-15），平养鸡育成期及产蛋期可使用长形食槽（图 3-16）供料方式。食槽一般采用聚氯乙烯（PVC）、木板、镀锌板等材料制成。所有饲槽边口都应向内弯曲，以防止鸡采食时挑剔将饲料刨出槽外。根据鸡体大小不同，饲槽的高和宽要有差别，雏鸡饲槽口宽 10 厘米左右，槽高 5 ～ 6 厘米，底宽 5 ～ 7 厘米；大雏或成年鸡饲槽口宽 20 厘米左右，槽高 10 ～ 15 厘米，底宽 10 ～ 15 厘米，长度 1 ～ 1.5 米。

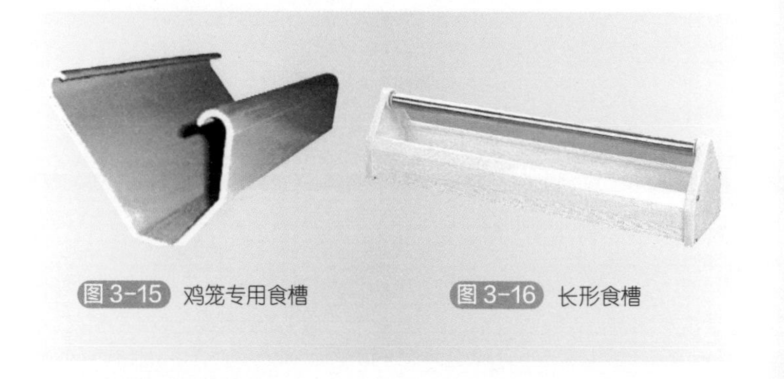
图 3-15 鸡笼专用食槽　　图 3-16 长形食槽

（三）饮水设备

鸡的饮水问题十分重要，饮水设备是养鸡必需的设备。规模化养鸡中必须装备可靠的自动饮水设备，以保证随时都能供给鸡充足、清洁的水，满足鸡的生理要求。目前常用的蛋鸡饮水器有槽形饮水器、塔形真空饮水器、乳头式饮水器、普拉松自动饮水器和饮水槽等五种。

1. 槽形饮水器

槽形饮水器因为其结构简单、安装方便，在我国蛋鸡养殖中曾经被广泛应用。平养和笼养蛋鸡均可使用。槽形饮水器一般可用竹、木、塑料、镀锌铁皮等多种材料制作成“V”字形、“U”字形或梯形等，目前采用最多的材料是用塑料制作。“V”字形水槽多由铁皮制成，但金属制作的一般使用 3 年左右水槽就会腐蚀漏水。用塑料制成的“U”字形水槽解决了“V”字形水槽腐蚀漏水的现象，并且“U”字形水槽使用方便，易于清洗。梯形水槽多由木材制成。水槽一般上口宽 5 ～ 8 厘米，深度为 5 ～ 6 厘米，水槽每个一般长 3 ～ 5 米，槽上最好加一横梁，可保持水槽中水的清洁，尽可能放长流水。一般中雏每只鸡占有 1.5 ～ 2.0 厘米，种鸡 3.6 厘米的槽位。另外水槽一定要固定，防止鸡踩翻水槽造成洒水现象。注意两个水槽结合处要结合严密，防止结合处漏水。鸡在饮水时容易污染水质，增加了疾病的传染机会，对防疫不利，故使用槽形饮水器应定时清洗。

2. 塔形真空饮水器

塔形真空饮水器（图 3-17）由圆桶和水盘两部分组成，可用镀锌铁皮和塑料等制成，也可用大口玻璃瓶制作。这种饮水器适用于平养蛋鸡和放养蛋鸡使用，多由尖顶圆桶和直径比圆桶略大一些的底盘构成。圆桶顶部和侧壁不漏气，基部离底盘高 2.5 厘米处开有 1 ～ 2 个小圆孔。利用真空原理使盘内保持一定的水位直至桶内水用完为止。这种饮水器构造简单、使用方便，清洗消毒容易，有 1.5 升和 3.0 升两种容量，使用时根据鸡的大小选用。

图 3-17 塔形真空饮水器

3. 乳头式饮水器

乳头式饮水器已在世界范围内广泛应用，使用乳头式饮水器可以节省劳力，防止鸡患病交叉感染，改善饮水的卫生程度。但在使用时注意水源洁净、水压稳定、高度适宜。另外，还要避免长流水和不滴水现象的发生。乳头式饮水器系用普碳钢或不锈钢制造，由带螺纹的钢（铜）管和顶针开关阀组成，可直接装在水管上，利用重力和毛细管作用控制水滴，使顶针端部经常悬着一滴水（图 3-18）。鸡需水时，触动顶针，水即流出；饮毕，顶针阀又将水路封住，不再外流。乳头式饮水器有雏鸡用和成年鸡用两种，每个饮水器可供 10 ～ 20 只雏鸡或 3 ～ 5 只成年鸡，可用于平养和笼养。乳头式饮水器需要和专用水箱（图 3-19）配套安装。

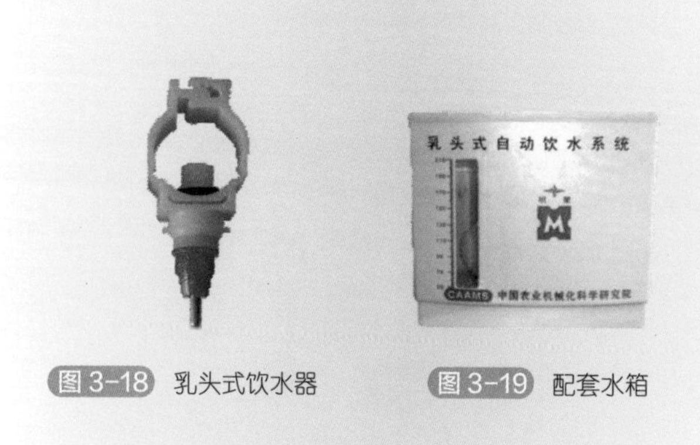

图 3-18 乳头式饮水器　图 3-19 配套水箱

4. 普拉松自动饮水器

普拉松自动饮水器由饮水碗、活动支架、弹簧、封水垫，及安在活动支架上的主水管、进水管等组成（图 3-20）。活动支架上有一个围绕进水管的防溅水护板。该产品结构合理，从根本上解决了人工喂水劳动强度大的缺点。普拉松自动饮水器不仅节约了用水和饲料，而且改善了养鸡场的卫生环境，使鸡每时每刻饮入新鲜水，是养鸡场理想的鸡用饮水器，适用于3周龄后平养蛋鸡使用，能保证蛋鸡饮水充足，有利于生长。每个饮水器可供100～120只鸡用，饮水器的高度应根据鸡的不同周龄的体高进行调整。

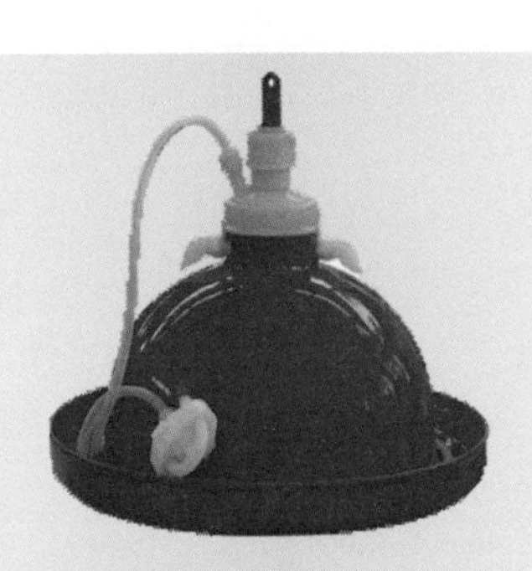

图3-20 普拉松自动饮水器

5. 饮水槽

饮水槽（图3-21和视频3-3）设置了可防止鸡站到饮水槽上的装置。饮水槽高度可调节，可单个使用，也可多个串联，适合不同养鸡规模的需要。

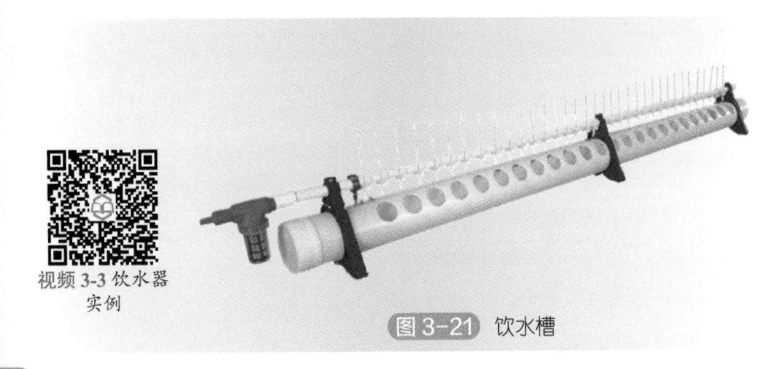

视频3-3 饮水器实例

图3-21 饮水槽

（四）育雏笼

育雏笼由笼体和笼架组成，单体鸡笼可以组合成笼组。

育雏笼有阶梯式育雏笼、半阶梯式育雏笼（图 3-22）和层叠式育雏笼（图 3-23）等 3 种。育雏笼通常分为三层阶梯育雏笼和四层立式育雏笼。三层阶梯育雏笼整架规格：长 1.95 米、宽 2.40 米、高 1.40 米，可饲养 600 ～ 900 只鸡；四层立式育雏笼整架规格：长 1.40 米、宽 0.70 米、高 1.55 米，可饲养 200 ～ 400 只鸡。育雏初期笼底可铺上报纸或硬纸板，也可在笼底铺一层 0.12 米 ×0.12 米孔径的硬质塑料网，当鸡 5 ～ 6 周龄时再将网片撤去。使用时育雏舍内统一用火炉、暖气、地下烟道等加温，地下烟道加温可使上下层鸡笼的温度差缩小，效果较好。阶梯式育雏笼还可作为育成期（青年鸡）笼使用。

图 3-22 半阶梯式育雏笼

图 3-23 层叠式育雏笼

（五）产蛋箱

饲养种鸡或平养蛋鸡可采用二层式产蛋箱（图 3-24），按每 4 只母鸡提供一个箱位，上层的踏板距地面高度应不超过 60 厘米。每只产蛋箱约 30 厘米宽、30 厘米高、32 ～ 38 厘米深。产蛋箱两侧及背面可采用栅条形式，以保证产蛋箱内空气流通和利于散热，在底面的外沿应有约 8 厘米高的缓冲挡板，以防止鸡蛋滚落地面。

图 3-24 二层式产蛋箱

（六）栖架

鸡有高栖过夜的习性，每到天黑之前，总想在鸡舍内找个高处栖息。假如没有栖架，个别鸡就会高飞到房梁或窗台上过夜，多数鸡拥挤在一角栖伏于地面上，对鸡的健康与生产都不利。鸡在栖架上栖息，可使其呼吸畅通，不会因地面潮湿或天气寒冷而患呼吸道疾病。另外，栖架还具有成本低、占地面积小、便于清粪等优点。因此，在舍内后部应设有栖架。

栖架可用竹子或者木棍等材料搭建而成。其主要有三种形式：第一种是平式栖架，钉成横格形，摆放于鸡舍内；第二种是立式的，呈阶梯状，靠立在鸡舍内墙壁上（图 3-25 和视频 3-4）；第三种是斜式栖架，斜式栖架前低后高，不但便于鸡只上下活动，还可以减少鸡下架时的缓冲，便于管理。

视频 3-4 栖架

图 3-25 栖架

栖架由数根栖木构成，栖木大小应视每间舍内鸡数而定，每只鸡占有栖木位置因品种不同稍有差异，一般为 10 ～ 20 厘米，最里边一根栖木距墙 30 厘米，栖木间距不少于 40 厘米，最低的一根栖木距地面 40 厘米。栖木规格为 4 厘米 ×2.5 厘米，上部表面制成半圆形，以利于鸡爪抓着木条栖息。

栖架要牢固，做到鸡群飞上栖架不摇晃、不倒塌。栖架离地面 30 ～ 35 厘米，此高度刚好不影响鸡的行走。若栖架设置过高，鸡只飞上栖架时会扬起太多粉尘，降低舍内空气质量。

栖架应定期清洗、消毒，防止形成“粪钉”，影响栖息或造成趾瘤。栖架应做成能活动的，白天能折起靠墙上或吊到棚上，这样不仅可以防止母鸡白天上栖架影响种蛋受精率，而且也增加鸡的活动面积，便于工作人员打扫卫生。

（七）抓捕鸡、装鸡工具

抓捕鸡常用的工具有抓鸡钩和抄网，装鸡常用的工具主要有周转箱。

1. 抓鸡钩

抓鸡钩通常用铁丝（8 号铁线）自制。抓鸡钩的总长度应在 1.3 米左右，一头是制作成图 3-26 形状的钩，另一头制作成方便抓鸡者手握的长饼状。抓鸡钩结构简单，制作容易，是非常实用的一个抓鸡小工具，适用于平地散养鸡的抓捕。

图 3-26 抓鸡钩

2. 抄网

抄网（图 3-27）是抓鸡的常用工具，可自制也可以购买成品，抓鸡时自上而下将鸡罩住。

3. 周转箱

鸡的周转需要用装鸡筐。一般装鸡筐（图 3-28）的规格为长 75 厘米、宽 55 厘米、高 27 厘米，筐的上面和侧面各有一个门，便于鸡放入和从笼内抓出鸡。

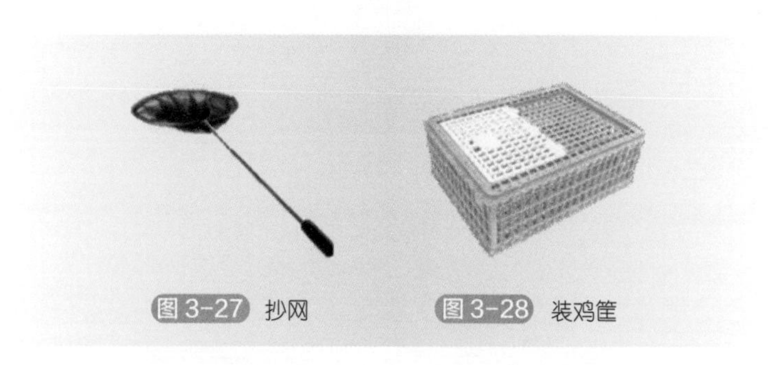

图 3-27 抄网　　图 3-28 装鸡筐

（八）诱虫设备

灯光诱虫是利用生物的趋光性诱集并消灭害虫，从根本上解决农产品农药残留和农村环境污染问题，是成本最低、用工最少、效果最好、副作用最小的物理防治方法。同时，昆虫富含蛋白质和未知促生长因子，可提高放养鸡的品质，降低生产成本，有效控制虫害，减少环境污染。

常用的诱虫设备有黑光灯（图 3-29）、高压灭蛾灯、荧光灯、白炽灯、性激素诱虫盒等。没有电源的地方采用小型风力发电机和蓄电池或太阳能蓄电池，有沼气的地方也可用沼气灯作为光源。

诱虫设备设置在鸡舍及放养区，以 20 亩一盏为宜。两盏灯之间的距离为 80 ～ 100 米，挂灯的高度以高出林木、果树、农作物、草地等 1 ～ 3 米为宜。过高，难以管理，遇风易倒；太低，诱虫范围小，影响诱虫量。

图 3-29 黑光灯

亮灯时间应根据害虫预测预报来安排。一般一年中 5 ～ 10 月份，一天之内的 19 ～ 22 时，尤其是无风雨、无月光和闷热的天气亮灯，诱虫最多。

（九）发电设备

适合生态养鸡的发电设备有太阳能发电设备、风力发电设备和汽（柴）油发电机等。

1. 太阳能发电设备

太阳能发电是指无需通过热过程直接将光能转变为电能的发电方式。它包括光伏发电、光化学发电、光感应发电和光生物发电。光伏发电是利用太阳能级半导体电子器件有效地吸收太阳光辐射能，并使之转变成电能的直接发电方式，是当今太阳能发电的主流。

光伏发电系统主要由太阳能电池、蓄电池、控制器和逆变器组成（图 3-30），其中太阳能电池是光伏发电系统的关键部分，太阳能电池板的质量和成本将直接决定整个系统的质量和成本。

2. 风力发电设备

风力发电是利用风力带动风车叶片旋转，再通过增速机将旋转的速度提升，来促使发电机发电。依据目前的风车技术，大约是每秒 3 米的微风速度（微风的程度），便可以开始发电。风力发电没有燃料问题，也不会产生辐射或空气污染。

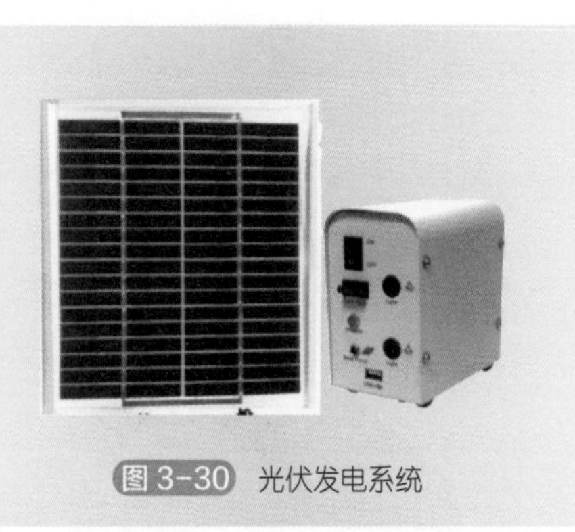

图 3-30 光伏发电系统

一般把发电功率在 10 千瓦及以下的风力发电机称作小型风力发电机。

3. 汽（柴）油发电机

发电机是将其他形式的能源转换成电能的机械设备。汽油发电机和柴油发电机的主要区别在于使用燃料不同，汽油发电机相比柴油发电机组来说，安全性能低，油耗偏高。汽油发电机体积小，以风冷型为主，一般功率较小，便于移动。柴油发电机组一般以水冷型为主，功率、体积都较大。

家庭农场可根据本场的用电负荷情况选择相应规格型号的发电机组。

（十）清洗消毒设备

1. 火焰消毒器

火焰消毒器（图 3-31）是利用煤气燃烧产生高温火焰对舍内的笼具、工具等设备及建筑物表面进行瞬间高温燃烧，达到杀灭细菌、病毒、虫卵等消毒净化的目的。其优点主要有：杀菌率高达 97%；操作方便、高效、低耗、低成本；消毒后设备和栏舍干燥，无药液残留。

火焰消毒器可用于鸡舍内部的大面积消毒，也可作为生产区入口人员和车辆的消毒设施。

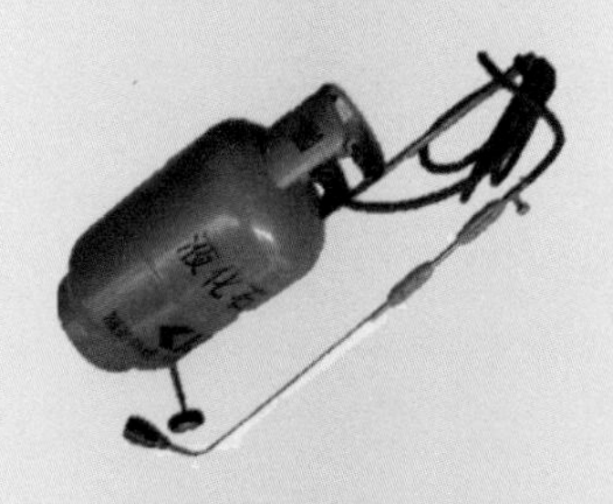

图 3-31 火焰消毒器

2. 喷雾消毒器

常用的喷雾消毒器有电动（图 3-32）和手动（图 3-33）两种，用于鸡舍内的喷雾消毒时，可沿每列笼上部（距笼顶不少于 1 米）装设水管，每隔一定距离装设一个喷头；用于车辆消毒时，可在不同位置设置多个喷头，以便对车辆进行彻底的消毒。喷雾消毒器还可用于带鸡消毒。由于雾粒直径大小对鸡的呼吸有影响，因此带鸡消毒时应按鸡龄大小选择合适的喷头。

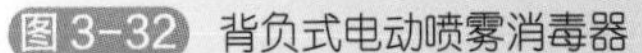
图 3-32 背负式电动喷雾消毒器

图 3-33 背负式手动喷雾器

3. 高压冲洗消毒器

高压冲洗机（图 3-34）用于房舍墙壁、地面和设备的冲洗消毒，由小车、药桶、加压泵、水管和高压喷头等组成。这种设备与普通水泵原理相似。高压喷头喷出的水压大，可将消毒部位的灰尘、粪便等冲掉；若加上消毒药物，则还可起到消毒作用。

图 3-34 高压冲洗机

（十一）其他设备

1. 断喙器

断喙器又称切嘴机，类型很多，有脚踏式、手提式和自动式，是养鸡场必备的机具，具有断喙快速、止血、清毒之功能。切嘴机主要由调温旋钮、变阻调温器、变压器、上刀片、下刀口、机壳等组成（图 3-35）。它用变压器将 220 伏的交流电变成低压大电流（即电压为 0.6 伏、电流为 180 ～ 240 安），使刀片工作温度在 600 ～ 800℃，刀片红热时间不大于 30 秒，消耗功率 70 ～ 140 瓦，每小时可断喙 750 ～ 900 羽。脚踏式有专门的机架支撑切嘴机的机头，通过弹簧、吊钩和链条连接脚踏板部件，实现切嘴动作。电磁控制一般设有支撑架，可放在桌面上操作，接通电源就可以开始工作，通过电磁开关，完成刀片和刀口的上下动作，完成切嘴工作。对于不同年龄的鸡，通过调节变阻器来控制输入电流的大小。

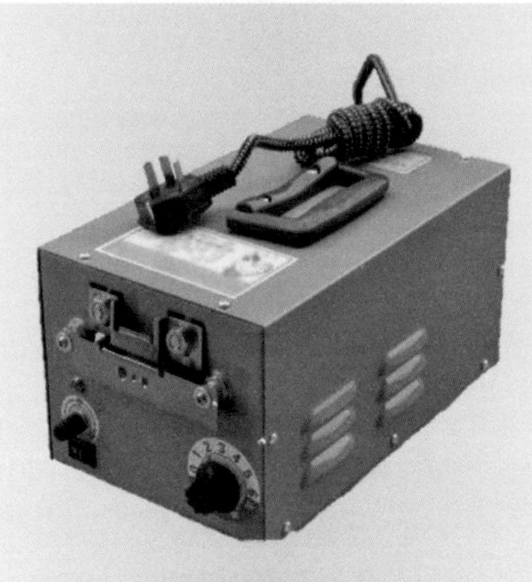

图 3-35 断喙器

操作时，机身的高低可因人进行调节。切嘴机接通电源后，将调温开关向升温方向转到最大位置，观察刀片的红热情况，根据所要断喙的鸡只的大小，调到微红或暗红。一般上喙要切掉一半，下喙切掉从嘴尖到鼻孔的1/3。注意在断喙时，鸡头应向下倾斜一些，使切后上喙比下喙略短一些。在断喙时，必须将拇指压在鸡头后部，将食指按在喉部，这样鸡的舌头就会收进，不会接触红热刀片。上下喙同时切下后，还须停留2～3秒，使之烧灼止血。切嘴机使用220伏交流电，必须注意用电安全，停止工作时，先把调温旋钮扭到“0”再切断电源。

需要注意的是，对于以采食野草昆虫为主的放养鸡，雏鸡在9～12日龄进行断喙，此时对鸡的应激小，可节省人力，在防止育雏期间啄癖的发生、减少饲料浪费的同时，保证到放养阶段喙能完全恢复，不影响其野外采食。

2. 电子秤

电子秤属于衡器的一种，是利用胡克定律或力的杠杆平衡原理测定物体质量的工具。电子秤主要由承重系统（如秤盘、秤体）、传力转换系统（如杠杆传力系统、传感器）和示值系统（如刻度盘、电子显示仪表）3部分组成（图3-36）。

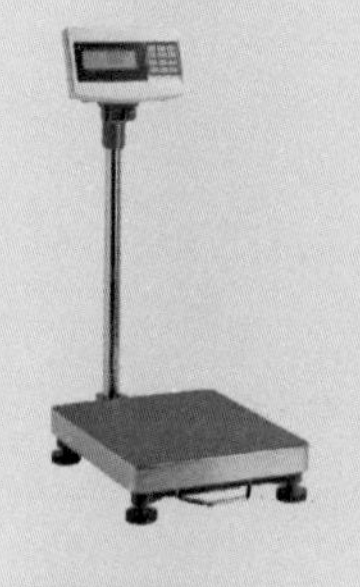

图3-36 电子秤

电子秤是采用现代传感器技术、电子技术和计算机技术一体化的电子称量装置，满足现实生活中提出的“快速、准确、连续、自动”称量要求，同时有效地消除人为误差，使之更符合法制计量管理和工业生产过程控制的应用要求。

适用于种鸡的体重测量和饲料，尤其是在种鸡生长过程中的定期测量，使用时无需绑缚，应激小。

3. 监控摄像机

监控摄像机的作用是对监视区域进行摄像并将其转换成电信号，按规格可分为1/3″、1/2″和2/3″等种类，宜选择具有红外线功能的，有利于实时监控鸡群状态。安装方式有固定和带云台两种。

4. 鸡眼镜

鸡眼镜由塑料制成，专用于佩戴在鸡的头部（图3-37），遮挡鸡眼正常平视光线，使鸡不能正常平视，只能斜视和看下方（图3-38），能够阻止正面攻击，防止啄肛、啄毛等，在不影响采食、饮水、活动的情况下提高养殖密度，降低死亡率，提高养殖效益。适用于散养的山鸡、土鸡、草鸡、麻鸡、三黄鸡、乌鸡等容易啄毛、啄肛的地方品种等。

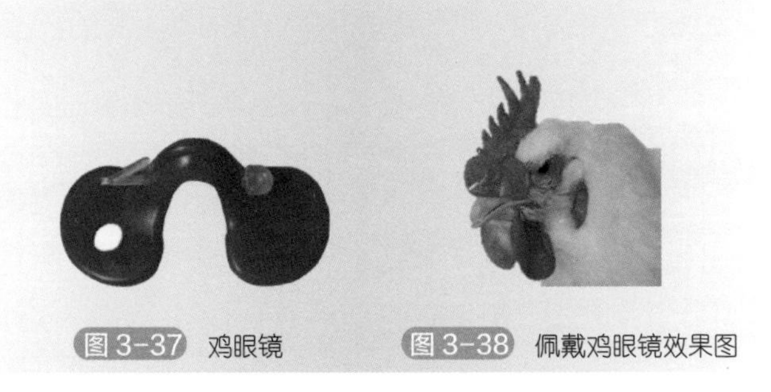

图3-37 鸡眼镜　　图3-38 佩戴鸡眼镜效果图

需要注意的是，鸡眼镜适合地面平整的场合佩戴，在起伏较大、杂草较高等地貌植被较复杂的山林地，鸡佩戴鸡眼镜以后会影响鸡的活动，不宜给这种环境下的鸡群佩戴。

5. 连续注射器

连续注射器用于鸡群疫苗注射（图 3-39）。

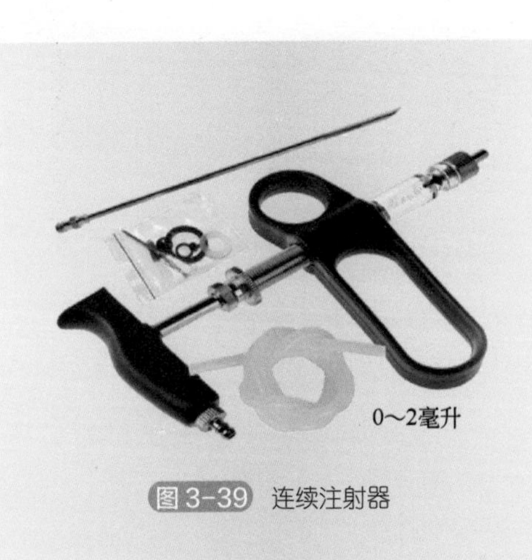

图 3-39 连续注射器

6. 测温器材

测温器材主要有干湿度计（图 3-40）和最高最低温度计（图 3-41）。

五、环境控制

环境控制包括鸡舍内和鸡舍外环境，有物理的（温度、湿度、气流、光照、噪声、尘埃等）、化学的（氨气、硫化氢、二氧化碳及恶臭）、生物的（病原微生物、寄生虫、蚊蝇等）和工艺的（人、饲养及管理、组群、饲养密度等）。

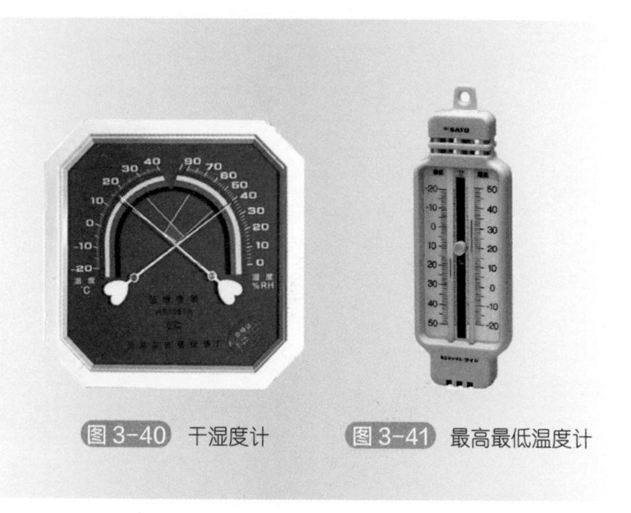

图3-40 干湿度计　　图3-41 最高最低温度计

（一）温度控制

鸡天生没有汗腺，对温度表现为极敏感，尤其是雏鸡，体温调节能力较差，如果温度过低会使雏鸡易患感冒、腹泻等疾病而导致死亡率升高，温度过高则易导致鸡群发生热应激，同样会对鸡产生极其不利的影响，使生产性能下降，成活率降低。因此，育雏期要做好鸡舍环境的温度调控工作。通常在育雏的前3天，育雏室的温度要保持在32～33℃，第4～7天降低1℃，第一周末使温度保持在30℃，以后则每周降低2～3℃，最后温度保持在21℃左右即可。降温要逐渐地进行，平稳降温，不可使温度突然降低，以免鸡群产生应激反应。如果雏鸡的体质较弱、体重较轻或者室外的温度较低，以及在进行免疫接种等工作时则要适当地将舍温升高1～2℃。合理掌握鸡群脱温的时间，要根据实际的情况来定，如果在脱温后外界的温度低于18℃，则要升温。

注意：掌握鸡舍内温度是否适宜，不能单纯地看温度计上的温度，也要通过观察鸡群的动态变化来确定。如果鸡群扎堆，靠近热源则说明舍温较低，如果鸡群分散，远离热源，饮水量增加，张嘴呼吸，则说明舍温过高，此时要根据鸡群的表现来调节鸡舍的温度。

脱温后的放养鸡，温度控制同样重要，通常鸡夜间在简易鸡舍内休息，鸡舍也要做到保温隔热及良好的温度控制，放养场地没有树木或者树木稀少遮蔽度不好的时候要搭建遮阳棚，使鸡能在阳光强烈照射的时候有躲避的地方。

（二）湿度控制

相对湿度不适宜会使鸡群感到不适，影响其健康和生产性能。如果鸡舍内的相对湿度过高，会导致鸡感受到的温度较低，鸡群的采食量下降，还易导致垫草、垫料发生霉变，导致大量的病原微生物滋生和繁殖，增加了鸡群的患病概率。而如果相对湿度过低，则易导致鸡群脱水，表现为身体虚弱、羽毛蓬乱，舍内过于干燥而使粉尘量过多，易导致肉鸡患呼吸道疾病。因此，鸡舍内要保持适宜的湿度。

放养鸡在野外场地放养时，基本不需要对湿度进行调节，只有雏鸡和在夜间简易鸡舍时需要人工干预，进行湿度控制。通常相对湿度对2周龄以内的雏鸡影响最大，在育雏的前3天一般保持舍内的相对湿度为70%左右，以后则可保持在65%～70%，待鸡生长到2周龄以后时可将相对湿度降低到50%～60%。

当舍内相对湿度过低时可向地面洒水，或者用喷雾的方法来增加湿度，在操作时要适当地提高舍温，以免鸡群受凉，并且要注意不可向垫料洒水。当舍内相对湿度过高时，则可通过加强通风、减少用水量、更换垫料等方式来降低相对湿度。

（三）有害气体的控制

规模化养鸡多采用高密度饲养，鸡舍容易产生氨气、硫化氢、二氧化碳等有害气体，这些有害气体对人和鸡均有直接或间接的毒害作用。而鸡舍内的有害气体主要由粪便、饲料、垫草经微生物分解后产生或由鸡呼吸道排出。鸡舍空气中夹杂着大量的水滴和灰尘，也容易滋生病原微生物。饲喂干粉料、厚垫草、密集饲养等都会使舍内灰尘及细菌数量明显增加。

鸡舍的空气环境控制主要指控制空气污染物的含量，鸡舍内有害气体含量应控制在允许含量之内。控制和消除鸡舍的有害气体，一是杜绝或减少有害气体的产生，二是有害气体一旦产生则应设法降低有害气体的浓度。除合理进行鸡舍通风外，还应采取以下措施。

一是清除有害气体源。鸡粪是有害气体的重要来源，在养殖的过程中，要加强鸡舍卫生环境的处理，合理设计清粪排水系统，及时清理粪尿，最大限度地缩短粪尿在鸡舍内的积蓄时间，这是降低舍内有害气体浓度的基本方法。

二是加强通风换气，把鸡舍内的有害气体排出舍外。自然通风只适合在小跨度的鸡舍使用，净宽超过 7 米的鸡舍自然通风的效果不好。采用自然通风的鸡舍，窗户的设置应多一些。鸡舍跨度小，排风筒设一排即可，其间距 6 米左右，直径应不低于 25 厘米，并应装有翻板，使排风筒可开闭。气流应从粪层表面经过，以便及时将粪便中的水分和产生的有害气体排出。机械通风使用最多的是纵向负压通风，采用纵向通风工艺时应选用适合家禽生产的低风压、高流量的风机。鸡舍南北墙上应设通风窗，以防突然停电作应急之用。最好采取自然通风和机械通风相结合的办法。

三是生物化学及中草药除臭。使用有益微生物制剂，如 EM 制剂（有效微生物菌群）等，拌料饲喂、溶于水饮用或喷洒鸡舍，除臭效果显著。

四是吸附及排除有害气体。利用沸石、丝兰提取物、木炭、活性炭和生石灰等具有吸附作用的物质吸附空气中的有害气体。用网袋装入木炭悬挂在鸡舍内或在地面撒一些活性炭、生石灰等对消除有害气体有一定用处。

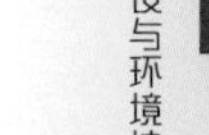

五是进行加工饲料、取暖和清理卫生等各项活动时要尽量减少灰尘、烟尘等颗粒物的产生。因为病原微生物一般附着在空气颗粒物的表面，有些颗粒物还能引起部分蛋鸡过敏。

六是进行鸡舍除尘。方法包括机械除尘、湿式除尘、过滤式除尘和静电除尘等。

七是在鸡场周围及其运动场进行绿化造林。树木不仅吸附尘土，而且能够降低鸡场整个区域的有害气体浓度，增加氧气量。进行场界林带、场区隔离林带、场内外道路两旁林带、遮荫林和藤蔓植物花草等绿化造林。

在控制和消除污染的同时，必须保证鸡舍温度、湿度和光照适宜。

（四）噪声的控制

养鸡生产过程中，噪声会使鸡受到惊吓、精神紧张，对其生产性能和健康带来严重的影响。噪声不仅会减缓鸡的生长速度，还会使肉鸡的残次品率、发病率及死亡率上升。特别是突发的、异常的声响对鸡危害最严重，它是生产中造成鸡群精神紧张或惊群的主要因素。

鸡场和鸡舍内噪声一般来源：一是由外界传入，如飞机的轰鸣声、火车的汽笛声、汽车的喇叭声、雷鸣、鞭炮声等；二是场内和舍内的机械声，如风机、除粪机、饲料粉碎机、喂料机声音以及刮风时门的晃动声和饲养管理工具的碰撞声；三是鸡体自身产生，鸡有较强的警觉性和自卫行为，叫声响亮；四是工作人员的喊叫。

噪声控制的办法：一是科学选址，避免距离机场、厂矿、铁路、交通要道、繁忙公路等过近；二是饲养管理上避免产生噪声，禁止人员大喊大叫，禁止在鸡舍附近燃放鞭炮，人员操作要轻，门窗开闭后要有固定装置；三是采用低噪声轴流风机。

在鸡舍内，尽量降低管理诸环节产生的噪声，采取噪声相对较小的生产工艺，让鸡在安静良好的环境中生长。

小贴士：

环境控制就是使不同类型的鸡舍克服以上因素对鸡产生的不良影响，建立有利于鸡只生存和生产的环境设施。鸡环境调控应以鸡体周围局部空间的环境状况为调控的重点。充分利用舍外适宜环境，自然与人工调控相结合。舍内环境调控不要盲目追求单因素达标，必须考虑诸因素相互影响制约，以及多因素的综合作用。采取多因素综合调控措施，且应侧重鸡的体感（行为、福利、健康）调控效果。因此，舍内环境调控应从工艺设计，改善场区环境、鸡舍建筑，改进舍内环境调控工艺和设备，加强饲养管理，控制环境污染等多方面采取综合措施。

第四章

生态鸡品种介绍及品种确定

一、常见的生态养鸡品种

适合生态放养鸡的品种很多，主要分为蛋用型品种、兼用型品种、肉用型品种、药用型品种和其他品种等五个类型。

（一）蛋用型品种

1. 仙居鸡

仙居鸡又称“仙居土鸡”“仙居三黄鸡”（图 4-1），原产地在浙江省的仙居县及邻近的临海、天台等县市，在仙居县饲养已有上千年的历史，是不可多得的宝贵蛋鸡品种，也是中国优良的小型蛋用地方鸡种。它已被列入《中国家禽品种志》，并于 2006 年被收录到《国家级畜禽遗传资源保护名录》。2006 年 12 月 28 日，国家质检总局批准对“仙居鸡”实施地理标志产品保护。

图 4-1 仙居鸡

【体型外貌】仙居鸡全身羽毛黄色紧密，公鸡颈羽呈金黄色，主翼羽红色夹杂黑色，尾羽为黑色，母鸡主翼羽半黄半黑，尾羽为黑色，颈羽夹杂斑点状黑灰色羽毛。喙为黄色，单冠，公鸡冠较高，冠齿 5 ～ 7 个。冠与肉垂呈鲜红色，眼睑薄，虹彩呈橘黄色，耳色淡黄。胫、爪呈黄色，无羽毛。体型紧凑，体态匀称，小巧玲珑，背平直，双翅紧贴，尾羽高翘，状如“元宝”。头大小适中，颈细长。

【生产性能】初生重，公鸡为 32.7 克，母鸡为 31.6 克。180 日龄公鸡体重为 1256 克，母鸡为 953 克。屠宰测定：3 月龄公鸡半净膛屠宰率为 81.5%，全净膛屠宰率为 70.0%；6 月龄公鸡半净膛屠宰率为 82.7%，全净膛屠宰率为 71%，母鸡半净膛屠宰率为 82.96%，全净膛屠宰率为 72.2%。开产日龄为 180 日龄，年产蛋为 160 ～ 180 枚，高者可达 200 枚以上，蛋重为 42 克左右，壳色以浅褐色为主，蛋形指数 1.36。

【营养价值】仙居鸡营养价值丰富，人体必需氨基酸和条件必需氨基酸含量高，而且鸡肉中含有的氨基酸种类多且平衡，适于多种烹调及加工。

【药用价值】在仙居流传着这样一句话：“逢九一只鸡，来年好身体。”仙居人一直将仙居鸡作为滋补品食用。仙居鸡浑身上下都是宝，鸡肉温中益气、补精填髓、益五脏、补虚损，而鸡蛋与红糖、老酒、生姜组合，更是产妇坐月子期间的滋补佳品。

2. 白耳黄鸡

白耳黄鸡又称为白耳银鸡、江山白耳鸡、玉山白耳鸡、上饶白耳鸡，属蛋用型鸡种（图4-2）。白耳黄鸡主产于江西广丰、上饶、玉山三地和浙江的江山市，为我国稀有的白耳蛋用早熟鸡品种，是中国国家地理标志产品。

图4-2 白耳黄鸡

【体型外貌】白耳黄鸡体型矮小，体重较轻，羽毛紧密，但后躯宽大，产区群众以“三黄一白”为选择外貌的标准，即黄羽、黄喙、黄脚称“三黄”，白耳称“一白“。耳叶要求大、呈银白色、似白桃花瓣。

成年公鸡体型呈船形。单冠直立，冠齿一般为 4 ～ 6 个。肉垂软、薄而长，冠和肉垂均呈鲜红色，虹彩金黄色。喙略弯，呈黄色或灰黄色，有时上喙端部呈褐色。头部羽毛短，呈橘红色，梳羽深红色，大镰羽不发达，黑色带绿色光泽，小镰羽橘红色，其他羽毛呈浅黄色。

母鸡体型呈三角形，结构紧凑。单冠直立，冠齿为 6 ～ 7 个，少数母鸡性成熟后冠倒伏。肉垂较短，与冠同呈红色。耳叶白色。眼大有神，虹彩橘红色。喙黄色，有时喙端褐色。全身羽毛呈黄色。公鸡、母鸡的皮肤和胫部呈黄色，无胫羽。初生雏绒羽以黄色为主。

【生产性能】

（1）产肉性能　雏鸡羽毛生长较快，通常 42 日龄全身羽毛便可长齐，换羽也较快，适应性强。据 1980 年江西省农业科学院畜牧兽医研究所实验鸡场对白耳黄鸡生长期各阶段体重测定，其结果如表 4-1 所示。

表 4-1　白耳黄鸡生长期各阶段体重　　单位：克

性别	初生重	30 日龄体重	60 日龄体重	90 日龄体重	150 日龄体重
公	37.0	144.95	435.78	735.34	1264.53
母	37.0	144.95	411.59	599.04	1019.89

成年白耳黄鸡的屠宰率较高，屠体较丰满。据 1980 年江西省畜禽品种资源调查组测定，其屠宰率如表 4-2 所示。

表 4-2　成年白耳黄鸡的屠宰测定　　单位：%

性别	半净膛屠宰率	全净膛屠宰率
公	83.33	76.67
母	85.25	69.67

（2）产蛋性能　据1980年上饶地区调查统计，母鸡开产日龄平均为151.75日龄，年产蛋平均为180个。蛋重平均为54.23克。蛋壳深褐色。蛋壳厚达0.34～0.38毫米。蛋形指数为1.35～1.38。哈氏单位为88.31±7.82。

（3）繁殖性能　在公母配种比例为（1∶2）～（1∶15）的情况下，种禽场的种蛋受精率为92.12%，受精蛋孵化率为94.29%，入孵蛋孵化率为80.34%。

公鸡110～130日龄开啼。母鸡就巢性弱，在鸡群中仅15.4%的母鸡表现有就巢性，且就巢时间短，长的20天，短的7～8天。

雏鸡成活率，30日龄为96.40%，60日龄为95.24%，90日龄为94.04%。

【营养价值】白耳黄鸡的肉谷氨酸含量很高。谷氨酸是调节风味的一种独特的氨基酸。白耳黄鸡的口感好，就跟谷氨酸含量非常高有关，它的谷氨酸含量是3100毫克每100克。白耳黄鸡的肉中还富含矿物质和微量元素，有很好的滋补功效。广丰白耳黄鸡肉质细嫩，汁鲜浓郁，营养丰富，入药具有滋补功效，是老弱病残、体衰和孕产妇的保健美食产品，所以“吃了炖黄鸡，不食参茸芪”俗语也由此而生。

（二）兼用型品种

1. 东乡绿壳蛋鸡

东乡绿壳蛋鸡原产于江西省东乡区，属蛋肉兼用型品种，又名湖北华绿黑鸡、三峡黑鸡（图4-3），在黑龙江、吉林、辽宁、河北、江苏等地均有分布。

【体型外貌】东乡绿壳蛋鸡羽毛黑色，喙、冠、皮、肉、骨趾均为乌黑色。母鸡单冠，头清秀。公鸡单冠，呈暗紫色，体型呈菱形。少数个体羽色为白、麻或者黄色。

图 4-3 东乡绿壳蛋鸡

【生产性能】

（1）产肉性能　东乡绿壳蛋鸡公母平均体重：初生 33 克，30 日龄 128 克，60 日龄 394 克，90 日龄 562 克。成年公鸡 1650 克，成年母鸡 1300 克。成年鸡平均半净膛屠宰率：公鸡为 78.40%，母鸡为 81.75%。成年鸡全净膛屠宰率：公鸡为 71.25%，母鸡为 64.50%。

（2）繁殖性能　东乡绿壳蛋鸡母鸡开产日龄 170 ～ 180 日龄。500 日龄平均产蛋 152 个，平均蛋重 50 克，平均蛋壳厚度 0.35 毫米，平均蛋形指数 1.33，蛋壳呈浅绿色。公鸡性成熟期 120 天。公母鸡配种比例 1∶12，平均种蛋受精率达 90% 以上，平均受精蛋孵化率也为 90% 以上。

2. 狼山鸡

狼山鸡是我国古老的优良地方品种，蛋肉兼用型鸡种之一

（图 4-4）。由于狼山鸡体态优美，羽毛纯黑且富有灿烂的光泽而为人们所喜爱，故早在一百多年前已被列为国际标准品种从而闻名于世界。狼山鸡原产于江苏省如东县境内，以马塘、岔河为中心，旁及掘港、栟茶、丰利及双甸，通州区的石港镇等地也有分布。

(a) 公鸡

(b) 母鸡

图 4-4 狼山鸡

【体型外貌】狼山鸡体格健壮，头昂尾翘，背部较凹，羽毛紧密，行动灵活。按羽毛颜色可分为纯黑、黄色和白色三种，其中黑鸡最多，黄鸡次之，白鸡最少，而杂毛鸡甚为少见。每种颜色按头部羽冠和胫趾部羽毛的有无分为光头光脚、光头毛脚、凤头毛脚和凤头光脚四种类型。

狼山鸡头部短圆细致，群众称之为蛇头大眼，单冠，冠齿5～6个。脸部、耳叶及肉垂均呈鲜红色。眼的虹彩以黄色为主，间混有黄褐色。喙黑褐色，尖端稍淡。胫黑色，较细长。羽毛紧贴躯体，当年育成的新鸡富有黑绿色的光泽。

成年黑色狼山鸡多呈纯黑，有时第9～10根主翼羽呈白色，但刚出壳的雏鸡，额部、腹部及翼尖等处均呈淡黄色，一直到中雏换羽后才全部变成黑色，这与其他黑色鸡种显然不同。狼山鸡的皮肤呈白色。

【生产性能】

（1）产蛋性能　据如东县狼山鸡种鸡场1982年统计资料，300日龄平均产蛋量为46.1个，500日龄平均为140.5个。经过几十年的选育，目前平均蛋重达到58.7克，新鸡开产蛋重50.23克。

（2）繁殖性能　通常1只公鸡配15～20只母鸡，种蛋受精率保持在90%左右，最高可达96%。在农家放牧饲养条件下，一般公母比例为（1∶20）～（1∶30），受精率仍达到85%以上。平均性成熟期208天，就巢率11.89%，平均持续就巢期为11.23天。

3. 大骨鸡

大骨鸡又称庄河鸡，属蛋肉兼用型鸡种（图4-5）。庄河大骨鸡适合放牧饲养，以觅食昆虫、草籽为主，抗病力强，易粗饲。主要产于辽宁省庄河市，属于北方鸡种，肉质较南方鸡种紧致且多汁。分布于东沟、凤城、金县、新金、复县等地，已入选中国地理标志注册名录。

图4-5 大骨鸡

【体型外貌】大骨鸡体型魁伟，胸深且广，背宽而长，腿高粗壮，敦实有力，腹部丰满，觅食力强。公鸡羽毛棕红色，尾羽黑色并带金属光泽，母鸡多呈麻黄色。头颈粗壮，眼大明亮，单冠，冠、耳叶、肉垂均呈红色。喙、胫、趾均呈黄色。

【生产性能】

（1）产肉性能　成年鸡体重，公鸡2900克，母鸡2300克。

（2）产蛋性能　开产日龄213日龄，蛋大是大骨鸡的突出优点，蛋重为62～64克，有的蛋重达70多克，年平均产蛋160枚，在较好的饲养条件下，可达180多枚。蛋壳深褐色，壳厚而结实，破损率低，蛋形指数为1.35。

（3）繁殖性能　公、母配种比例一般为（1∶8）～（1∶10），母鸡开产日龄平均为213日龄。种蛋受精率约为90%，受精蛋孵化率为80%。就巢率为5%～10%，就巢持续期为20～30

天。60日龄育雏率在85%以上。

4. 北京油鸡

北京油鸡是优良的蛋肉兼用型地方鸡种（图4-6），原产于北京市的安定门和德胜门外一带，以朝阳区所属的大屯和洼里两地最集中，邻近的海淀清河等地也有分布。北京油鸡具有外形独特、肉质细致、肉味鲜美、蛋质佳良、活力强和遗传性稳定等特性，是我国一个非常珍贵的地方鸡种。

(a) 公鸡　　(b) 母鸡

图4-6 北京油鸡

【体型外貌】北京油鸡体躯中等，羽色美观，雏鸡绒毛呈淡黄或土黄色。冠羽、胫羽、髯羽也很明显。成年鸡羽毛厚而蓬松，羽色有赤褐色和黄色两种。呈赤褐色者（俗称紫红毛）羽色较深，冠羽大而蓬松，体型较小。呈黄色者（俗称素黄毛）羽色较浅，体型略大。公鸡羽毛色泽鲜艳光亮，头部高昂，尾羽多为黑色。母鸡头、尾微翘，胫略短，体态敦实。单冠，冠叶小而薄，冠齿不整齐。有髯羽个体，肉髯很小或全无。冠、肉垂、脸、耳叶都是红色，虹彩褐色，喙、胫黄色。

北京油鸡羽毛较其他鸡种特殊，具有冠羽和胫羽，有的个体还有趾羽。不少个体下颌或颊部有髯须，故称为“三羽”（凤头、毛腿和胡子嘴），通常将这“三羽”作为北京油鸡的主要特征。大多数北京油鸡比一般鸡还多出一个趾，也就是五趾。

【生产性能】

（1）产肉性能　初生重为38.4克，4周龄重为220克，8周龄重为549.1克，12周龄重为959.7克，16周龄重为1228.7克，20周龄的公鸡为1500克、母鸡为1200克。该鸡采食量也较少，从出生到8周龄，平均每只日采食量尚不足30克。

成年鸡屠宰测定，公鸡半净膛屠宰率83%左右，全净膛屠宰率76%左右；母鸡半净膛屠宰率70%左右，全净膛屠宰率64%左右。

（2）产蛋性能　性成熟期较晚，在自然光照条件下，公鸡2～3月龄开啼，6月龄后，精液品质渐趋正常。母鸡7月龄开产，开产体重为1600克。在农村放养条件下，每只母鸡年产蛋量约为110个，当饲养条件较好时，可达125个。平均蛋重为56克。每只母鸡的年产蛋总重量约为7千克。蛋壳褐色，有些个体的蛋壳呈淡紫色，素有“紫皮蛋”之称，蛋壳的表面覆盖一层淡的白色胶护膜（俗称“白霜”），色泽格外新鲜。蛋壳强度为3.13千克/厘米。蛋壳厚度为0.325毫米，蛋形指数为1.32。鲜蛋的哈氏单位为85.4。蛋的品质的各项指标均达到较高的水平，深受群众喜爱。

（3）繁殖性能　一般在每年的3～7月份进行繁殖。在

采留种蛋期间，鸡群的公母比例一般为（1∶8）～（1∶10）。农村的种蛋，受精率均在80%以上。专业场的种蛋受精率和孵化率均可超过90%。北京油鸡有明显的就巢性，一般出现在5～8月份，而以7月份为最多。就巢的持续期，短者为20天左右，长者可达2个多月。雏鸡的生活力较强，在正常的饲养管理条件下，2月龄的成活率均可达到95%左右。

5. 浦东鸡

浦东鸡属蛋肉兼用型鸡种，也是我国较大型的黄羽鸡种。因其成年公鸡可长到9斤以上，故有“九斤黄”之称，是上海本地唯一的土鸡品种（图4-7）。浦东鸡产于上海市南汇、奉贤、川沙等地，以南汇的泥城、彭镇、书院、万象、老港等地饲养的鸡种为最佳。

(a) 公鸡　(b) 母鸡

图4-7 浦东鸡

【体型外貌】浦东鸡体型较大，呈三角形，偏重产肉。喙短而稍弯，基部粗壮、黄色，上喙端部褐色。冠、肉髯、耳叶均呈红色，肉垂薄而小。单冠，冠齿多为 7 个。虹彩黄色或金黄色。皮肤黄色。公鸡羽色有黄胸黄背、红胸红背和黑胸红背 3 种；主翼羽、副翼羽多呈部分黑色，腹翼羽金黄色或带黑色；尾羽、镰羽上翘，与地面成 45°，黑色并带有墨绿色光泽。母鸡全身黄色，有深浅之分，羽片端部或边缘常有黑色斑点，因而形成深麻色或浅麻色，颈羽、主翼羽及尾羽有时黑色，尾羽短而尖，稍向上。初生雏绒羽多呈黄色，少数头、背部有条状褐色或灰色绒羽带。胫、趾黄色，有胫羽和趾羽。

【生产性能】

（1）产肉性能　浦东鸡成年公鸡体重、体斜长、胸深、胫长分别为：3550 克，21.25 厘米，14.97 厘米，14.22 厘米；成年母鸡分别为：2840 克，18.36 厘米，13.37 厘米，12.37 厘米，11.72 厘米。

360 日龄屠宰率：半净膛屠宰率，公鸡为 85.1%，母鸡为 84.8%；全净膛屠宰率，公鸡为 80.1%，母鸡为 77.3%。

（2）产蛋性能　浦东鸡平均开产日龄为 208 日龄，最早为 150 日龄，最迟为 294 日龄。年产蛋量平均为 130 个，最高为 216 个，最低为 86 个。3 ～ 5 月份产蛋较多，约占全年产蛋量的 40%。平均蛋重为 57.9 克。蛋壳浅褐色，壳质致密，结构良好。

6. 寿光鸡

寿光鸡属肉蛋兼用的优良地方鸡种（图 4-8）。原产于山东省寿光市稻田镇一带，以北慈村、南慈村、大伦村饲养的鸡最好，所以又称寿光慈伦大鸡。该鸡的特点是体型硕大、蛋大。

图 4-8 寿光鸡

【体型外貌】 寿光鸡主要有大型和中型两种，还有少数是小型的。大型寿光鸡外貌雄伟，体躯高大，骨骼粗壮，体长胸深，胸部发达，胫高而粗，体型近似方形。大型寿光鸡鸡头较大，脸粗糙，眼大稍凹陷。中型寿光鸡鸡头大小适中，脸平滑清秀，单冠，公鸡冠大而直立，母鸡冠形有大小之分。喙略短而弯曲，呈灰黑色，喙尖色略淡。成年鸡全身羽毛黑色，颈背面、前胸、背、鞍、腰、肩、翼羽、镰羽等部位呈深黑色，并有绿色光泽。其他部位羽毛略淡，呈黑灰色。冠、肉垂、耳叶、脸部均呈鲜红色。胫、趾灰黑色，皮肤白色。

【生产性能】

（1）产肉性能　雏鸡早期的增重和长羽速度均较慢，特别是大型寿光鸡，是典型的慢羽鸡，常有背羽稀疏和秃尾等现象，约 40 日龄之后生长速度加快。据测定，5 月龄成年公鸡半净膛屠宰率为 82.45%，全净膛屠宰率为 77.18%；成年母鸡半净膛屠宰率为 85.4%，全净膛屠宰率为 80.70%。

（2）产蛋性能　大型寿光鸡母鸡开产日龄一般为240～270日龄，最早为150日龄；中型母鸡则较早。大型的开产体重为2550克，中型为2000克。大型母鸡平均年产蛋量为117.5个；中型的年产蛋量为122.6个，最高可达213个。大型母鸡的蛋重范围为65～75克，中型的平均蛋重为60克。壳色褐色，蛋壳厚度为0.36毫米，蛋形指数为1.32。

（3）繁殖性能　大型寿光鸡公母配种比例为（1∶8）～（1∶12），中型为（1∶10）～（1∶12）。种蛋受精率为90.7%，受精蛋孵化率为80.85%。据慈伦种鸡场1982年统计，就巢母鸡数仅占全群总数的0.89%。雏鸡1月龄成活率为96.82%，2月龄成活率为95.5%。

7. 彭县黄鸡

彭县黄鸡属肉蛋兼用型地方品种，是丘陵地区黄鸡的代表类型（图4-9）。彭县黄鸡肉质细嫩，产肉、产蛋性能均佳，是四川省优良鸡种之一。主产于成都平原西部成都市的彭州市及其附近县，广泛分布于四川平原和丘陵地区。1989年被选入《中国家禽品种志》。

【体型外貌】彭县黄鸡体型浑圆，体格中等大小。单冠红色，极少数豆冠。耳叶红色，虹彩橙黄色，喙肉色或浅褐色。皮肤、胫肉色或白色，少数黑色，极少数有胫羽。公鸡体大雄壮，头昂尾翘，眼大有神，冠大直立，两脚开阔，站立稳健。除主翼羽有部分思羽或羽片半边黑色、镰羽黑色或黑羽兼有黄羽和斑羽外，全身羽毛黄红色，梳羽、蓑羽大部分为红色、富光泽，故群众称为大红公鸡。母鸡羽毛黄色分深黄、浅黄和麻黄三种，据彭县黄鸡种鸡场资料，深黄占58.62%，浅黄占12.07%，麻黄占29.31%。雏鸡绒羽大部分全身黄色，依其色泽深浅，换羽后即成深黄和浅黄两种母鸡羽色。如果全身绒羽黄色而在头顶和背线两侧有黑色条（斑）状绒羽带，长大后即成为麻黄色。

(a) 公鸡　(b) 母鸡

图 4-9　彭县黄鸡

【生产性能】

（1）产肉性能　彭县黄鸡在中等营养水平下饲养，6 月龄公鸡体重可达 2.02 千克，母鸡达 1.48 千克；成年公鸡为 2.43 千克，母鸡为 1.66 千克。经彭县黄鸡种鸡场选择的成年公鸡平均体重为 3.95 千克，母鸡体重为 1.88 千克。

（2）产蛋性能　母鸡开产日龄（按产蛋率 50% 计）为 216 日龄。据四川省畜牧科学研究院观测资料，未经系统选育的鸡群，在中等营养水平下饲养，采取适当的醒抱措施，每窝产蛋为 20 ～ 35 个，年产蛋量为 140 ～ 150 个；不采取醒抱措施，就巢持续期 30 天左右，就巢时间一般在每年 4 ～ 6 月份。平均蛋重为 53.52 克，蛋壳浅褐色，蛋壳厚度为（0.33±0.01）毫米，蛋形指数为 1.35。

（3）繁殖性能　公母配种比例为（1∶7）～（1∶10），种蛋受精率为91.43%，受精蛋孵化率为83.62%，育雏率为95.63%。用外来鸡种对彭县黄鸡进行杂交改良，500日龄产蛋量可达181.3枚。

8. 峨眉黑鸡

峨眉黑鸡属肉蛋兼用型品种（图4-10），是四川盆地周围山区数量较多的黑鸡的优秀类型，系地方良种之一。主产于峨眉、乐山、峨边三地沿大渡河山区，分布于四川盆地周围山区。

图4-10　峨眉黑鸡

【体型外貌】峨眉黑鸡体型较大，体态浑圆，全身羽毛黑色，着生紧密，具金属光泽。大多呈红色单冠，少数有红色豆冠或紫色单冠或豆冠。肉垂、耳叶、脸部红色，也有少数呈紫色。虹彩橘红色，少数栗色。喙角黑色。部分有胫羽，胫趾黑色，极少数额下有胡须（髯羽）。皮肤白色，偶有乌皮肤个体。

公鸡体型较大，梳羽丰厚，镰羽发达，胸部突出，背部平直，头昂后翘，姿态矫健，两腿开张，站立稳健。母鸡中少数个体有凤头。雏鸡绒毛呈黑色。

【生产性能】

（1）产肉性能　据从产地引种蛋到成都测得的生长发育资料，初生雏公母平均体重为38.4克；6月龄公鸡半净膛屠宰率74.62%，胸腿肌占全净膛重34.78%；6月龄母鸡半净膛屠宰率74.54%，胸腿肌占全净膛重36.85%。成年公鸡半净膛屠宰率80.25%，胸腿肌占全净膛重41.30%；成年母鸡半净膛屠宰率70.96%，胸腿肌占全净膛重39.20%。

（2）产蛋性能　峨眉黑鸡平均186日龄开产，年平均产蛋量为120个。蛋重平均为53.84克，蛋壳褐色或浅褐色，蛋形指数为1.34。蛋的组成，蛋白占57.20%，蛋黄占31.4%，蛋壳占11.39%，说明蛋壳重比例较高。

（3）繁殖性能　公母配种比例为（1∶8）～（1∶12）。产区普遍采用母鸡天然孵化，每窝孵蛋为12～14个。峨眉黑鸡就巢性不强，据产区调查，农民一般将就巢母鸡的脚拴着，罩于阴凉处3～6天即可醒巢，7～10天即可恢复产蛋。从产区引种到成都电孵，种蛋受精率为89.62%，受精蛋的孵化率为82.11%。人工育雏，30日龄育雏率为93.42%。

9. 固始鸡

固始鸡原产于河南省固始县，固始鸡属黄鸡类型（图4-11），具有产蛋多、蛋大壳厚、遗传性能稳定等特点，是中国著名的肉蛋兼用型地方优良鸡种，国家重点保护畜禽品种之一，地理标志产品保护。

(a) 公鸡

(b) 母鸡

图 4-11 固始鸡

【体型外貌】固始鸡个体中等，体躯呈三角形，冠型分单冠和皇冠两种，单冠直立，六个冠齿，冠后缘分叉，冠、冈挥、耳垂呈鲜红色，眼大有神，尾短呈青黄色。羽毛丰满，羽色分浅黄、黄色，少数黑羽和白羽。公鸡毛色多为深红色或黄红色，母鸡毛色有黄、麻、黑等不同色，以黄色、麻黄色为多。尾羽多为黑色，尾形有佛手尾、直尾两种，以佛手尾为主，尾羽卷曲飘摇、别致、美观。外观清秀灵活，体型细致紧凑，结构匀称。鸡嘴呈青色或青黄色，腿、脚青色，无脚毛。固始鸡一与其他品种杂交，这种青嘴、青腿的特征便消失，因此，青嘴、青腿是固始鸡的天然防伪标志。固始鸡有青脚和乌骨两个品系。

【生产性能】

（1）产肉性能　90日龄公鸡体重487.8克，母鸡体重355.1克，180日龄公母体重分别为1270克、966.7克，5月龄半净膛屠宰率公母分别为81.76%、80.16%。

（2）产蛋性能　固始鸡性成熟较晚，开产日龄平均为205日龄，最早的个体为158日龄，开产时母鸡平均体重为1299.7克。据对255只母鸡个体记录测定，年平均产蛋量为141.2个，产蛋主要集中于3～6月份。蛋的品质从商品蛋中随机取样测定500个蛋，平均蛋重为51.4克，蛋壳褐色，蛋黄呈深黄色。蛋壳厚为0.35毫米，蛋形指数为1.32。

（3）繁殖性能　公母配种比例为1∶12时，据固始鸡繁育场对5批入孵种蛋（共计16293个）的测定，其受精率平均为90.4%，受精蛋孵化率平均为83.9%。在产区农村条件下，公母配种比例更大，据对直接由农户采集51898个种蛋的测定，种蛋受精率平均为85.4%，受精蛋孵化率平均为81.2%。固始鸡具有一定的就巢性。据对13058只雏鸡育雏率的测定，雏鸡1月龄的成活率为81.4%。

10. 萧山鸡

萧山鸡又称萧山大种鸡、越鸡、沙地大种鸡，鸡脚黄、羽毛黄、皮肉黄，俗称“三黄鸡”（图 4-12），是我国优良的肉蛋兼用型品种，为中国八大名鸡之一。原产地是浙江萧山，以瓜沥、义蓬、坎山、靖江、城北等地所产的鸡种为最佳，分布于杭嘉湖及绍兴地区。

(a) 公鸡　　(b) 母鸡

图 4-12 萧山鸡

【体型外貌】萧山鸡体型较大，外形近似方而浑圆。初生雏羽浅黄色，较为一致。公鸡体格健壮，羽毛紧密，头昂尾翘。红色单冠、直立、中等大小。肉垂、耳叶红色。眼球略小蓝褐色，虹彩橙黄色。喙稍弯曲，端部红黄色，基部褐色。全身羽毛有红、黄两种，两者颈、翼、背部等羽色较深，尾羽多呈黑色。母鸡体态匀称，骨骼较细。全身羽毛基本黄色，但麻色也不少。颈、翼、尾部间有少量黑色羽毛。单冠红色，冠齿大小不一。肉垂、耳叶红色，胫黄色。

【生产性能】

（1）产肉性能　早期生长速度较快，特别是2月龄阉割后的阉鸡生长更快，但长羽速度慢。据测定，屠宰率在75%～85%之间。

（2）产蛋性能　据1979年萧山县食品公司鸡场资料，母鸡的开产日龄平均为185.4日龄，开产体重为1.86千克。另据杭州市农业科学研究所同年测定，母鸡开产日龄平均为163.6日龄，开产体重为1.75千克；产蛋量因饲养管理条件不同，个体间差异很大。据1979年在萧山县调查统计，母鸡年产蛋量为110个左右。又据同年杭州市农业科学研究所测定，年产蛋量为132.5个，平均蛋重为56克，蛋壳褐色，蛋壳厚度为0.31毫米，蛋形指数为1.39。

（3）繁殖性能　公母配种比例通常为1∶12，种蛋受精率为84.85%。据杭州市农业科学研究所从萧山鸡选育群的测定，1980和1981年的种蛋受精率分别为90.05%和90.95%，受精蛋孵化率分别为85.99%和89.53%，入孵蛋孵化率分别为77.43%和81.43%。母鸡就巢性强，平均每年就巢约4次，高的达8次之多，每次就巢约10天，长的达月余，对产蛋的影响较大。雏鸡30日龄成活率为86%～90%。

11. 鹿苑鸡

鹿苑鸡又名鹿苑大鸡，属兼用型鸡种（图4-13），因产于江苏省张家港市鹿苑而得名，是国家级畜禽遗传资源保护品种。塘桥、西张和杨舍等镇为鹿苑鸡集中产区。

【体型外貌】鹿苑鸡体型高大，体质结实，胸部较深，背部平直。公鸡重3千克、母鸡2千克左右，故有“鹿苑大鸡”之称。头部冠小而薄，肉垂、耳叶亦小。眼中等大，瞳孔黑色，虹彩呈粉红色，喙中等长、黄色，有的喙基部呈褐黑色。全身羽毛黄色，紧贴体躯，且使腿羽显得比较丰满。颈羽、主翼羽和尾羽有黑色斑纹。公鸡羽毛色彩较浓，梳羽、蓑羽和小镰羽呈金黄色，大镰羽呈黑色，皆富有光泽。胫、趾黄色，腿间距离较宽，无胫羽。雏鸡绒羽黄色。

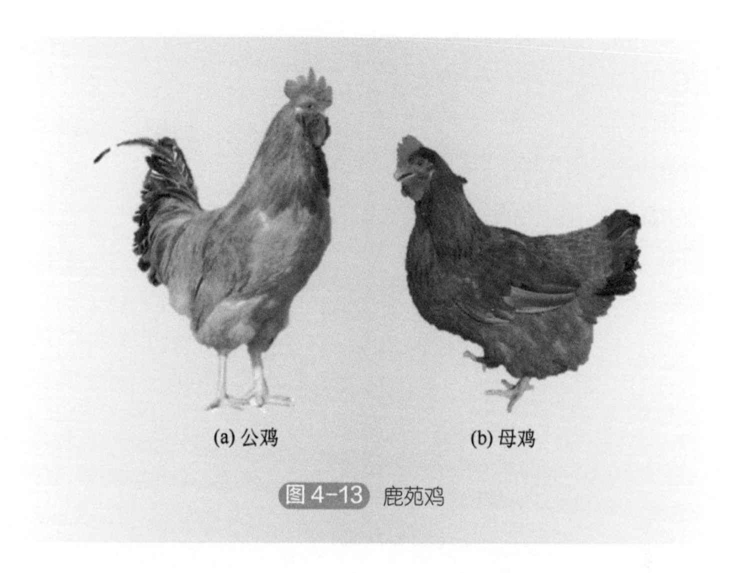

图 4-13 鹿苑鸡

【生产性能】

（1）产肉性能　成年公鸡体重 3120 克，成年母鸡 2370 克。180 日龄屠宰率：半净膛，公鸡为 81.1%，母鸡为 82.6%；全净膛，公鸡为 72.6%，母鸡为 73.0%。

（2）产蛋性能　母鸡开产日龄（按产蛋率达 50% 计算）为 180 日龄，开产体重为 2 千克左右。据对 112 只母鸡的产蛋记录统计，年平均产蛋量为 144.72 个。平均蛋重为 4.2 克。蛋壳褐色。

（3）繁殖性能　产区养鸡历来是分散饲养，每户养母鸡十余只，专养1只公鸡，放牧混养，采取自由配种方式，并在春秋两季进行母鸡孵化、育雏。在鸡群公母配种比例1∶15的情况下，采用人工孵化，种蛋的受精率为94.30%，受精蛋孵化率为87.23%。母鸡就巢性较强，据对123只母鸡统计，有就巢鸡23只，占母鸡总数的18.7%。通过选育，就巢率已有所下降。人工育雏时，30日龄育雏成活率在90%以上。

12. 边鸡

边鸡主要分布在内蒙古乌兰察布的凉城、丰镇、兴和、卓资、察哈尔右翼前旗、察哈尔右翼中旗、四子王旗，呼和浩特的和林格尔武川和山西省雁北地区的右玉县，以凉城、卓资、察哈尔右翼中旗和右玉县最为集中。当地人民视长城为“边墙”，所以称这一鸡种为边鸡（在山西省也称为右玉鸡）。边鸡是蛋重大、肉质好、适应性强、耐粗抗寒的优良地方鸡种（图4-14），被列入山西省省级畜禽遗传资源保护品种名录。

【体型外貌】边鸡的体型中等，体躯呈元宝形，身躯宽深，前胸发达，肌肉丰满，背平而宽，胫长且粗壮，全身羽毛蓬松，绒羽较密。边鸡以单冠为主，间有少量的草莓冠、豌豆冠与个别的冠羽。公鸡冠形直立，母鸡冠形较小，有明显的S状弯曲，冠色鲜红，喙短粗略向下弯，以黑、褐、黄色居多。眼大有神，虹彩呈红色或黑红色。脸、肉垂、耳叶均呈红色。头部较清秀，着生有长短不一的细羽。公鸡的羽毛颜色主要分为红黑或黄黑色，个别的为黄白和白灰色。母鸡的羽色有白、灰、黑、浅黄、麻黄、红灰和杂色七种类型。其中黄麻羽色又可分为深褐、浅褐、红黄和麻黄四类。边鸡胫部有发达的胫羽，但近年来有减少的趋势。公鸡的主尾羽不发达，母鸡的后羽短而上翘。胫多呈黑色，少数呈肉色、灰色。胸骨较长。

(a) 公鸡　　(b) 母鸡

图 4-14 边鸡

【生产性能】

（1）产肉性能　成年鸡体重，公鸡 1825 克，母鸡 1505 克。成年鸡屠宰率：半净膛，公鸡 79.0%，母鸡 73.8%；全净膛，公鸡 73.0%，母鸡 67.5%。

（2）产蛋性能　农户饲养的边鸡，一般 8 月龄左右开产。据 1979 年 10 月内蒙古农牧学院测定的结果，母鸡达到 40% 产蛋率的时间为 251 日龄，开产体重约为 1.5 千克。边鸡的年产蛋量约为 100 个。据 1989 年内蒙古农牧学院测定，500 日龄产蛋量为 70 ～ 96 个，最高个体可达 150 ～ 160 个。边鸡的蛋重大，一般均在 60 克左右，70 ～ 80 克的蛋也较多。据 1960 ～ 1979 年 4 次调查，共称测 910 个蛋，平均重为 66 克，这是该鸡种一个突出的特点。蛋壳呈深褐色的蛋约占 70%，其余均呈褐色或浅褐色。蛋壳厚而细密，蛋形指数为 1.33。边鸡蛋的保存时间很长，在当地自然条件下保存 20 天后，哈氏单位仍在 72 以上，保存到 130 天时的散黄率为 27.5%。边鸡蛋的血斑率很高，据内蒙古农牧学院测定为 15.8%，初产蛋的血斑率最高竟达 48%。

（3）繁殖性能　由于该地区寒冷，每年的春孵，一般在 4 月中旬至 6 月，夏孵在 7 月份、8 月份进行。种鸡群的公母比例为（1∶10）～（1∶15）。采用自然孵化时，孵化率可达 80.9%。在种鸡场，种蛋受精率为 90%，受精蛋孵化率为 80% 左右。

边鸡的就巢性较强，在农户一般每年只孵化一次。育雏成活率一般为 85% ～ 90%，中雏的育成率为 90% ～ 94%。

13. 林甸鸡

林甸鸡属蛋肉兼用型品种（图 4-15），具有耐粗饲、抗寒等特性。原产于黑龙江省大庆市林甸县，中心产区为林甸县鹤鸣湖镇、红旗镇和宏伟乡，县内其他乡镇也有分布。林甸鸡是我国北方高寒地区的地方鸡种，入选《中国家禽品种志》。

(a) 公鸡　　(b) 母鸡

图 4-15　林甸鸡

【体型外貌】林甸鸡体型中等。头部、肉垂、冠均较小，单冠居多，冠齿5～7个，少数个体为玫瑰冠，部分个体生有“羽冠”或“胡须”。耳叶为白色或红色。虹彩呈红褐色。多数个体有黑眼圈。喙、胫、趾为黑色或褐色，胫较细，少数鸡有胫羽。皮肤白色。

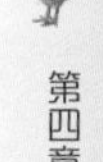

成年公鸡羽色多呈金黄色，颈羽为红色，鞍羽为红褐色，腹羽、主翼羽和尾羽呈黑色或墨绿色，尾羽发达。成年母鸡羽色多呈麻黄色，深浅不一，鞍羽为深麻色或黑色，腹羽为毛黄色，少数母鸡为黑色或芦花等。

雏鸡绒毛底色多呈黄色，头部和背部带有棕、褐色条纹或斑块，少数个体呈黑色或棕色。

【生产性能】

（1）产肉性能　13周龄屠宰性能见表4-3。

表4-3　13周龄屠宰性能

性别	体重/克	屠宰率/%	半净膛屠宰率/%	全净膛屠宰率/%	胸肌率/%	腿肌率/%
公	774～989	84.7～87.7	72.9～78.5	64.5～71.3	14.6～17.1	21.6～25.1
母	737～905	82.7～86.6	72.5～76.2	62.5～69.6	13.7～15.9	20.5～23.4

（2）繁殖性能　开产日龄一般要120～150日龄，72周龄产蛋数120～140个，蛋重48～53克，蛋形指数1.27～1.36。蛋壳颜色为浅褐色。种蛋受精率87%～95%，受精蛋孵化率88%～93%。

14. 静原鸡

静原鸡又名静宁鸡、固原鸡，是黄土高原耐高寒干旱气候的优良蛋肉兼用鸡种（图4-16）。主产区在甘肃省静宁县及宁夏回族自治区固原市，主要分布于庄浪县、华亭县、张家川回族自治县、秦安县、通渭县、会宁县及隆德县、泾源县、西吉县和海原县。

图 4-16 静原鸡

【体型外貌】静原鸡体格中等，公鸡头颈昂举，尾羽高耸，胸部发达，背部宽长，胫粗壮；母鸡头小清秀，背宽腹圆。

初生雏绒羽主要为黄色和麻色两种。黄色雏绒羽以深浅不等的土黄色为主，喙黄色，胫土黄色。麻色雏绒羽以深浅不等的褐色为主。头顶正中有两段纵行的黑褐色绒羽带，喙呈肉黄色。背部沿脊椎两侧有较宽的深褐色绒羽带，与两侧黑色长条绒羽带相连接，外侧各有两条断开的纵形长条褐色绒羽带。主、副翼羽羽片内侧呈黑色，外侧呈褐色。眼圈黑色。胫黄灰色，爪白色，少数个体胫部有稀疏的绒羽。

成年公鸡羽色不一致，主要有红公鸡和黑红公鸡。红公鸡的羽色艳丽，体羽以深褐色为主，主翼羽、副翼羽、尾羽黑色闪绿光，镰羽发达美丽，梳羽褐红色，腹部绒羽黑褐色，胸部、体侧浅褐色。冠型多为玫瑰冠，少数为单冠。喙多呈灰色。虹彩以橘黄色为主。冠、肉垂、耳叶鲜红色。胫灰色，少数个体有胫羽，皮肤白色。

成年母鸡羽色较杂，有黄鸡、麻鸡、黑鸡、白鸡、花鸡等，以黄鸡和麻鸡最多。黄母鸡以土黄色为主，颈背面及两侧羽毛黑色镶黄边，颈下部羽毛土黄色，主翼羽、副翼羽、尾羽黑色，胸腹部羽毛较淡，呈土黄色。麻母鸡体羽以麻褐色为主，主翼羽、副翼羽、尾羽呈黑色或深麻色，胫羽根部灰色，尖部深褐镶黄边，腹部羽毛浅黄色。母鸡冠型多为玫瑰冠，少数为单冠（5～9个冠齿）。冠、肉垂、耳叶鲜红色，少数鸡有颌下羽。喙、胫、趾呈灰色，爪白色，少数有胫羽。

【生产性能】

（1）产肉性能　公鸡6月龄半净膛屠宰率为73.4%～75.0%，全净膛屠宰率为68.7%～69.5%。母鸡半净膛屠宰率为73.6%～74.6%，全净膛屠宰率为67.6%～69.1%。

（2）产蛋性能　静原鸡性成熟较迟，母鸡一般8～9月龄开产，早春孵出的鸡比秋季孵出的鸡开产较早。黄色母鸡和麻色母鸡产蛋量较多。在农家常年放牧饲养的条件下，早晚少量补饲，年产蛋量为117～124个。蛋重为56.7～58.0克。蛋壳褐色，蛋壳厚度为0.34～0.35毫米，蛋形指数为1.312～1.316。

（3）繁殖性能　农家养鸡的公母配种比例一般为1∶8，种蛋受精率可达90%左右。用天然孵化方法，孵化率较高，按受精蛋计算可达90%～94%，人工孵化可达82.6%。母鸡就巢性较强，一年就巢2～3次，每次持续7～15天。30日龄雏鸡成活率为81.6%～90%。

（三）肉用型品种

1. 武定鸡

武定鸡主产于云南省楚雄彝族自治州的武定县、禄劝彝族苗族自治县，禄丰市、双柏县、富民县、安宁市等地及昆明市郊也有分布。武定鸡属地方肉用型鸡种，具有体大、肉质肥嫩鲜美等特点（图4-17），为农产品地理标志产品和地理标志证明商标。

【体型外貌】武定鸡体型高大，骨骼粗壮，腿粗，胫较长，肌肉发达，体躯宽而深，头尾昂扬，步态有力，由于全身羽毛较蓬松，所以更显得粗大。

(a) 公鸡 (b) 母鸡

图 4-17 武定鸡

公鸡羽毛多呈赤红色，有光泽。而母鸡的翼羽、尾羽全黑，体躯、其他部分则披有新月形条纹的花白羽毛，单冠，红色、直立、前小后大，冠齿为7～9个。喙黑色，虹彩以橘红色最多，黄褐色次之。耳叶、肉垂皆红色。胫与喙的颜色一致，多数有胫羽和趾羽，群众称之为“穿套裤子鸡”，皮肤白色。

武定鸡属慢羽型，一般长到4～5个月，体重达1千克左右时才出现尾羽。在此之前，胸、背和腹部的皮肤常常裸露在外，俗称“光秃秃鸡”。

【生产性能】

（1）产肉性能　武定鸡虽体型高大，但生长缓慢，达到成年体重的育成期甚长。据调查，3月龄鸡体重500～600克，6月龄鸡1.5千克左右。

（2）产蛋性能　6月龄以后开产，年产蛋90～130枚。平均蛋重为50克，蛋壳浅褐色，蛋形指数为1.27。一般产蛋14～16枚即就巢，年就巢4～6次，每次6～20天，有的达1个月之久，影响产蛋量。

（3）繁殖性能　武定鸡历来放牧混养，采取自由配种方式。公鸡成熟较迟，6月龄以后开啼配种。

2. 桃源鸡

桃源鸡属肉用型品种。因其颜色金黄，鸡腿形似铜锤，又名铜锤鸡（图4-18）。其是湖南省的地方鸡种，以体型高大而驰名，故又称桃源大种鸡。主产区在桃源县中部，分布于沅江以北、延溪上游的三阳港、佘家坪一带，产区附近数量也相当多，省内以长沙、岳阳、郴州等地较为普遍。

【体型外貌】桃源鸡体型高大，肉质结实，羽毛蓬松，体躯稍长，呈长方形。公鸡姿态雄伟，性勇猛好斗，头颈高昂，尾羽上翘，侧视呈“U”字形。母鸡体稍高，性温驯，活泼好动，背较长而平直，后躯深圆，近似方形。

图 4-18 桃源鸡

公鸡头部大小适中，母鸡头部清秀。单冠（冠齿为 7 ～ 8 个），公鸡冠直立，母鸡冠倒向一侧。耳叶、肉垂鲜红，较发达。眼大微凹陷，虹彩呈金黄色。颈稍长，胸廓发育良好。尾羽长出较迟，未长齐时尾部呈半圆佛手状，长齐后尾羽上翘。公鸡镰羽发达，向上展开。母鸡腹部丰满。腿高，胫长而粗。

公鸡体羽呈金黄色或红色，主翼羽和尾羽呈黑色，梳羽金黄色或间有黑斑。母鸡羽色有黄色和麻色两个类型，黄羽型的背羽呈黄色，颈羽呈麻黄色；麻羽型体羽麻色。黄、麻两型的主翼羽和尾羽均呈黑色，腹羽均呈黄色。喙、胫呈青灰色，皮肤白色。

雏鸡长羽速度迟缓，出壳后绒羽较稀。主、副翼羽一般要 3 周龄才能全部长出，成年羽的生长也很慢，所以在育成阶段中常表现为光背、裸腹、秃尾和胸部袒露。

【生产性能】

（1）产肉性能　初生重为41.92克，成年体重公鸡为3342克，母鸡为2940克。屠宰测定：24周龄公鸡半净膛屠宰率为84.9%，母鸡为82.06%；全净膛屠宰率公鸡为75.9%，母鸡为73.56%。

（2）产蛋性能　桃源鸡的开产日龄平均为195日龄。产蛋量较低，据观察统计，500日龄的平均产蛋量为86.18个。平均蛋重为53.39克，蛋壳浅褐色，蛋形指数为1.32。

（3）繁殖性能　公母配种比例一般为（1∶10）～（1∶12），种蛋受精率为83.83%，受精蛋孵化率为83.81%。鸡就巢性一般，每年1～2次，约经15天醒抱复产。在放牧饲养条件下，4周龄育雏率为75.66%，育成期（5～32周龄）成活率为95.80%，产蛋期（33～72周龄）存活率为94.39%。

3. 清远麻鸡

清远麻鸡属小型肉用型品种，原产于广东省清远县（现清远市）。因母鸡背侧羽毛有细小黑色斑点，故称麻鸡（图4-19）。清远麻鸡以肉用品质优良而驰名，为国家地理标志产品保护品种，《中国家禽品种志》优质品种之一，也是家禽行业著名品种。

【体型外貌】清远麻鸡体型特征可概括为“一楔”“二细”三麻身”。“一楔”指母鸡体型像楔形，前躯紧凑，后躯圆大；“二细”指头细、脚细；“三麻身”指母鸡背羽面主要有麻黄、麻棕、麻褐三种颜色。公鸡体质结实灵活，结构匀称，属肉用体型。出壳雏鸡背部绒羽为灰棕色，两侧各有一条约4毫米宽的白色绒羽带，直至第一次换羽后才消失，这是清远麻鸡雏鸡的独特标志。

图 4-19 清远麻鸡

公鸡单冠直立，颜色鲜红，冠齿为 5 ～ 6 个。肉垂、耳叶鲜红。虹彩橙黄色，喙黄，颈部长短适中。头颈、背部的羽金黄色，胸羽、腹羽、尾羽及主翼羽黑色，肩羽、蓑羽枣红色。脚短而黄。

母鸡头细小，单冠直立，冠中等，冠齿为 5 ～ 6 个，冠、耳叶呈鲜红色。喙黄而短。颈长短适中，头部和颈前三分之一的羽毛呈深黄色。背部羽毛分黄、棕、褐三色，主、副冀羽的内侧呈黑色，外侧呈麻斑，由前至后变淡而斑点逐渐消失，形成麻黄、麻棕、麻褐三种。胫趾短细，呈黄色。据调查统计，麻黄占 34.5%，麻棕占 43%，麻褐占 11.2%，余下为其他色，其中以麻黄、麻棕两色居多。

羽毛生长速度个体间有差异，一般母鸡在 80 日龄时羽毛已丰满，公鸡则要延至 95 日龄以上，公鸡羽毛生长速度较母鸡慢 10 ～ 25 天。

【生产性能】

（1）产肉性能　清远麻鸡成年体重公鸡为 2180 克，母鸡为

1750 克。屠宰测定：6 月龄母鸡半净膛屠宰率为 85%，全净膛屠宰率为 75.5%，阉公鸡半净膛屠宰率为 83.7%，全净膛屠宰率为 76.7%。

农家饲养以放牧为主，在天然食饵较丰富的条件下，其生长较快，120 日龄公鸡体重为 1250 克，母鸡为 1000 克，但一般要到 180 日龄才能达到肉鸡上市的体重，而肉鸡上市饲养期长达 130 ～ 160 天。

（2）产蛋性能　母鸡 5 ～ 7 月龄开产。年产蛋为 70 ～ 80 枚，平均蛋重为 46.6 克，蛋形指数 1.31，壳色浅褐色。

（3）繁殖性能　性成熟较早，在农家饲养条件下，公鸡 4 月龄就有性行为，公鸡配种能力较强，公母配种比例为（1∶13）～（1∶15）。在农村放牧饲养的种蛋受精率在 90% 以上，孵化率为 80% 左右，人工孵化受精蛋孵化率平均为 83.6%。人工育雏，30 日龄育雏率达 93.6%。

清远麻鸡就巢性强，年产蛋为 4 ～ 5 窝，每窝为 12 ～ 15 个，少则 8 ～ 10 个，每产一窝蛋就巢 1 次，每次约 20 天，醒巢后 6 ～ 10 天才开始产蛋。如用人工催醒，可大大缩短就巢时间。

4. 杏花鸡

杏花鸡又称“米仔鸡”，产于广东省封开县。杏花鸡具有早熟、易肥、皮下和肌间脂肪分布均匀、骨细皮薄、肌纤维细嫩等特点（图 4-20）。杏花鸡属小型肉用优质鸡种，是我国活鸡出口经济价值较高的名产鸡之一，与清远麻鸡、略阳胡须鸡并称为广东三大名鸡，是国家地理标志保护产品。

【体型外貌】杏花鸡体质结实，结构匀称，被毛紧凑，前躯窄，后躯宽，体型似沙田柚。杏花鸡的外貌特征可概括为“两细”（头细、脚细）、“三黄”（毛黄、脚黄、咀黄）、“三短”

（颈短、身躯短、脚短）。

(a) 公鸡　(b) 母鸡

图 4-20　杏花鸡

单冠（5～9个冠齿）直立，冠、耳和肉垂鲜红色，虹彩橙黄。喙、脚、羽毛为黄色或浅黄色，主翼羽和副翼羽的内侧多为黑色，外侧黄色，尾羽多有几条黑色羽，腹羽、腿羽松散，覆盖过跖趾关节。颈部末端的羽毛多有黑花斑点，形似颈链状。皮肤淡黄而带有光泽。雏鸡以“王黄”为主，全身绒羽淡黄色。

【生产性能】

（1）产肉性能　在配合饲料条件下，据测定，112日龄公鸡的平均体重为1256.1克，母鸡的平均体重为1032.7克。未开产的母鸡，一般养至5～6月龄，体重达1000～1200克，经10～15天肥育，体重可增至1150～1300克。

112日龄屠宰率测定：公鸡半净膛屠宰率为79%，全净膛屠宰率为 74.7%，母鸡半净膛屠宰率为 76.0%，全净膛屠宰率为 70.0%。

（2）产蛋性能　在农村放养和自然孵化条件下，年产蛋量为 4 ～ 5 窝，共 60 ～ 90 个。在群养及人工催醒的条件下，年平均产蛋量为 95 个。蛋重为 45 克左右，蛋壳褐色。

（3）繁殖性能　杏花鸡性成熟较早，公鸡在 40 日龄就有个别开啼，60 日龄有 20% 的开啼，并有性行为的表现，80 日龄则性征明显。150 日龄开始利用。母鸡在 120 日龄有 2.9% 开产，150 日龄有 30% 开产，180 日龄的母鸡全部开产。杏花鸡就巢性强。

农家饲养的公母比例为 1∶15，受精率可达 90% 以上；集群饲养的公母比例为（1∶13）～（1∶15），受精率可达 90.8%。30 日龄的育雏率在 90% 左右。

5. 河田鸡

河田鸡因主产于福建省长汀县河田镇而得名（图 4-21），是福建省传统家禽良种，《中国家禽品种志》收录的全国八个肉鸡地方品种之一，素有“世界五大名鸡”（美国的白洛克鸡、中国的河田鸡、美国的洛岛红鸡、英国的苏赛斯鸡、意大利的白来航鸡）、“名贵珍禽”之美誉，河田鸡标本被中国农业博物馆、中国农业展览馆列为珍品永久收藏。河田鸡也是国家地理标志产品。

【体型外貌】河田鸡完全符合优质黄羽肉鸡的特点，其体型有大小类型之分。“三黄三黑三叉冠”是河田鸡的典型外貌特征，特别是三叉冠，即单冠直立后分叉，为河田鸡特有。

河田鸡全身羽毛皮肤与胫部均黄色，羽毛以浅黄色为主，尾羽与镰羽为闪亮的黑色，镰羽很短，主翼羽为镶有金边的黑色，喙的基色为褐色而喙尖则浅黄。头部清秀，颈较短粗，腹部满，胫长适中，体型略呈方形。河田鸡的冠型甚为特

殊，为单冠直立后分叉（动物遗传学称为角冠）。这种分叉的冠型自雏鸡孵出时就已形成，遗传性稳定，在其他鸡种中是没有的。

(a) 公鸡　　(b) 母鸡

图 4-21　河田鸡

【生产性能】

（1）产肉性能　河田鸡成年公鸡体重1.73千克，母鸡体重1.21千克。120日龄半净膛屠宰率，公鸡为85.6%，母鸡为87.1%；全净膛屠宰率，公鸡为68.6%，母鸡为70.5%。

（2）产蛋性能　母鸡180日龄左右开产，年产蛋量100个左右，蛋重为43克，蛋壳以浅褐色为主，少数灰白色。

（3）繁殖性能　公母配种比例为（1∶10）～（1∶15），种蛋受精率90%，受精蛋孵化率为67.75%。

6. 霞烟鸡

霞烟鸡原名下烟鸡，又名肥种鸡（图 4-22），属肉用型品种。因最早盛产于容县石寨镇下烟村，所以人们习惯叫它“下烟鸡”，产于粤桂边界的信宜县径口镇、金垌镇和广西容县石寨、杨梅等地。

(a) 公鸡　　(b) 母鸡

图 4-22 霞烟鸡

【体型外貌】霞烟鸡是“三黄鸡”中的一个品种。它除了具有黄脚、黄嘴、黄毛的特点之外，每个鸡脚底下有一个肉蹄。

霞烟鸡体躯短圆，腹部丰满，胸宽、胸深与骨盆宽三者长度相近，整个外形呈方形，属肉用类型。雏鸡的绒羽以深黄色为主，喙黄色，胫黄色或白色。成年鸡头部较大，单冠，肉垂、耳叶均鲜红色。虹彩橘红色。喙基部深褐色，喙尖浅黄色。颈部显得粗短，羽毛略为疏松。骨骼粗。皮肤白色或黄色。

公鸡羽毛黄红色，梳羽颜色较胸背羽为深，主、副翼羽带黑斑或白斑，有些公鸡蓑羽和镰羽有极浅的横斑纹，尾羽不发达。性成熟的公鸡腹部皮肤多呈红色。母鸡羽毛黄色，背平，胸宽，龙骨略短，腹部丰满。临近开产的母鸡，耻骨与龙骨末端之间已能并容3指，这也是该鸡种的重要特征。

【生产性能】

（1）产肉性能　成年霞烟鸡体重：公鸡2500克，母鸡1800克。180日龄屠宰率：半净膛屠宰率，公鸡82.4%，母鸡87.9%；全净膛屠宰率，公鸡69.2%，母鸡81.2%。阉鸡屠宰率：半净膛84.8%，全净膛74.0%。

（2）产蛋性能　在正常饲养条件下，母鸡170～180日龄开始产蛋。产蛋量因饲料条件而异，农家饲养的一般年产蛋量为80个，经选育的鸡群年产蛋量为110个左右。平均蛋重为43.6克，蛋壳浅褐色，蛋形指数为1.33。

（3）繁殖性能　一般公母配种比例为（1∶8）～（1∶10），种蛋受精率仅78.46%，受精蛋孵化率为80.5%。霞烟鸡就巢性强，据观察，母鸡就巢每年可达8～10次之多，但不予就巢时4～8天即可停止。据统计，30日龄的育雏率为89.5%。

7. 溧阳鸡

溧阳鸡属肉用型品种，是江苏省西南丘陵山区的著名鸡种，当地亦以“三黄鸡”或“九斤黄”称之（图4-23）。中心产区在溧阳市的西南丘陵山区，以茶亭、戴埠、社渚等地最多，其中以茶亭莘塘的大鸡最为有名，分布于中心产区周围地带。入选国家级畜禽资源保护名录。

(a) 公鸡　　(b) 母鸡

图 4-23　溧阳鸡

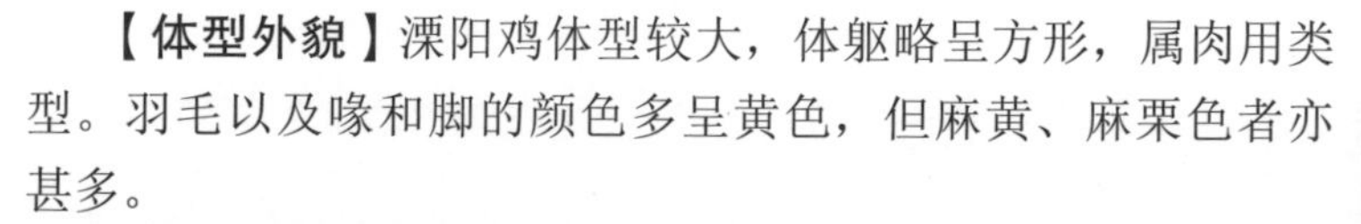

【体型外貌】溧阳鸡体型较大，体躯略呈方形，属肉用类型。羽毛以及喙和脚的颜色多呈黄色，但麻黄、麻栗色者亦甚多。

雏鸡以快生羽为主，出壳毛色呈米黄色，部分常有条状黑色的绒羽带。公鸡单冠直立，冠齿一般为5个，齿刻深。耳叶、肉垂较大，均鲜红色。羽色为黄色或橘黄色，主翼羽有黑与半黄半黑之分，副翼羽黄色或半黑，主尾羽黑色，胸羽、梳羽、蓑羽金黄色或橘黄色，有的羽毛有黑镶边。母鸡单冠有直立与倒冠之分。眼大，虹彩呈橘红色。全身羽毛平贴体躯，翼羽紧贴，羽毛绝大部分呈草黄色，有少数呈黄麻色。

【生产性能】

（1）产肉性能　成年体重公鸡为3850克，母鸡为2600克。屠宰测定：公鸡半净膛屠宰率为87.5%，全净膛屠宰率为79.3%；母鸡半净膛屠宰率为85.4%，全净膛屠宰率为72.9%。

（2）产蛋性能　据对147只母鸡统计，开产日龄为（243±39）日龄，300日龄产蛋量为（39±2.7）个，500日龄产蛋为（145.4±25）枚，蛋重为（57.2±4.9）克，蛋壳褐色。

（3）繁殖性能　公母配种比例为1∶13，种蛋受精率为95.3%，受精蛋孵化率为85.6%。溧阳鸡就巢性较强，据统计，202只母鸡养至500日龄，就巢53只，占26.24%。一般就巢鸡如不让它就巢，每次10天左右即醒抱。5周龄育雏率为96%。

8. 惠阳胡须鸡

惠阳胡须鸡，又名三黄胡须鸡、龙岗鸡、龙门鸡、惠州鸡，因其颔下发达而张开的胡须状髯羽而得名，属中型肉用品种（图4-24）。原产于广东省惠阳地区，是我国比较突出的优良地方肉用鸡种。它以种群大、分布广、胸肌发达、早熟易肥、肉质特佳而成为我国活鸡出口量大、经济价值较高的传统

(a) 公鸡　(b) 母鸡

图4-24 惠阳胡须鸡

商品，与杏花鸡、清远麻鸡一起被誉为广东省三大出口名产鸡之一，在港澳市场久负盛名。

【体型外貌】惠阳胡须鸡体质结实，头大颈粗，胸深背宽，胸肌发达，胸角一般在60°以上。后躯丰满，体躯呈葫芦形。

惠阳胡须鸡的标准特征为颔下发达而张开的胡须状髯羽，无肉垂或仅有一些痕迹。雏鸡全身浅黄色，喙黄，脚黄（三黄）。无胫羽。

公鸡单冠直立，冠齿为6～8个。喙短粗而黄，虹彩橙黄色，耳叶红色。梳羽、蓑羽和镰羽金黄色而富有光泽。背部羽毛枣红色，分有主尾羽和无主尾羽两种。主尾羽多呈黄色，但也有些内侧是黑色，腹部羽色比背部稍淡。母鸡单冠直立，冠齿一般为6～8个。喙黄，眼大有神，虹彩橙黄色，耳叶红色。全身羽毛黄色，主翼羽和尾羽有些黑色，尾羽不发达。脚黄色。

本品种属慢羽品种。60日龄前，羽毛生长很慢，一般要100日龄才羽毛丰满。公鸡比母鸡的羽毛生长要慢10～20天。

【生产性能】

（1）产肉性能　初生雏鸡平均重为31.6克；5周龄公、母平均重为250克；12周龄公鸡平均重为1140克，母鸡平均重为845克；15周龄公鸡平均重为1410克，母鸡平均重为1015克。至15周龄每千克增重耗料3.8千克。其生长最大强度出现在8～15周龄，8周龄前生长速度较慢。

惠阳胡须鸡肥育性能良好，脂肪沉积能力强。农家放牧饲养的仔母鸡，在开产前体重达1000～1200克时，再经12～15天笼养肥育，可净增重350～400克。此时皮薄骨软、脂丰肉满，即可上市。

（2）产蛋性能　产蛋性能明显受到当地环境气温、日粮蛋白质含量、能量水平、饲养方式、就巢性强及腹脂多的影响。

因此，即使在较好的条件下，全年平均产蛋率也仅在28%左右。在农家以稻谷为主、结合自由放养并以母鸡自然孵化与育雏的饲养方式下，其年平均产蛋不过45～55个。在改善饲养管理条件下，平均每只母鸡年产蛋可达108个。平均蛋重为45.8克，蛋壳主要呈浅褐色，蛋壳厚为0.3毫米，蛋形指数为1.30。

（3）繁殖性能　公鸡性成熟早，最早的3周龄会啼叫，但一般要3月龄才有交配行为。母鸡平均开产日龄为150日龄，据个体记录资料，最早为115日龄，最迟为200日龄。一般公母配种比例为（1∶10）～（1∶12）。平均种蛋受精率为88.6%，受精蛋孵化率为84.6%。

惠阳胡须鸡的就巢性特别强，据记录资料，平均每只母鸡年就巢为14.2次，最高达18.5次，每次停蛋期平均为15.8天。育雏率普遍在95%以上。

9. 新浦东鸡

新浦东鸡由上海市农业科学院畜牧兽医研究所在浦东鸡选育的基础上，引入洛岛红鸡、红考尼什鸡、白洛克鸡作为父本，当地浦东鸡作为母本进行杂交选育而成的肉用品种（图4-25）。新浦东鸡共有五个品系，主要分布于上海、江苏、浙江、广东一带，1984～1996年推广面已遍及中国21个省、自治区、直辖市。

【体型外貌】新浦东鸡在历年的选育进程中，由于着重保留浦东鸡的特色，故其外貌与原来无多大变化，其外貌特征与浦东鸡相比，除体躯较长而宽、胫部略粗短而无胫羽外，差异不大，其体型更接近于肉用型。母鸡全身羽毛黄色，有深浅之分；公鸡有黄胸黄背、红胸红背和黑胸红背三种，总之与浦东鸡外貌基本一致。

图 4-25 新浦东鸡

【生产性能】

（1）产肉性能　平均体重：28 日龄公鸡 433 克，母鸡 391 克；63 日龄公鸡 1863 克，母鸡 1491 克；70 日龄公鸡 2172 克，母鸡 1704 克。公鸡、母鸡平均半净膛屠宰率为 85%。

（2）产蛋性能　母鸡平均开产日龄 184 日龄，达 50% 产蛋率的平均日龄为 197.8 日龄。300 日龄平均产蛋 78 枚，平均年产蛋 177 枚，平均蛋重 61 克，蛋壳浅褐色。

（3）繁殖性能　公鸡性成熟期 130 ～ 150 天。公母鸡配种比例（1∶12）～（1∶15）。平均种蛋受精率 90%，平均受精蛋孵化率 80%。公母鸡利用年限为 1 ～ 2 年。

10. 江村黄鸡

江村黄鸡配套系是广州市江丰实业有限公司利用我国地方鸡种的优良特性，与国外优良品种杂交配套选育而成（图 4-26），分 JH-1 号（土鸡型）、JH-1B 号（特优质型）、JH-2 号（特大型）和 JH-3 号（中速型）等。其中 JH-2 号和 JH-3 号已于 2000 年通过国家家禽品种审定委员会审定。江村黄鸡的选育研究等项目获1996年广州市科技进步一等奖、广东省科技进步三等奖。

(a) 公鸡　　(b) 母鸡

图4-26 江村黄鸡

【体型外貌】江村黄鸡的父代公鸡体型高大，紧凑匀称，身体呈方形。羽毛金黄，尾部带少量黑羽。体质健壮，肌肉丰满，单冠直立。冠、肉髯、脸、耳叶呈红色。胸宽，背阔，腿为黄色，短而粗壮。母代母鸡羽毛多为黄色，身体呈菱形，体型紧凑，胸肌丰满。头部清秀，冠、肉髯、脸呈鲜红色，腿为黄色。

江村黄鸡的商品代雏鸡绒毛为黄色。商品代成年公鸡羽毛金黄，尾部带少量黑羽。商品代成年母鸡羽毛黄色，羽毛紧实，羽色鲜艳，富有光泽。体型丰满，肌肉结实，头部较小，单冠直立。

【生产性能】JH-1号父母代种鸡平均开产日龄147日

龄，27 周龄达产蛋高峰，高峰期产蛋率 78%；68 周龄入舍母鸡平均产种蛋 155 枚，平均产雏鸡 125 只。商品鸡 70 日龄公鸡平均体重 1050 克，料肉比 2.4∶1；80 日龄母鸡平均体重 1100 克，料肉比 2.7∶1，100 日龄平均体重 1400 克，料肉比 3.1∶1。

JH-1B 号父母代种鸡平均开产日龄 140 日龄，25 周龄达产蛋高峰，高峰产蛋率 60%；68 周龄入舍母鸡平均产种蛋 120 枚，平均产雏鸡 95 只。商品鸡 84 日龄公鸡平均体重 1000 克，料肉比 2.4∶1；120 日龄母鸡平均体重 1100 克，料肉比 3.4∶1。

JH-2 号父母代种鸡平均开产日龄 168 日龄，29 周龄达产蛋高峰，高峰期产蛋率 81%；68 周龄入舍母鸡平均产种蛋 170 枚，平均产雏鸡 142 只。商品鸡 56 日龄公鸡平均体重 1550 克，料肉比 2.1∶1；63 日龄平均体重 1850 克，料肉比 2.2∶1；70 日龄母鸡平均体重 1550 克，料肉比 2.5∶1；90 日龄平均体重 2050 克，料肉比 2.8∶1。

JH-3 号父母代种鸡平均开产日龄 154 日龄，28 周龄达产蛋高峰，高峰期产蛋率 80%；68 周龄入舍母鸡平均产种蛋 168 枚，平均产雏鸡 140 只。商品鸡 56 日龄公鸡平均体重 1350 克，料肉比 2.2∶1；63 日龄平均体重 1600 克，料肉比 2.3∶1；70 日龄母鸡平均体重 1350 克，料肉比 2.5∶1；90 日龄平均体重 1850 克，料肉比 3.0∶1。

11. 岭南黄鸡Ⅱ号

岭南黄鸡Ⅱ号是广东省农业科学院动物卫生研究所利用我国优良地方鸡种惠阳胡须鸡为主要育种素材，共同培育的优质型肉鸡新配套系（图 4-27）。培育的黄羽肉鸡，具有生产性能高、抗逆性强、体型外貌美观、肉质好和“三黄”的特征。配套系主要有 3 种，即岭南黄Ⅰ、Ⅱ、Ⅲ号。Ⅰ号为中速型，Ⅱ

号为快大型，Ⅲ号为高档优质出口型。Ⅱ号的生长速度和饲料转化率极佳，获得国家畜禽新品种（配套系）证书（农新品种证字第号），是2010年广州亚运会指定供应鸡种，达到国内领先水平，适合全国（西藏除外）饲养。

(a) 公鸡　　(b) 母鸡

图4-27 岭南黄鸡Ⅱ号

【体型外貌】岭南黄鸡Ⅱ号成年鸡体型比石岐杂鸡大，外貌特征与石岐杂鸡相似，胸深背宽，单冠直立。

父代公鸡为快羽，羽、胫、皮肤均为黄色，俗称“三黄”，胸宽背直，单冠，快速生长。母代母鸡为慢羽，羽、胫、皮肤均为黄色，俗称“三黄”，体型呈楔形，单冠，性成熟早，蛋壳粉白色，生长速度中等，产蛋性能高。

商品代鸡可据羽速辨别雌雄，公鸡为慢羽，母鸡为快羽，准确率达99%以上。公鸡羽毛呈金黄色，母鸡全身羽毛黄色，部分鸡颈羽、主翼羽、尾羽为麻黄色。黄胫、黄皮肤，体型呈楔形，单冠，快速生长，早熟。其具外貌特征优美、整齐度高、快速生长、优质的特点。

【生产性能】岭南黄鸡Ⅱ号配套系父母代种鸡生产性能见表4-4，岭南黄鸡Ⅱ号配套系商品代生产性能见表4-5。

表4-4 岭南黄鸡Ⅱ号配套系父母代种鸡生产性能

生产指标	生产性能
育雏率/%	95～98
育成率/%	95～98
开产周龄/周	24
开产体重/克	2350
产蛋高峰周龄/周	30～31
68周龄入舍母鸡产蛋数/枚	180
产蛋期每枚蛋耗料/(克/枚)	225
种蛋合格率/%	96～98
平均受精率/%	92
入孵蛋平均孵化率/%	80
68周龄产健雏数/只	135～140
产蛋期成活率/%	92～94
68周龄体重/克	2800
68周龄全期耗料量/(千克/只)	48～49

表4-5 岭南黄鸡Ⅱ号配套系商品代生产性能

项目	公鸡	母鸡
上市日龄/日	50	56
上市体重/克	1750	1500
饲料转化率	2.10∶1	2.30∶1
成活率/%	98	98

12. 京海黄鸡

京海黄鸡由京海集团、扬州大学和江苏省畜牧兽医总站共同培育，是利用当地地方黄鸡经五个世代培育而成的小型优质肉鸡新品种，体型外貌与地方黄鸡一致，生产性能优良，遗传性状稳定，抗逆能力强（图 4-28）。京海黄鸡于 2009 年通过国家畜禽遗传资源委员会审定，成为国家级家禽遗传资源。目前为止，京海黄鸡是国家畜禽遗传资源委员会审定通过的我国第一个育成的肉鸡新品种（非配套系）。

图 4-28 京海黄鸡

【体型外貌】京海黄鸡体型紧凑，公鸡羽色金黄，母鸡黄色，主翼羽、颈羽、尾羽末端有黑色斑点。单冠，冠齿 4 ～ 9 个。喙短，呈黄色。肉垂椭圆形，颜色鲜红。胫细、黄色，无胫羽。皮肤黄色或肉色。

【生产性能】

（1）产肉性能　京海黄鸡肉用鸡出栏日龄为 112 日龄，公母鸡平均出栏体重为 1640 ～ 1650 克，饲料转化率为 3.14∶1，饲养成活率 96% 以上。

（2）产蛋性能　经国家家禽生产性能测定站测定，京海黄鸡种母鸡 18 周龄体重 1276 克，达 50% 产蛋率日龄为 125 ～ 133 日龄，66 周龄平均产蛋数 175.4 个；经现场测定，商品公鸡 110 日龄体重为 1289 克，母鸡为 1099 克，饲料转化率为 3.12∶1。

13. 良凤花鸡

良凤花鸡是南宁市良凤农牧有限责任公司培育的品种（图 4-29）。采用的是二系配套生产，即以 M2 系为父本和 M1 系为母本的杂交配套生产商品代。良凤花鸡 1990 年开始投放市场。商品代鸡苗畅销广西近 100 个县市及远销华南、华中、西南、西北、东北等地十多个省区，同时还受到越南等东盟国家客户的青睐。

(a) 公鸡　(b) 母鸡

图 4-29　良凤花鸡

【体型外貌】良凤花鸡配套系特点是早期生长速度快，公鸡体型健壮，胸宽背平。背羽、鞍羽、翅膀覆羽为酱红色，尾羽翘起，而且冠型大，鲜红，十分适合当前麻花鸡市场的需求。母鸡头部清秀，体躯紧凑，出栏时冠大，脸部红润，深得客户的青睐。

【生产性能】良凤花鸡的生命力较强，经过农业农村部家禽品质监督检验测试中心（北京）测定良凤花鸡商品代 10 周龄末群体成活率 98.76%。

根据农业农村部家禽品质监督检验测试中心（北京）测定和以上杂交试验得出的数据表明，其生产性能优异。国家家禽测定中心（北京）测定的结果：良凤花鸡父母代生产性能见表 4-6，良凤花鸡商品代各周龄的生产性能见表 4-7，良凤花鸡商品代 70 日龄屠宰性能见表 4-8。

表 4-6 良凤花鸡父母代生产性能

生产指标	生产性能	生产指标	生产性能
开产体重 / 克	2300.5	0 ～ 24 周龄成活率 /%	98.81
5% 产蛋率日龄 / 天	162	产蛋期成活率 /%	94.00
25 ～ 66 周龄饲养日产蛋量 / 个	185.39	平均种蛋受精率 /%	97.17
25 ～ 66 周龄入舍母鸡产蛋量 / 个	179.27	受精蛋孵化率 /%	91.74
全期种蛋合格率 /%	91.83	入孵蛋孵化率 /%	89.14

表 4-7 良凤花鸡商品代各周龄的生产性能 单位：克

周龄	性别	体重	饲料转化率
初生重	公	40.80±2.40	—
	母	40.58±2.49	—
	平均	40.69±2.94	—
7 周龄	公	1635.20±115.60	—
	母	1260.60±77.80	—
	平均	1447.90±234.73	—

续表

周龄	性别	体重	饲料转化率
10 周龄	公	2431.10±229.40	2.22∶1
	母	1680.00±118.13	2.62∶1
	平均	2055.10±347.40	2.42∶1

表 4-8　良凤花鸡商品代 70 日龄屠宰性能

项目	公	母	平均
鸡数 / 只	20	20	—
日龄 / 天	70	70	—
体重 / 克	2407.30±202.33	1660.60±92.13	2033.95±297.39
屠宰率 /%	91.72±0.93	91.03±1.37	91.38±1.86
半净膛率 /%	84.05±1.43	83.67±1.06	83.86±1.55
全净膛率 /%	65.60±1.52	66.01±1.46	65.81±1.95
腿肌率 /%	24.44±0.49	23.58±1.72	24.01±2.03
胸肌率 /%	20.08±2.35	19.72±1.88	19.90±2.96
腹脂率 /%	3.11±1.00	4.14±1.15	3.63±1.96
瘦肉率 /%	5.85±0.10	5.79±0.09	5.82±0.13

（四）药用型品种

乌骨鸡又名乌鸡、泰和鸡（本草纲目）、竹丝鸡、药鸡、松毛鸡、羊毛鸡、黑脚鸡、丛冠鸡、毛腿鸡、穿裤鸡等，是我国特有的药用鸡种，也是我国鸡的珍贵品种之一。原产地为江西省泰和县武山，在全国各地均有分布。由于我国地域辽阔，环境条件多样，选种目标和饲养条件不一，加上地域的封闭性，形成了许多不同类型的品种。乌骨鸡具有丰富的营养和特殊的药用价值，是久负盛名的“乌鸡白凤丸”的主要原料。

乌骨鸡按羽色可分为白羽和黑羽 2 种羽色，一般白色羽的习惯称为“白凤”，黑色羽则称为“黑凤”，也有少数为麻羽或斑羽；按羽型可分为丝羽、平羽、翻羽 3 种。但饲养量最大、分布最广，被国际上所承认的标准品种则为白色丝毛乌骨鸡。由于饲养的环境不同，乌骨鸡的特征也有所不同，有白羽黑骨、黑羽黑骨、黑骨黑肉、白肉黑骨等。

1. 丝毛乌骨鸡

丝毛乌骨鸡原产于江西省泰和县，又称泰和鸡。丝毛乌骨鸡以其体躯披有白色的丝状羽，皮肤、肌肉及骨膜皆为乌（黑）色而得名（图 4-30）。它在国际上被承认为标准品种，称丝羽鸡，日本称乌骨鸡。在国内则随不同产区而冠以别名，如江西称泰和鸡、武山鸡，福建称白绒鸡，两广称竹丝鸡等。

【体型外貌】丝毛乌骨鸡体型轻小，行动迟缓，头小颈短，遍体白羽毛呈丝状。桑椹冠、缨头、绿耳、丝毛、胡须、五爪、毛脚、乌皮、乌肉、乌骨，被称为“十全”。此外，眼、嘴、趾、内脏及脂肪也是乌色。

图 4-30 丝毛乌骨鸡

【生产性能】成年公鸡体重 1.3 ～ 1.5 千克，成年母鸡体重 1.0 ～ 1.3 千克，公鸡性成熟平均日龄为 150 ～ 160 日龄，母鸡开产日龄平均为 170 ～ 180 日龄。

年产蛋 80 ～ 100 枚，最高可达 130 ～ 150 枚。母鸡就巢性强，在自然条件下，每产 10 ～ 12 枚蛋就巢一次，每次就巢持续 15 ～ 30 天，种蛋孵化期为 21 天。在饲料条件较好的情况下，生长发育良好的个体，年就巢次数减少，且持续期也缩短。

2. 黑凤鸡

黑凤鸡又名黑明药鸡，是我国独有的珍稀鸡品种，由我国生物学家历经多年选育而成（图 4-31）。黑凤鸡抗病力、抗寒力、产蛋量、孵化率、成活率和生长速度都优于白羽乌骨鸡，且抱窝力强，可不用孵化机。由于不会飞，与家养鸡一样，既适合在农村小型养殖，也适合规模化养殖。

图 4-31 黑凤鸡

【体型外貌】黑凤鸡具有黑丝毛、黑皮、黑肉、黑骨、黑舌以及丛冠、缨头、绿耳、胡须、五爪十项典型特征。更为奇特的是，其眼睛、血液、内脏、脂肪也近黑色，煮熟后像甲鱼一样略有苦味，味道鲜美。

【生产性能】母鸡开产日龄为180日龄，年可产蛋140～160枚。1月龄成活率高达95%，出壳85～100天达1.2～1.5千克即可上市。每只黑凤鸡耗料3.1千克，由于其特别喜食青草和树叶，比饲养自制乌骨鸡、本地土鸡成本少一半，效益高一倍，就巢性强。

3. 镇坪乌鸡

镇坪乌鸡是陕西省镇坪县特有的一个地方品种。主要产于陕西省镇坪县境内，周围邻县也有少量分布。其特征是抗病力强，耐粗饲和粗放管理。体尺、体重较大，屠宰率较高，胸肌、腿肌发达，占40%以上。肉质特别细嫩，肉味尤其香浓，必需氨基酸含量高，具有较高滋补效果和药用价值。

【体型外貌】镇坪乌鸡从羽毛上可分为白羽、黑羽两个类型。其外貌特征是头清秀，喙粗短，微弯，呈乌黑色。公母鸡均为单冠，有4～8个冠齿，多为紫红色，少数呈鲜红色。面部为紫红色，公鸡肉垂长15～20毫米，宽12～15毫米，多呈紫红色。颈部适中，灵活，胸部发育良好，背宽长，两翼贴体、紧凑。尾翼上翘，腿长而粗，呈紫乌色。脚乌色，嘴乌色，皮肤紫乌色，脏腑多呈紫色，骨局部为紫色。

【生产性能】母鸡开产日龄平均为220日龄，最早180日龄，最迟240日龄，平均体重在1.5千克以上，年平均产蛋量110枚。公鸡50%开啼在160日龄，平均体重在1.75千克以上。

4. 余干乌黑鸡

余干乌黑鸡以全身乌黑而得名。余干乌黑鸡原产于江西省余干县，分布在江西省余干县、南城县，属药用型品种。

【体型外貌】余干乌黑鸡全身披有黑色片状羽毛，喙、舌、冠、皮、肉、骨、内脏、脂肪、脚趾均为黑色。公、母均为单冠，母鸡头清秀，羽毛紧凑；公鸡色彩鲜艳，雄壮健俏，尾羽高翘，腿部肌肉发达。

【生产性能】成年公鸡体重 1.3 ～ 1.6 千克，成年母鸡体重 0.9 ～ 1.1 千克，公鸡性成熟在 170 日龄，母鸡开产日龄为 180 日龄，就巢性强，年产蛋为 150 ～ 160 枚，蛋重为 43 ～ 52 克，孵化期为 21 天。母鸡体重 1205 克时屠宰测定：半净膛屠宰率为 80%，全净膛屠宰率为 65%。

（五）其他品种鸡

其他品种鸡主要介绍斗鸡。

斗鸡是中国古老的鸡种，据 1988 年出版的《中国家禽品种志》标记，吐鲁番斗鸡和中原斗鸡、漳州斗鸡、西双版纳斗鸡并称为“中国四大斗鸡”，被列入国家和新疆家禽资源保护名录。

1. 漳州斗鸡

漳州斗鸡主产于福建省漳州市，主要分布于芗城区的天宝、芝山、石亭、浦南等地及漳州市郊，在龙海区九湖、步文等镇有零星分布，其次在厦门、晋江、汕头等地也有分布。其是以角逐为主的玩赏型鸡种，具有精干结实、敢打善斗等特点。

【体型外貌】外貌似鸟，体躯呈长方形。喙黄褐色，公鸡喙约长 3.8 厘米，宽 2.6 厘米，比母鸡略长、略宽（3.48 厘米 × 2.50 厘米）。豆冠，眼圆，虹彩白色、灰白色或橘黄色。全身羽毛，公母各异：公鸡以红褐色、黄褐色常见，颈羽深红色或金黄色，背羽深红色（羽基红色、羽尖金黄色），胸羽黑色，尾羽与主、副翼羽均为红、黑两色相混；母鸡以棕黄、红褐较多，颈羽棕色，背至尾羽花褐色，腹、颈下浅黄色。皮肤白色，胫黄色。

【生产性能】雏鸡在30日龄前生长较慢，体重达到500克以后生长速度加快。成年公鸡平均体重2760克，母鸡1560克。成年公鸡平均半净膛屠宰率87.11%，母鸡78.33%；成年公鸡平均全净膛屠宰率81.55%，母鸡66.75%。

母鸡平均开产日龄300日龄。年产蛋数窝，每窝产10～12枚，平均年产蛋80枚。平均蛋重50克，平均蛋形指数1.29，蛋壳灰白色或浅褐色。公鸡性成熟期240天，公母配种比例（1∶5）～（1∶10）。在12月份至次年3月份驯斗和育雏较好。母鸡就巢性很强，年就巢数次，每次20天左右。公鸡利用年限3～5年，母鸡2～3年。

2. 中原斗鸡

中原斗鸡属观赏型鸡种，原产于黄淮平原一带的豫东、皖北、鲁西南地区。中原斗鸡鸡冠小呈肉瘤状，肉髯已不明显。中原斗鸡外观漂亮，长相规整，遗传稳定，斗性顽强，打斗快、准、狠，极富有观赏性。河南斗鸡、皖北斗鸡、鲁西斗鸡、吐鲁番斗鸡和西双版纳斗鸡均属于中原斗鸡的后裔。

【体型外貌】中原斗鸡呈半梭形，头小，头皮薄而紧。脸坡长，毛细。喙短粗呈弧形，眼大，眼窝深，虹彩为水白色和豆绿色。耳叶短小。斗鸡羽色种类繁多，黑羽斗鸡羽色富光泽似黑缎，腹部绒羽为白色，公鸡尾部有两根白镰羽，母鸡应有雪花顶；红羽公鸡呈枣红色，镰羽有全黑者或带白斑，母鸡带有豇豆的红白色。此外，还有紫羽、白羽和花羽等。胫呈肉色，无胫羽。四趾，脚趾间距离宽。公鸡腿面干净，有黄、浅黄、白三种。母鸡青、狸、皂色，有桑皮（表面黑亮）腿，其他毛色为净腿面。

【生产性能】成年鸡体重：公鸡平均3500克，母鸡2000～3000克。平均开产日龄240日龄，年产蛋数82～121个，蛋重50～60克，蛋壳以褐色、浅褐色为多。公鸡7个月性成熟。

二、饲养品种的确定

家庭农场生态放养鸡选择的品种，首先必须符合生态放养的特点，即适应性广、抗病力强、耐粗饲、觅食性强等特点。符合以上条件的主要是我国地方品种鸡，及地方品种鸡与国外引进品种杂交培育的黄羽鸡。如上一节介绍的我国地方鸡品种，普遍具有鸡腿细长、善于奔跑、体型适中、耐粗饲、成活率高等优点，在放养中，其觅食活动能达到几百米远，身体灵活能逃避敌害生物，这些品种绝大部分适合用于生态放养。而我们常见的蛋鸡品种和肉鸡品种，如白壳蛋鸡的北京白鸡、海兰白鸡，褐壳蛋鸡的依莎褐蛋鸡、海兰褐蛋鸡、罗曼褐壳蛋鸡、京红1号蛋鸡等，粉壳蛋鸡的海兰粉壳鸡、罗曼粉壳蛋鸡、京粉1号蛋鸡、京白939粉壳蛋鸡等，白羽肉鸡的爱拔益加肉鸡（简称AA肉鸡）、艾维因肉鸡、罗斯308肉鸡、科宝肉鸡等品种，活动能力低，野外自由觅食能力不强，粗放式的放养，效果不佳。这主要是因为这些品种的鸡只适应笼养，一旦在野外放养，就会整天围着人转要食吃，饲喂达不到要求，病害发生严重。另外，其活动不敏捷，不善于躲避，容易遭受黄鼠狼、鹰等敌害动物的侵扰，从而造成损失。

其次是根据生产方向选择适合的品种。适合生态放养鸡的品种很多，主要分为蛋用型品种、兼用型品种、肉用型品种、药用型品种和斗鸡品种等五个类型。家庭农场应根据养鸡的目的进行选择。如果是生产鸡蛋，就要选择产蛋性能突出的蛋用型品种。如果是生产鸡肉，就要选择产肉性能突出的肉用型品种。如果养鸡的目的既要产蛋，又要产肉，就要选择产肉和产蛋二者兼而有之的肉蛋兼用型品种鸡。如果要作为药用，就要选择药用型品种，如乌鸡。如果用于斗鸡，要选择斗鸡品种，如四大斗鸡品种的漳州斗鸡、中原斗鸡、吐鲁番斗鸡和西双版纳斗鸡。如果以生产阉鸡为主，就要选择当前市场上需求量最大的品种，一般为成年体重达 2.25 ～ 2.7 千克，胫较短，颈毛红亮，尾毛长且无白色的小型品种，如广西三黄鸡、广西麻鸡等品种。最好是小型品种占 70% ～ 80%，中型品种占 20% ～ 30% 混合饲养，以满足不同客户的需要。一般阉鸡饲养 150 天左右，高品质的阉鸡要求饲养 180 ～ 210 天。

再次要根据放养地环境条件选择适合的品种。每个品种鸡都有其最适宜的生长环境，包括气候、地形地貌等。如气候上，有适应寒冷地区的，有适应炎热地区的；地形地貌上有适应丘陵地的，有适应山林地的，有适应草地的，有适应高海拔的，有适应高纬度的，有适应平原的等。如林甸鸡具有抗寒、耐粗饲、生命力强等优点，是适宜在我国东北高纬度寒冷地区饲养的鸡种；边鸡是一个适于高原丘陵寒冷地区饲养的具有独特性能的优良鸡种；仙居鸡历来饲养粗放，长期以放养在丘陵、山坡地为主；固始鸡具有耐粗饲，抗病力强，适宜野外放牧散养的突出优良性状；北京油鸡对各种养殖方式都能很好地适应，既可以规模化饲养，也可以小规模庭院养殖，既可以笼养，也可以在果园、林地、山坡散养。最适宜的养殖方式是散养，在散养过程中，商品鸡可以采食野草、昆虫、草籽等作为食物补充。

最后是根据市场消费习惯选择适合的品种。生态鸡的消费带有一定的区域喜好，如有的地方喜欢黄脚，有的地方喜欢青脚，有的地方需要适合做白切鸡的鸡，有的地方需要适合做阉鸡的鸡，有用来滋补身体的，对成鸡体重要求也不同等。如以鹿苑鸡青年母鸡加工而成的“叫花鸡”，驰名海内外。边鸡屠体的胸肌、腿肌丰满充实，占屠体重的 26.3%，肌纤维细嫩，皮肤颜色以白色和青色为主，适于加工成熏鸡，右玉与卓资县的熏鸡均享有盛名，有近百年的历史。杏花鸡因皮薄且有皮下脂肪，故细腻光滑加之肌间脂肪分布均匀，肉质特优，适宜做白切鸡。以河田鸡为原料制作的“白斩河田鸡”“盐酒河田鸡”等均为客家经典名菜。当地农庄素有饲养阉鸡的习惯，将 90 日龄的河田鸡小公鸡用人工摘除睾丸的办法进行阉割，再放牧喂养约三个月后上市，其肉质更为香滑适口。在仙居流传着这样一句话："逢九一只鸡，来年好身体。"仙居人一直将三黄鸡作为滋补品食用，而三黄鸡的鸡蛋与红糖、老酒、生姜组合，更是产妇坐月子的滋补佳品，因此，这一地区的消费习惯适合养殖三黄鸡。萧山鸡经育肥后的阉鸡肉嫩脂黄、鲜美特香，被称作"红毛大阉鸡"。白耳黄鸡肉质细嫩，汁鲜浓郁，营养丰富，入药具有滋补功效，是老弱病残、体衰和孕产妇的保健美食产品，所以"吃了炖黄鸡，不食参茸芪"俗语也由此而生。

小贴士：

家庭农场生态放养鸡选择的品种，首先必须符合生态放养的特点，即适应性广、抗病力强、耐粗饲、觅食性强等特点。

家庭农场应根据养鸡的目的、放养地环境条件和市场消费习惯选择适合的品种。

三、鸡的生殖系统

鸡的生殖系统不同于胎生哺乳动物。公鸡的睾丸、附睾在腹腔内，交配器官是退化了的生殖突起，精子头部是长锥形。精子能在母鸡输卵管里的精子腺窝中生存达 24 天，并具有受精能力。

母鸡能每隔 25 小时左右排卵一次，只有左侧卵巢和输卵管发育，受精卵排出母鸡体外后未达到孵化临界程度（24℃）会暂停发育。

（一）公鸡的生殖系统

公鸡的生殖系统由睾丸、附睾、输精管和交媾器组成。人工授精人员最需要了解的是公鸡交媾器的构造。

公鸡没有像哺乳动物一样的阴茎，但有一个包括乳嘴、腺管体、阴茎和淋巴襞四部分组成的交媾器。交媾器位于泄殖腔腹侧，平时全部隐藏在泄殖腔内。性兴奋时，腺管体、阴茎和淋巴襞中的淋巴管相互连通，淋巴襞勃起，淋巴液流入阴茎体内使其膨大，并在中线处形成一条加深的纵沟，位于中线前端的正中阴茎体（中央白体）也因淋巴液的流入而突出于正前方，此时整个阴茎自肛门腹侧推出并插入母鸡泄殖腔。正中阴茎体为一圆形突起。

（二）母鸡的生殖系统

母鸡生殖系统由卵巢和输卵管两大部分组成，通常只有左侧的卵巢和输卵管发育完全并且有生殖功能。输卵管由喇叭部、膨大部、峡部、子宫部及阴道部等构成。母鸡的外生殖器阴道口和排粪口、排尿口共同开口于肛门，称为泄殖腔。

鸡的生殖系统构造有别于哺乳动物。无论公鸡、母鸡的性器官均有不明显、隐蔽的特点，因此我们应熟悉其构造，为人工授精的实际操作打下基础。

（三）受精的过程

鸡在交配的时候就是母鸡半蹲或全蹲，翅膀向左右撑起，就像把肩膀同时向上耸起的感觉。之后公鸡双脚从背后踩上母鸡背，然后用尖嘴咬住母鸡的鸡冠或头上的羽毛，自己的翅膀左右扑扇，目的是保持平衡，屁股相互靠拢，这个姿势叫“踩配”。之后，公鸡的精子进入母鸡的体内，让母鸡体内的卵（蛋之前的形态）受精，只有“受精卵”才能孵出小鸡。查看蛋是否受精，可以将蛋对着灯泡照，如果在蛋的一面（即带壳水煮蛋敲开有气孔的那一面）出现一小圈阴影，则表示该蛋已受精，没有阴影的则不能孵化出小鸡。

无论自然交配或人工授精，精子都会很快沿输卵管上行并达到喇叭部的精窝内。如果交配（或人工输精）后输卵管内没有蛋，精子到达喇叭部只需 30 分钟左右。当卵子进入到喇叭部时，一般经过 15 分钟左右即会有 3 ～ 4 个精子进入卵黄表面的胚珠区，但只有一个精子能与卵细胞结合而受精。其实公鸡一次交配能射出的精子数量一般在 15 亿～ 80 亿之间，大量的精子牺牲在征途中。据大量试验测定，精子数量不低于 1 亿个，同样能达到良好的受精率，人工授精正是基于此而提高了种公鸡的利用率。当喇叭部有新老精子共存时，新精子的活力则大于老精子，受精的机会也多于老精子，所以最高的受精率通常出现在开配后的第三天。

四、雏鸡的引进

（一）优质雏鸡应该具备的特性

① 生长快、活力强。现有的肉鸡品种生长速度都很快，但在体质强健性和生命活力方面存在差异。应选用腿病、猝死症、腹水症等遗传性疾病较少，抗逆性较强的鸡种。

② 雏鸡苗最好来自具有一定规模和信誉度、技术水平好、鸡群体质健壮高产、没发生严重疫情的种鸡场，来自无白痢、传染性脑脊髓炎、副伤寒及支原体污染的父母代鸡场。从管理技术较好的种鸡场购入健壮的雏鸡苗是很重要的。雏鸡苗的质量受很多因素影响，如果雏鸡苗体质柔弱，对环境的变化非常敏感，一周内的死亡率很高，就很难取得理想的饲养效果。

③ 雏鸡苗应对一些重要疫病有均匀一致的较高水平的母源抗体，能够避免幼雏期的疫病感染，也便于适时免疫。

④ 雏鸡苗应体重适中，体力充沛，活泼好动，反应敏捷，

叫声脆响，抓在手中时挣扎蹬腿有力。

⑤ 雏鸡苗应绒毛整洁、有光泽，卵黄吸收良好，腹部大小适中，脐带愈合良好。

⑥ 雏鸡苗应脚趾圆润，无存放时间过长、干瘪脱水的迹象。

⑦ 雏鸡苗应手感有力，叫声响亮、清脆，精神十分警觉。

⑧ 雏鸡苗应脚干饱满，光华亮丽不干燥，若脚干皮肤起皱，表示雏鸡已经脱水。

⑨ 雏鸡苗应在一周之内，因细菌感染等造成的死亡率在 0.5% 以内。

小贴士：

生产上人们总结挑选雏鸡的诀窍是“一看、二摸、三听”。一看就是看雏鸡的精神状态，羽毛整洁和污秽程度，喙、腿、趾是否端正，动作是否灵活，肛门有无稀粪黏着；二摸就是将雏鸡抓到手上，摸膘情、体温和骨的发育情况以及腹部的松软程度、卵黄吸收是否良好、肚脐愈合状况等；三听就是听雏鸡的鸣叫声，健康者明亮清脆，病弱者嘶哑或鸣叫不休。

（二）健雏与弱雏的鉴别

雏鸡的健弱，不但会影响育雏的成活率、鸡群生长发育速度，而且会影响今后产肉或产蛋性能。种蛋入孵后，每批总有一些弱雏，为了获得较高的育雏率，培育出生长发育一致、具有高度生产力的鸡群，在雏鸡出壳之后，要严格挑选分出健雏和弱雏，淘汰劣雏和病雏。鉴别雏鸡健、弱是根据能否适期出壳，以及健康状况等来区分，也可以通过看、摸、听来进行。

1. 出壳时间

孵化正常的情况下，健雏出壳时间比较一致，比较集中，通常在孵化第 20 天到第 20 天 6 小时开始出壳，第 20 天 12 小时达到高峰，满 21 天出壳结束。病雏往往会过早或过迟出壳，出壳时间拖得很长，孵化第 22 天还有一些未破壳的。

2. 雏鸡体重

健康雏鸡体重符合该品种标准，雏鸡出壳体重因品种、类型不同，一般肉用仔鸡出壳重约 40 克，蛋鸡为 36 ～ 38 克。病雏体重太重或太轻，雏鸡因腹部膨大卵黄吸收差而体重过重，或因个体瘦小，体重过轻。

3. 外观

健康雏鸡绒毛整齐清洁，富有光泽；腹部平坦、柔软；脐部没有出血痕迹，愈合良好，紧而干燥，上有绒毛覆盖。病雏绒毛蓬乱污秽，缺乏光泽；腹部膨大突出，松弛；脐部突出，有出血痕迹，愈合不好，周围潮湿，无绒毛覆盖明显外露。

4. 活动性

健康雏鸡活泼好动，眼大有神，脚结实；鸣声响亮而脆；触摸有膘，饱满，挣扎有力。病雏缩头闭目、站立不稳、怕冷；尖叫不休；触摸瘦弱、松弛，挣扎无力。

（三）雏鸡的运输

雏鸡苗在运输（空运或汽运）过程中要注意以下问题。

① 运雏车应该依照孵化场的通知出雏时间，准时在接雏地点等候，待出壳雏鸡羽毛干燥后，立即装箱并装车。最好由

视频 4-1 鸡雏运输

孵化场运雏专用车直接负责运输（视频 4-1）。

② 装盒待运。雏鸡盒通常是瓦楞纸做的，长 60 厘米、宽 45 厘米、高 18 厘米，箱内分四个小格，每格装 25 只，每箱共装 100 只，四格中长途运输或夏季运输时，每格只装 20 只（图 4-32）。空运或汽车装运时，码放中每行间要留出空隙以保证空气流通。

图 4-32 装盆待运的雏鸡苗

③ 运输车辆在装雏鸡苗前要进行消毒。车厢底喷洒消毒，其他部位喷雾消毒，消毒剂可选择无刺激性药物如抗毒威、百毒杀等。运输车辆最好为专用运雏车辆或选用带有空调设备的客运车（专用雏鸡车辆车内可送热风或安装空调机和雏盒架）。

④ 运雏车内应备有温度计，以确保在运输过程中有效地进行温度调控。

⑤ 负责运输的人员在行车前应向雏鸡苗生产单位索要畜禽及其产品运输检疫的相关证明。

⑥ 运雏鸡苗同一车辆（飞机）严禁运输不同代次雏鸡苗

或不同品种的畜禽。

⑦ 雏鸡装车越快越好，严禁中途停车，在夏季因特殊情况需停车时，车应停放在阴凉处并注意通风降温，防止鸡只脱水死亡。无论运输距离多远，出壳后应在 36 小时内运到，超过 48 小时就会有不同程度的损失。

⑧ 在运输过程中，冬天车内温度控制在 28℃为宜（由于雏鸡苗装在雏鸡盒内密度大，局部产热高，因而身体感受温度要比温度计所测到的要高 3 ～ 4℃）。开车通风时，严禁将风吹到鸡体上，夏季注意开窗通风，并适当在地面上洒水。

⑨ 养鸡户最好自己押运雏鸡，同时应掌握一定的专业知识和运雏经验，还应周密计划，避免路途发生意外。这样也便于跟随鸡苗并进行不定期抽查，确保鸡苗在运输过程中不被颠、不受冻、不受热、不受闷。

⑩ 事先准备好运雏工具，工具包括车辆、装雏盒以及防雨、保温工具，其中车辆应采用封闭性能较好的，如面包式客用车辆，短途运输也可采用三轮车、拖拉机等简易工具。

⑪ 注意掌握适宜的运雏时间，冬季及早春运雏，雏鸡应尽量在中午启运；夏季运雏应在早晚凉快时启运。

⑫ 雏鸡运输过程中，要随时观察鸡群，调整温度及通风，在长途运输时更应注意必要时内外、上下之间颠倒雏鸡盒，防止意外颠簸，以免压死雏鸡。

⑬ 快速卸车，鸡苗到家以后要组织员工迅速卸车，鸡苗进了育雏舍才算圆满完成接雏工作。

小贴士：

雏鸡的运输要求迅速、舒适、安全、卫生、健康地完成。其中最重要的三个方面是保温、防止挤压和防止脱水。

（四）接雏前的准备

1. 鸡舍准备

视频 4-2 养殖场常规消毒方法

接雏前，要对地面及空间进行清洁消毒（视频 4-2、视频 4-3）。选用腐蚀性弱、穿透力强、消毒效果好的药物（如有机酸、碘剂类等）。同时清除鸡舍周围的杂物。

视频 4-3 火焰消毒

2. 饲喂用具准备

先将饮水器、料盘和料桶清洗干净，再用 0.1% 过氧乙酸或 0.1% 新洁尔灭溶液浸泡 1 小时，最后用清水冲洗干净，晾干（能曝晒最好）。

3. 设备检查

检查保温设备、饲喂与饮水用具是否完好，发现有损坏及时维修或更新。

4. 垫料准备

选择干燥松软、吸水性强、新鲜、无霉变的垫料（如木屑、刨花、秸秆等）铺进已消毒风干的鸡舍内，厚度为 5 ～ 8 厘米。

5. 熏蒸消毒

将事先准备好的饲喂用具放入鸡舍内，开放式鸡舍用塑料布密封，密闭式鸡舍关紧门窗后，按每立方米鸡舍空间用福尔马林 28 毫升、高锰酸钾 14 克进行密闭熏蒸消毒，24 小时后通风排气。

6. 其他准备

进雏前一天做好饲料、药物及生产记录表等的准备工作。

饲养员应做好自身清洁消毒工作，换上洁净的工作衣服及鞋帽。

五、生态鸡的人工孵化

人工孵化是指通过人为创造适宜的孵化环境对鸡的种蛋进行孵化，大大提高了家禽的生产效率。种鸡蛋的孵化期为 21 天。

（一）人工孵化的条件

种蛋人工孵化的条件包括温度、湿度、通风、转蛋。其中温度、通风、转蛋是人工孵化的三大要素，温度在孵化过程中起主导作用。

（二）种蛋的选择

注意种蛋的来源，首先选择高产、优质无病的种蛋；其次要选择鸡蛋表面清洁、卵圆形、蛋重 50 ～ 60 克、蛋壳厚薄均匀、颜色正、无破损的种蛋。畸形蛋如长形蛋、扁形蛋、圆形蛋、过大蛋、腰鼓蛋、砂皮蛋、裂纹蛋和用灯照检时蛋内部粘壳、散黄、蛋黄流动性大、蛋内有气泡、气室偏、气室流动、气室在中间或小头的蛋等都不能选作孵化用的种蛋。

（三）种蛋的保存

孵化用的种蛋在 10 ～ 15℃温度下保存不要超过 3 天。保存时间越长，孵化效果越差。如保存在 21 ～ 25℃的环境下，最多不能超过 7 天。

（四）种蛋运输

种蛋长途运输要有专门的包装，一般用纸箱包装，每箱

300 ～ 420 个。运输工具可以选择汽车、火车或飞机，要保障运输途中不受热、不受冻、不被雨淋，还要防止破损，在包装箱上标注相应的标志。冬季向寒冷地区运送种蛋，可以先把种蛋套上一层塑料布，使之可以抵抗 −20℃的低温。

（五）种蛋的消毒

种蛋产出后，受粪便、灰尘等污染，蛋壳上面有大量的细菌，不但影响种蛋的孵化，而且还会污染孵化器和用具，传播各种疾病。因此种蛋入孵前，必须进行一次消毒。

方法一是甲醛熏蒸法：先将种蛋装入孵化器内，然后用药熏蒸。用药量按每平方米空间用高锰酸钾 21 克、福尔马林 42 毫升的量计算。先将高锰酸钾放入瓷盆中，将盆放在孵化器底部，加入少量温水，再将福尔马林缓慢倒入盆中，立即关闭孵化器，熏蒸 30 分钟后，打开孵化器门或打开风机进行通风，排除剩余甲醛蒸汽，待无气味后关闭孵箱门开机升温。操作的时候，化学反应剧烈，要注意安全。

方法二是新洁尔灭消毒法：用 0.1% 新洁尔灭水溶液，对种蛋喷洒。

方法三是高锰酸钾消毒法：将种蛋放在 40℃的 0.2% 高锰酸钾水溶液中浸泡 2 分钟，然后沥干孵化。

方法四是紫外线照射消毒法：把种蛋放在离紫外线光源 40 厘米处照射 1 分钟，然后翻面再照射 1 分钟。

以上四种方法在孵化中都有应用，但以甲醛熏蒸法用得普遍，消毒效果好，方法也简便。

（六）设备检修

为避免孵化中途发生事故，孵化前应做好孵化器的检修工作。电热、风扇、电动机的效力，孵化器的严密程度，温度、湿度，通风和转蛋等自动化控制系统，温度计的准确性等均要检修或修正。

（七）种蛋的孵化

1. 入孵

一切准备就绪以后，即可码盘孵化。码盘就是将种蛋码放到孵化盘上。入孵的方法依孵化器的规格而异，尽量整进整出。现在多采用推车式孵化器，种蛋码好后直接整车推进孵化器中。

2. 孵化温度控制

种蛋入孵前 12 小时要进行预热处理。方法是将种蛋大头朝上码放在蛋盘里，放在 22 ～ 25℃环境下预热 6 ～ 12 小时。这样可以去除蛋表面的冷凝水，使孵化器升温快，对提高孵化率有好处。上蛋时间最好在下午 4 点钟左右，这样能使出雏高峰出现时间在白天，便于出雏工作。

孵化开始至 18 天的温度是 37.5 ～ 37.8℃，19 ～ 21 天的温度是 36.9 ～ 37.3℃。温度过高，鸡胚胎死亡或增加跛腿鸡和畸形鸡；若温度低于 24℃，经 30 小时胚胎就会大部或全部死亡。

通常采用恒温孵化，即孵化期（1 ～ 18 天）始终保持 37.8℃的设定温度，出雏期（19 ～ 21 天）保持 37.2℃。巷道式孵化器采用的就是恒温孵化技术。

3. 孵化湿度控制

鸡的胚胎发育对环境的相对湿度的要求没有对温度的要求那样严格，一般 40% ～ 70% 均可。立体孵化器的适宜相对湿度，种蛋孵化期（1 ～ 18 天）为 50% ～ 60%，出雏期（19 ～ 21 天）为 75%。种蛋孵化时湿度适当，可使胚胎受热均匀；在孵化后期，有利于胚胎散热；出雏时湿度较高，雏鸡容易破壳。

相对湿度较低，蛋内水分蒸发过快，雏鸡提前出壳，雏鸡个体就会小于正常雏鸡，容易脱水。相对湿度较高，水分蒸发过慢，会延长孵化时间，导致个体较大且腹部较软。

4. 通风换气控制

胚胎发育时需要吸进氧气，排出二氧化碳气体，尤其孵化后期，更需要氧气。氧气供给不足，雏鸡会闷死壳内。

通风就是提供新鲜空气中的氧气，并能保证孵化器内的温度、湿度均匀，排出污浊气体。但通风不要过度，过度通风不利于保持温度和相应的湿度。

通常孵化器内的均温风扇，不仅可以提供胚胎发育所需要的氧气，排出二氧化碳，而且还起到均匀温度和散热的功能。

5. 定时转蛋

转蛋也称翻蛋。翻蛋的目的是为了改变胚胎位置，防止胚胎与蛋壳膜粘连，并可适当增加胚胎运动，促进胚胎血液循环。1～10天，1次/时；11～16天，1次/2时；孵化到18天时，停止翻蛋。翻蛋是使整个蛋架向前或向后倾斜45°，翻蛋时要轻、稳、慢。长时间不翻蛋，胚胎容易与蛋壳膜粘连，影响胚胎发育。

6. 照蛋

孵化期内一般照蛋1～2次，目的是及时验出无精蛋和死精蛋，并观察胚胎发育情况。第一次照蛋，白壳鸡蛋在6天左右，褐壳鸡蛋在10天左右；第二次照蛋在移盘时进行。采用巷道式孵化器一般在移盘时照蛋一次。

各种胚蛋的判别。

（1）正常的活胚蛋　剖视新鲜的受精蛋，肉眼可以看到蛋黄上有一中心透明、周围浅暗的圆形胚盘，有明显的明暗之分。头照可以明显地看到黑色眼点，血管成放射状且清晰，蛋色暗红。白壳蛋10胚龄照蛋时尿囊绒毛膜合拢，整个蛋除气室外布满血管，二照时气室向一侧倾斜，有黑影闪动，胚蛋暗黑。

（2）弱胚蛋　弱胚蛋头照胚体小、黑眼点不明显、血管纤细且模糊不清，或看不到胚体和黑眼点，仅仅看到气室下缘有一定数量的纤细血管。抽验时胚蛋小头未合拢，呈淡白色。二照时气室比正常的胚蛋小，且边缘不齐，可看到红色血管。因胚蛋小头仍有少量蛋白，所以照蛋时胚蛋小头浅白发亮。

（3）无精蛋　俗称“白蛋”，头照时蛋色浅黄发亮，看不到血管或胚胎，气室不明显，蛋黄影子隐约可见。

（4）死精蛋　俗称“血蛋”，头照时可见黑色或红色血环贴在蛋壳上，有时可见死胎的黑点静止不动，蛋色透明。

（5）死胎　俗称毛蛋，头照可以明显地看到黑色眼点，血管成放射状且清晰，蛋色暗红。二照时气室小且不倾斜，边缘模糊，颜色粉红、淡灰或黑暗，胚胎不动。

另外还有破蛋和腐败蛋需要在照蛋时剔除。

7. 按时换盘

将胚蛋从孵化器的孵化盘移至出雏盘，俗称换盘。种蛋孵化到18天时换盘，19天时雏鸡嘴已入气室内，开始啄壳，20天陆续出壳，21天出壳结束。由于孵化机中的温度不可能绝对均匀，胚胎的发育速度也有一定的差异，所以为调节胚胎发育速度，换盘时原在上层的胚蛋应换到下层出雏，原在下层的胚蛋应换到上层出雏，原在两侧的胚蛋应调到中间出雏，原在中间的胚蛋应调到两侧出雏。俗语称“二十一天不出是坏蛋”。

（八）雏鸡的雌雄鉴别

雏鸡的雌雄鉴别方法有翻肛鉴别法、羽速鉴别法和羽色鉴别法等三种方法。

1. 翻肛鉴别法

翻肛鉴别法是根据泄殖腔下缘中间生殖突起的有无及组织学形态区分雌雄的鉴别方法。此方法适合任何品种、任何代次的初生雏鸡。此法最好在雏鸡出壳后2小时到12小时进行，最迟不要超过24小时，否则生殖突起萎缩，鉴别比较困难。

操作方法：在雏鸡出壳后绒毛干燥能够站立时，右手抓住雏鸡，迅速倒入左手，使雏鸡头向下，颈部置于左手无名指和中指之间，背部置于左手掌心。

握雏鸡的左手大拇指轻压雏鸡腹部左侧髋骨下缘，借助呼吸将粪便排入事先准备好的粪缸中。

左手拇指置于泄殖腔左侧，食指弯曲紧贴泄殖腔背侧。右手食指置于泄殖腔右侧，拇指置于脐带上缘。右手拇指沿直线向上挑，食指向下拉，并与拇指靠拢；左手拇指向里靠拢，三指在泄殖腔周围形成三角区，三指靠拢挤压，泄殖腔翻开，生殖突起暴露。

如有生殖突起，且轮廓明显，突起与周围组织界限清晰，手触摸充实，突起周围组织陪衬有力，基础牢固，表面紧张有光泽，有弹性，不易变形，易充血，则为公雏。若无生殖突起或有突起但突起轮廓不明显，有萎缩的迹象，且周围组织陪衬无力，柔软无光泽，缺乏弹性，易变形，不易充血，则为母雏（图4-33）。

准确判断后，将公雏、母雏分别放入不同的盒内。

注意鉴别操作的时候，在雏鸡颈部不能用力过大，放鸡要轻。雏鸡不可反复鉴别，鉴别员不可过度疲劳。如果雏鸡腹部较大，则可推迟鉴别时间。辨别时若挤压突起后不变形，则为有弹性；若变形为无弹性。

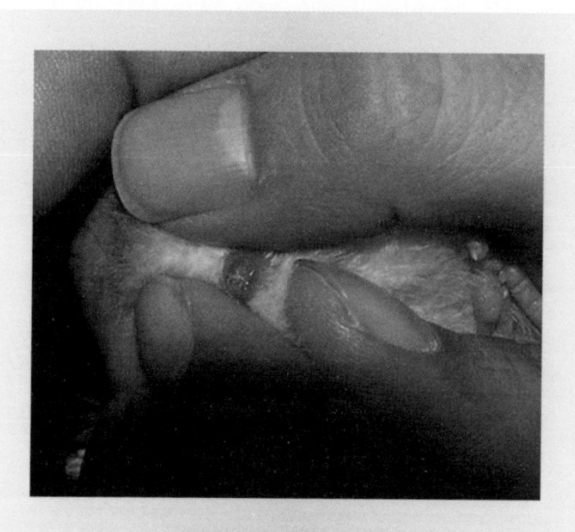

图 4-33 翻肛鉴别法

2. 羽速鉴别法

羽速鉴别法是根据初生雏鸡主翼羽与副翼羽的相对长度区分雌雄的鉴别方法。

羽速鉴别法在雏鸡出壳羽毛干后至 24 小时这段时间内进行，鉴别操作时，手握雏鸡，拇指和食指捻开雏鸡翼羽，若所有主翼羽均长于副翼羽 2 毫米以上者为快羽，否则为慢羽。快慢羽自别雌雄配套系的父母代公雏为快羽，母雏为慢羽；商品代公雏为慢羽，母雏为快羽。

此方法对于孵化效果较差的毛焦雏鸡，应仔细观察或与翻肛鉴别法配合使用。

3. 羽色鉴别法

公母雏鸡羽色鉴别法（表 4-9）是根据初生雏鸡金银色羽毛分布情况区分雌雄的鉴别方法。此方法适合金银色羽自别雌雄配套系的商品代雏鸡鉴别。

表 4-9　公母雏鸡羽色鉴别

母雏特点	公雏特点
全身浅褐色	全身白色或乳白色
浅褐色，头部有白斑	白色、头部有红斑
深红色，头和背有黑色条纹	白色，头和背有黑色条纹
眼周围为浅褐色并延伸至头顶，其他部位白色	眼周围为红色，头顶隐约可见红纹，其他部位白色
浅褐色，头带白色条纹，背部有 1 或 3 条白色条纹	白色，头带红色条纹，背部有 1 或 3 条红色条纹

注：只要符合上述条件之一即可。
资料来源：DB13/T 1070—2009《初生雏鸡雌雄鉴别技术规程》。

注意对于一些带条纹的雏鸡，应严格按照上述标准鉴别，或与翻肛鉴别法配合使用。

品质优良的饲料是鸡只获得高产的物质基础。针对不同品种生态鸡在育雏、生长育肥、产蛋等阶段的营养需要，采用科学的配方和优质的原料，提供安全、全价、均衡的优质日粮，满足生态鸡快速生长的营养需要，生态鸡的生产潜力才能得以充分发挥，实现生态鸡高产，而高产才能降低料肉比，料肉比越低，经济效益就越高。

一、鸡的营养需要

营养物质通常是指那些从饲料中获得、能被动物以适当的形式用于构建机体细胞、器官和组织的物质。维持基本的生命活动、生长、繁殖需要多种营养物质，归纳起来分为能量、蛋白质、矿物质、维生素和水等五大类。

（一）能量

家禽的一切生理活动都需要能量的支持，其中维持基本生命活动、生长、繁殖占所摄入能量的大部分。鸡饲料中能量饲料占到60%～70%，占饲料成本的最大部分，也是鸡营养中最重要的要素。

能量包括维持能量需要和生长能量需要。维持能量需要的多少受鸡体重、活动量、环境温度等因素的影响。鸡每天从饲料中摄取的能量首先满足维持需要，然后才能用于产肉和蛋。

过剩的能量造成浪费，且容易引发疾病；能量不足会使得动物生长发育受阻，降低生产效率，影响经济效益。

（二）蛋白质

蛋白质是生命的物质基础，它不仅是构筑机体一切细胞、组织和器官的基本材料，而且以酶、激素、抗体的形式参与机体功能的调节及一切生命活动。它对于鸡的生长发育、维持鸡体的健康、保证鸡的正常繁殖功能和较高的生产性能来说是必不可少的，不能由其他物质所代替。

蛋白质由20余种氨基酸构成，蛋白质需要实质上是氨基酸需要。通常根据其在饲料中的必需性，分为必需氨基酸和非必需氨基酸。家禽所必需的氨基酸有赖氨酸、甲硫氨酸、异亮氨酸、精氨酸、色氨酸、苏氨酸、苯丙氨酸、组氨酸、缬氨酸、亮氨酸、甘氨酸11种。其中，甲硫氨酸与赖氨酸是鸡第一、第二限制性氨基酸，只有这两种氨基酸保持适当比例的充足供给，才能保证其他氨基酸的吸收与利用。必需氨基酸在家禽体内不能合成，必须从饲料中摄取。必需氨基酸中任一种氨基酸不足均会影响家禽体内蛋白质的合成，并会引起其他氨基酸的分解代谢。

饲料所需蛋白质水平的高低要看它所含的必需氨基酸是否都达到了日粮营养标准。多余的、未能被鸡体利用的蛋白质可在体内脱氨并转变成尿酸随尿排出。其非氮部分可转化为脂肪，或氧化分解释放与供能。由于蛋白质是昂贵的营养素，而且其转化为可利用能的效率低于脂肪和碳水化合物，故以蛋白质供能是不经济的。同时，过量蛋白质的含氮部分必须在肝脏中转化为尿酸，通过肾脏排出。这个过程需消耗能量，且增加肝、肾的负担。

鸡饲料中蛋白质不足时，鸡生长受阻，食欲减退，羽毛长势和光泽不佳或换羽缓慢，免疫力下降，对疾病的抵抗力弱；母鸡性成熟延迟，产蛋率（量）不高，蛋重小，受精率与孵化率也低。

（三）矿物质

矿物质或矿物质元素是指除有机物主要组成成分的碳、氢、氧、氮四元素外的无机元素。在鸡体内可检测出 40 多种无机元素，现已掌握有 16 种元素具有营养作用。通常按它们占鸡体总重量的比例划分为常量元素和微量元素。常量元素是占鸡体总重量 0.01％以上的元素，包括钙、磷、镁、钠、钾、氯和硫等 7 种；微量元素是占鸡体总重量 0.01％以下的元素，包括铁、锌、锰、铜、碘、钴、钼、硒、铬等 9 种。矿物质元素在鸡体内含量虽少，却起着重要作用。它们不能在体内合成，必须由外界摄入（饮水或采食），某种元素太少，将产生缺乏症；太多，将引起中毒或产生不平衡，严重时会造成鸡死亡，所以要根据需要，恰当地在饲料中添加矿物质。

（四）维生素

维生素在鸡生长、产蛋和维持体内正常物质代谢中起重要作用，既不能被其他营养物质所代替，也不能取代其他营养物质。可见，维生素是鸡维持生命和生长需要、调节生理功能和控制新陈代谢必不可少的营养物质。

鸡必需的维生素有 13 种，分为脂溶性维生素和水溶性维生素两大类。脂溶性维生素主要包括维生素 A、维生素 D、维生素 E、维生素 K；水溶性维生素主要包括维生素 B_1（硫胺素）、

维生素 B_2（核黄素）、维生素 B_6（吡哆醇）、维生素 B_5（泛酸）、维生素 B_9（叶酸）、维生素 B_{12}、维生素 PP（烟酸）、胆碱和生物素。

鸡对维生素的需要量极少，却十分敏感，一旦缺乏，鸡的正常的生理功能就会受到破坏，导致新陈代谢紊乱和营养障碍。并引起一系列维生素缺乏症，如鸡的生长缓慢，产蛋量减少，受精率和孵化率低等。

鸡需要的维生素大多数不能在体内合成，有的虽能合成，但不能满足需要，因此，鸡所需的维生素必须从饲料中摄取。散养鸡时，各种青饲料如白菜、通心菜、甘蓝、无毒的野菜、青嫩的牧草和树叶等都是鸡维生素的主要来源。

（五）水

水是动物体需要量最大的养分，也是蛋鸡除了氧气之外的最重要养料之一。水在鸡体内具有重要的作用。水可参与鸡的生化反应：蛋鸡体内消化、代谢过程中的许多生化反应都必须有水的参与，如淀粉、蛋白质和碳水化合物的水解反应、氧化还原反应等。水可参与物质输送：水是良好的溶剂，易于流动，有利于动物体内养分的输送和代谢废物的排泄等。水可参与体温调节：水的比热容大，需要失去或获得较多的热能，才能使水温明显下降或上升，因而蛋鸡体温不易因外界温度的变化而明显改变。水可参与维持组织器官的形态：水能与蛋白质结合成胶体，使组织器官呈现一定的形态、硬度和弹性。水作为润滑液：可以使骨骼的关节面保持润滑和活动自如。

动物耐受缺水的能力不及对缺乏营养物质的耐受力。绝食时，畜禽几乎可以消耗全部体内脂肪或半数体蛋白质，或失重 40%，仍可维持生命；但脱水达 20%时可致死亡，蛋鸡断水 24 小时，产蛋下降 30%，补水后仍需 25 ～ 30 天才能恢复生产水平。适量限制饮水最显著的影响是降低采食量和生产能力，尿与粪中排水量明显下降。高温时限制饮水还会引起动物脉搏跳动加快，体温升高，呼吸速率加快，血液浓度明显增高。

鸡皮肤没有汗腺，通过呼吸的失水量大于皮肤的失水量。呼气蒸发水分，占鸡失水量的80%，是鸡最重要的失水途径。鸡在炎热季节会张口呼吸，主要是通过呼气蒸发水分散失热量，当环境温度由10℃上升到40℃时，总的蒸发水分量显著增加。鸡的另一失水途径是产蛋，每产1克蛋失水0.7克。鸡通过排泄物失去水分有限。

鸡体内水的主要来源有饮水、饲料水和代谢水。鸡的胃与哺乳动物不一样，胃里的持水能力有限。鸡采食过程中边采食边饮水，过后是间隙性饮水。为使鸡具有良好的生产性能，必须持续不断、无限制地供给洁净的饮水，保证蛋鸡能够自由饮水。饲料中均含一定量的水，其含量与饲料种类密切相关。规模化饲养条件下，鸡采食的配合饲料含水量为10%左右，故从饲料中获得的水量不大。代谢水是动物体内有机物质氧化分解或合成过程产生的水，每100克碳水化合物、脂肪和蛋白质氧化，相应形成60毫升、108毫升和42毫升代谢水，但脂肪氧化时呼吸加强，水分损失增多，净效率低于碳水化合物。

1～6周龄的雏鸡，每天每只鸡供给水20～100毫升；7～12周龄的青年鸡，每天每只鸡供给水100～200毫升；不产蛋的母鸡，每天每只鸡供给水200～230毫升；产蛋的母鸡，每天每只鸡供给水230～300毫升。

鸡的饮水量和环境温度的关系最大。天气炎热时，鸡的饮水次数和饮水量增多。气温在21℃以上，每升高1℃，饮水量增加7%。在32℃和37℃的饮水量，分别为在21℃时的2倍和2.5倍。环境温度升高，导致鸡体温度上升，38～39℃的高温，将引起体温明显上升。因此，当环境温度升高时，必须增加饮水。在高温应激时，充足的饮水供应，可在鸡将头部伸入水中饮水的同时，吸收头部热量，减缓体温升高。

随着季节和环境温度的不同，雏鸡和蛋鸡的耗料量与饮水量之比分别是（2.0∶1）～（2.5∶1）和（1.5∶1）～（2.0∶1）。

水温也影响饮水量。鸡饮用水的最佳水温为10～12℃，水温高于30℃或降至0℃时鸡的饮水量大减。

饲料也影响饮水量。采食高能饲料比采食低能饲料对水的需要量低，食用高纤维饲料所需饮水量大。

鸡对水质的要求较高，如果鸡场有自己的水源，每年必须至少采两次水样（分别在夏末和冬末采样）。使用公共水源的鸡场，每年可检测一次水样。应了解在实验室化验水质时装在烧瓶中的硫代硫酸钠，只中和氯或漂白粉，而与季铵化合物不发生反应。规模化养鸡场的水质应符合《无公害食品 畜禽饮用水水质》（NY 5027—2008）的要求。

鸡场要做到每天清洗饮水设备，定期消毒。在经过饮水投药后，特别是抗生素饮水后必须清洗水槽。饮水器中的水经常被饲料残留物及其他可能的传染源污染。为防止饮水器中细菌的繁殖，育雏最初的两周应每天清洗饮水器1次，之后则每周1次。在炎热气候下，必须每天清洗饮水器，饮水器的水位应达到15毫米深度。

二、鸡的常用饲料原料

根据国际饲料的分类方法，饲料分为八类，即粗饲料、青绿饲料、青贮饲料、能量饲料、蛋白质饲料、矿物质饲料、维生素饲料和饲料添加剂。现将与鸡生产有关的常用饲料及其营养特点介绍如下。

（一）能量饲料

每千克干物质中粗纤维的含量在18%以下，可消化能含量高于 10.45 兆焦 / 千克，粗蛋白质含量在 20%以下的饲料称为能量饲料。能量是维持鸡正常生理活动和生产活动的动力，是最主要的营养物质。能量饲料是用量最多的一类饲料，占日粮总量的 50%～80%，包括禾谷类籽实饲料、糠麸类饲料及块根块茎类饲料等。

1. 禾谷类籽实饲料

禾谷类籽实饲料是提供鸡能量的最主要饲料，常用的原料有玉米、大麦、高粱等。禾谷类籽实饲料的干物质消化率高达 70%～90%；无氮浸出物含量高达 70%～80%；纤维含量低，为 3%～8%；粗脂肪含量为 2%～5%；粗灰分含量为 1.5%～4%；禾谷类籽实中蛋白质含量低而且品质差，粗蛋白含量一般不及 10%，赖氨酸、甲硫氨酸和色氨酸等必需氨基酸含量少。磷含量高、钙含量低，磷含量为 0.31%～0.45%，但磷是以植酸磷的形式存在，家禽对其利用率很低。B 族维生素和维生素 E 含量丰富，但缺乏维生素 A 和维生素 D。

（1）玉米　玉米的能量含量在禾谷类籽实中居首位，其用量超过任何其他能量饲料，是畜禽生产的主要饲料，在各类配合饲料中占 50%以上。所以玉米被称为“饲料之王”。

玉米适口性好，粗纤维含量很少，而无氮浸出物高达 74%～80%，而且主要是淀粉，消化率高，达 90%；脂肪含量可达 3.5%～4.5%，可利用能值高，是鸡的重要能量饲料来源。玉米中必需脂肪酸含量高达 2%，是谷实类饲料中最高者。但玉米的蛋白质含量低（7%～9%），而且品质差，玉米氨基酸组成不平衡，特别是赖氨酸、甲硫氨酸及色氨酸缺乏，当玉米用量过大时，应适当补充必需氨基酸，以保证日粮的氨基酸平衡。玉米营养成分的含量不仅受品种、产地、成熟度等条件的影响而变化，同时玉米水分含量也影响各营养素的含量。玉米水分含量过高，容易腐败、霉变，还容易感染黄曲霉菌。因不饱和脂肪酸含量高，玉米经粉碎后，易吸水、结块、霉变，

不便保存。因此一般玉米要整粒保存，且贮存时水分应降低至14%以下，夏季贮存温度不超过25℃，注意通风、防潮等。

玉米在鸡配合料中占50%～70%。要求玉米的质量必须是无霉变、无虫蛀、籽粒饱满，现配现用。

（2）高粱　高粱的籽实是一种重要的能量饲料，高粱磨的米与玉米一样，主要成分为淀粉，粗纤维少，可消化养分高。高粱的养分含量变化比玉米大，粗蛋白含量和粗脂肪含量与玉米相差不多，蛋白质略高于玉米，同玉米相比，更容易消化。高粱同玉米一样，含钙量少，含非植酸磷量较多，矿物质中锰、铁含量比玉米高，钠含量比玉米低，缺乏胡萝卜素及维生素D，B族维生素含量与玉米相当，烟酸含量多。

另外高粱中含有单宁，有苦味，适口性差，还含有抗营养因子。因此，蛋鸡配合饲料中用量不宜超过10%，粉碎成粗粉使用。

使用单宁含量高的高粱时，还应注意添加维生素A、甲硫氨酸、赖氨酸、胆碱和必需脂肪酸等。

（3）小麦　小麦是人类最主要的粮食作物之一，营养价值高，适口性好，在来源充足或玉米价格高时，小麦可作为鸡的主要能量饲料。

小麦的代谢能是玉米的90%。蛋白质含量高于其他禾谷类籽实饲料，达13%。小麦中的营养成分比较容易消化。蛋白质含量高于其他禾谷类籽实饲料，有的品种甚至高过玉米一倍，赖氨酸比例较其他禾谷类完善，含量较高，而苏氨酸的含量与玉米相当。小麦氨基酸利用率与玉米没有显著差别。用小麦替代玉米作能量饲料时，配合饲料中的豆粕用量可降低。小麦总磷的含量高于玉米，而且利用率高，这是由于小麦中含有植酸酶，能分解植酸获得无机磷。小麦的能量和亚油酸含量比玉米低。日粮中用50%的玉米就能满足鸡必需脂肪酸的需要，而小麦则不能。小麦中不含叶黄素，叶黄素能沉积在脂肪、皮肤和蛋黄中，所以用含小麦的日粮饲养的蛋鸡皮肤、喙、腿颜色苍白。可向日粮中添加混合脂肪酸以调节能量和亚油酸的含量，叶黄素则通过添加2%～3%的苜蓿（含叶黄素198～396毫克/千克）或玉米蛋白粉（粗蛋白为60%的玉米蛋白粉含叶黄素253毫克/千克）而得到补充。小麦中总的生物素含量比玉米高，但利用率较低，如果家禽日粮主要成分是小麦（次粉）应添加生物素，一般每吨配合饲料应添加50毫克生物素。如果是玉米-豆粕日粮则不需添加。种鸡日粮应添加生物素，如果日粮主要成分是小麦（次粉），则每吨配合饲料应添加200毫克生物素。小麦的抗营养因子主要是非淀粉多糖，非淀粉多糖溶于水后可形成黏性凝胶，引起胃肠道内容物的黏度增加，阻碍单胃动物对营养物质的消化和吸收。

试验证明，添加酶制剂后饲料代谢能提高，鸡的生产性能得到改善。粉碎的小麦配制饲料要制成颗粒料，或压扁、粗粉碎饲喂，如果粉碎太细，以粉料状态饲喂会不利于鸡的采食。小麦一般占日粮的30%左右，当日粮中添加量超过50%时，家禽易患脂肪肝综合征。

（4）大麦　大麦种类按栽培季节有春大麦和冬大麦，按有无麦稃，可将大麦分为有稃大麦（皮大麦）和裸大麦。裸大麦又称裸麦、元麦、青稞。一些欧洲国家用大麦作为饲料较多。我国大麦主要产区在青海、西藏和四川西部。我国大麦年产量较少，仅一些局部地区用大麦作为动物的饲料，是一种重要的饲用精料。

大麦含粗蛋白平均12%，国产裸大麦13%，最高达20.3%，质量稍优于玉米。鸡的代谢能为11.30兆焦/千克，赖氨酸大于0.52%，粗脂肪2%，饱和脂肪酸含量高，亚油酸占50%；无氮浸出物66.9%，低于玉米，主要是淀粉；粗纤维4%，钙0.03%，磷0.27%。胡萝卜素和维生素D不足，维生素B_1含量较多，而维生素B_2少，烟酸含量丰富。适口性不如玉米，原因是含有单宁，约60%存在于稃皮，10%存在于胚芽。大麦不仅是良好的精饲料，由于生长期短，分蘖力强，适应性广，再生力强，所以还可以刈割青饲。其种粒可以生芽，是良好的维生素补充料。

因为其含有不易消化的β-葡聚糖和阿拉伯木聚糖，饲养效果明显比玉米差，喂量过多易引起家禽肠道疾病。

能值低而导致采食量和排泄量增加。大麦不含色素无着色效果，带皮大麦用于育雏其配比量以5%以下为宜。育成期日粮配比量为15%～25%，产蛋鸡日粮配比量为10%。

（5）稻谷和糙米　中国的稻谷产量居世界首位，约占世界总产量的1/3。我国从南到北都有种植，但主要产地在长江以南。稻谷去壳后为糙米，糙米去米糠为精白米，在加工过程中生成一部分碎米。由于稻谷主要用作人的粮食，在我国南方稻谷主产区，长期以来就有用糙米作饲料喂猪、禽的习惯。

稻谷粗蛋白7%～8%，亮氨酸稍低；粗纤维为8%左右，主要集中于稻壳中，且半数以上为木质素等，能值较低，仅为玉米的67%～85%；粗脂肪为1.6%，主要存在于胚，组成以油酸（45%）和亚油酸（33%）为主。淀粉颗粒较小，呈多角形，易糊化；B族维生素丰富，β-胡萝卜素极低；含钙少，含磷多，主要是植酸磷，磷的利用率16%。稻谷因粗纤维含量较高，限量使用，在蛋鸡日粮中不宜用量太大，一般应控制在20%以内，同时要注意优质蛋白饲料的配合，补充蛋白质的不足。

糙米中无氮浸出物多，蛋白质含量（8%～9%）及氨基酸组成与玉米相似，碎米养分变异大，糙米饲喂肉仔鸡（20%～40%），效果好；糙米作蛋鸡饲料，产蛋率及饲料报酬无影响，蛋黄颜色较浅。糙米可完全取代玉米，增加背脂硬度，以粉碎较细为宜，带壳整粒稻谷影响饲料利用率，粉碎后价值约为玉米的85%。糙米粉碎后极易变质，不可久贮。

2. 糠麸类饲料

糠麸类是谷实类加工的副产品。制米的副产品称为糠，制面粉的副产品称作麸。糠麸类是畜禽的重要能量饲料原料。一般说来，谷实类加工产品如大米、面粉等为籽实的胚乳，而糠麸则为种皮、糊粉层、胚三部分，视加工的程度有时还包括少量的胚乳。种皮的细胞壁厚实，粗纤维很高，B 族维生素多集中在糊粉层和胚中，而且这部分蛋白质和脂肪的含量较高。胚是籽实脂肪含量最高的部位，如稻谷的胚中含油量高达 35%。因此，糠麸同原粮相比，粗蛋白、粗脂肪和粗纤维含量都很高，而无氮浸出物含量、消化率和有效能值低。糠麸的钙、磷含量比籽实高，但仍然是钙少磷多，且植酸磷比例大。糠麸类是 B 族维生素的良好来源，但缺乏维生素 D 和胡萝卜素。此外，这类饲料质地疏松，容积大，同籽实类搭配，可改善日粮的物理性状。其主要有米糠、小麦麸、大麦麸、燕麦麸、玉米皮、高粱糠及谷糠等，其中以小麦麸和米糠占主要位置。

（1）小麦麸和次粉　小麦是人们的主食之一，所以很少用整个小麦粒作为饲料。作为饲料的一般是小麦加工副产品。小麦麸和次粉均是面粉厂用小麦加工面粉时得到的副产品。小麦麸俗称麸皮，成分可因小麦面粉的加工要求不同而不同，一般由种皮、糊粉层、部分胚芽及少量胚乳组成，其中胚乳的变化最大。在精面生产过程中，只有 85%左右的胚乳进入面粉，其余部分进入小麦麸，这种小麦麸的营养价值很高。在粗面生产过程中，胚乳基本全部进入面粉，甚至少量的糊粉层物质也进入面粉，这样生产的小麦麸营养价值就低得多。一般生产精面粉时，小麦麸约占小麦总量的 30%；生产粗面粉时，小麦麸约占小麦总量的 20%。次粉由糊粉层、胚乳和少量细麸皮组成，是磨制精粉后除去小麦麸、胚及合格面粉以外的部分。小麦加工过程可得到23%～25%小麦麸，3%～5%次粉和0.7%～1%胚芽。小麦麸和次粉数量大，是我国畜禽常用的饲料原料。

粗蛋白含量高（12.5%～17%），这一数值比整粒小麦含量还高，而且质量较好。与玉米和小麦籽粒相比，小麦麸和次粉的氨基酸组成较平衡，其中赖氨酸、色氨酸和苏氨酸含量均较高，特别是赖氨酸含量（0.67%）较高；粗纤维含量高。由于小麦种皮中粗纤维含量较高，使小麦麸中粗纤维的含量也较高（8.5%～12%），这对小麦麸的能量价值稍有影响，鸡的代谢能为7.1～7.9兆焦/千克，有效能值较低，可用来调节饲料的养分浓度。脂肪含量约4%，其中不饱和脂肪酸含量高，易氧化酸败。B族维生素及维生素E含量高，维生素B_1含量达8.9毫克/千克，维生素B_2达3.5毫克/千克，但维生素A、维生素D含量少。矿物质含量丰富，但钙少（0.1%～0.2%）、磷多（0.9%～1.4%），钙、磷比例（约1∶8）极不平衡，磷多为植酸磷（约75%）。因此，用这些饲料时要注意补钙。小麦麸的质地疏松，适口性好，含有适量的硫酸盐类，有轻泻作用，可防止便秘。

作为能量饲料，其饲养价值相当于玉米的65%。麸皮密度小，体积大，在日粮中配合后容积大，可以调节日粮的能量浓度。由于鸡日粮的能量浓度要求较高，饲喂量不宜过大，一般雏鸡和产蛋鸡日粮中用量为5%～10%，为了控制生长鸡及后备种鸡的体重，在其饲料中可使用15%～25%，这样可降低日粮的能量浓度，防止体内过多沉积脂肪。

（2）米糠　稻谷的加工副产品称稻糠，稻糠可分为砻糠、米糠和统糠。砻糠是粉碎的稻壳，米糠是糙米（去壳的谷粒）精制成的大米的果皮、种皮、外胚乳和糊粉层等的混合物，统糠是米糠与砻糠不同比例的混合物。一般100千克稻谷可出大米72千克，砻糠22千克，米糠6千克。米糠的品种和成分因大米精制的程度不同而不同，精制的程度越高，则胚乳中物质进入米糠越多，米糠的饲用价值越高。米糠的能值高，鸡的代谢能为11.16兆焦/千克，主要是米糠含脂肪高，最高达22.4%，且大多属不饱和脂肪酸。蛋白质含量比大米高，平均达14%，也高于玉米和小麦。氨基酸平衡情况较好，其中赖氨酸、色氨酸和苏氨酸含量高于玉米。米糠的粗纤维含量不高，约为9.0%，所以有效能值较高。米糠钙少磷多，微量元素中铁和锰含量丰富，锌、铁、锰、硅含量较高，而铜偏低。B族维生素及维生素E含量高，是核黄素的良好来源，而缺少维生素A、维生素D和维生素C。米糠是能值较高的糠麸类饲料，但含有的生长抑制剂会降低饲料利用率，未经加热处理的米糠还含有影响蛋白质消化的胰蛋白酶抑制因子。因此，一定要在新鲜时饲喂，新鲜米糠在鸡日粮中可用到5%～25%。

由于米糠含脂肪较高，且大部分是不饱和脂肪酸，极易氧化酸败变质，贮存时间不能长。尤其是夏季高温期间，更应注意保存，最好经压榨去油后制成米糠饼（脱脂处理）再作饲用。

（3）其他糠麸类饲料　其他糠麸类饲料主要包括高粱糠、玉米糠和小米糠，对鸡的饲用价值以小米糠最高。高粱糠的消化能和代谢能值比较高，但因高粱糠中含有较多的单宁，适口性差，易引起便秘，故喂量受到限制。玉米糠是玉米制粉过程中的副产品，主要包括外皮、胚、种胚和少量的胚乳，因其外皮所占比重较大，粗纤维含量较高，故不适于饲喂蛋鸡。如果日粮中大量使用此类饲料要注意补充矿物质饲料。

3. 块根块茎类饲料

这类饲料主要有甘薯、土豆、胡萝卜、饲用甜菜和木薯等。种类不同，营养成分差异很大。营养共性为：水分高，粗纤维含量较低；干物质中含有很多淀粉和其他糖类，无氮浸出物50%～85%，所以能量高，属于能量饲料；粗蛋白比谷类籽实低，为4%～12%，品质差；矿物质中钙、磷都极少，钾丰富。这类饲料主要用于散养鸡。

（1）甘薯　甘薯又称为红薯、红苕、地瓜等，鲜薯水分高达60%～80%；干物质占20%～40%，其中无氮浸出物75%，粗蛋白4.5%，品质差；钙的含量低。从干物质来看，甘薯属于能量饲料，并具有与谷物籽实相似的营养特点，多汁，具甜味，适口性好，并含有有机酸（如柠檬酸、延胡索酸等）和酶，易于消化吸收。

（2）饲用甜菜　甜菜适于北方种植，分为饲用甜菜、半糖用甜菜和糖用甜菜。饲用甜菜中蛋白质含量为8%～10%，含糖55%～65%，能量较高，新鲜甜菜可直接饲喂。

（3）胡萝卜　胡萝卜适应性强，在我国南北方都可种植。胡萝卜含有丰富的胡萝卜素，秋季将胡萝卜连叶一起做成青贮，是冬春季节维生素的重要来源。胡萝卜含有蔗糖和果糖，适口性好，能调剂饲粮的口味。喂胡萝卜不要煮熟，以免破坏维生素。

（4）土豆　土豆又称马铃薯，北方地区栽种土豆产量较高。新鲜土豆含水80%左右，干物质中含淀粉70%，所以消化能高。土豆幼芽含有龙葵碱，能使鸡中毒，喂鸡前应将芽除掉。

（5）木薯　木薯又称树薯，热带多年生灌木。块根富含淀粉，在鲜木薯中占25%～30%，粗纤维含量少，可作为单胃动物的能量饲料。

4. 油脂

油脂属于液体能量饲料，是油与脂的总称，按照一般习惯，在室温下呈液态的称为“油”，呈固态的称为“脂”。随温度的变化，虽然两者的形态可以互变，但其本质不变，它们都是由脂肪酸与甘油所组成。

油脂来自动植物，是畜禽重要的营养物质之一，特别是它能提供比任何其他饲料都多的能量，因而就成为配制高能饲料所不可缺少的原料。

蛋鸡饲料添加油脂，尤其不饱和脂肪酸高的油脂，如大豆油、玉米油、米糠油等，可补充亚油酸，增加蛋重。炎热夏季，添加油脂可避免因酷热造成的食欲不振和产蛋率下降，所以常在饲料中加入油脂。油脂的能值很高，植物油鸡的代谢能为36.8兆焦/千克，动物脂肪鸡的代谢能为32.2兆焦/千克。植物油中常用米糠油、玉米油、花生油、葵花油、豆油、棕榈油等，动物脂肪常用牛、羊、猪、禽脂肪。另外，人类不宜食用或不喜欢食用的油或油渣都可以在鸡饲料中使用，作为饲料原料植物油优于动物脂肪。

生产中可将用于添加的猪油、牛油、米糠油、大豆油等，根据用量称好，放入锅中熬成油汤，然后加入葱花等调味剂，稍凉后直接拌入饲料中饲喂。养殖规模较小的畜禽专业户多采用此法；饲养畜禽量大的养殖场家及饲料加工厂家多使用专用的油脂添加设备。还可以把油脂熬成黏稠状，加入一定比例的糠麸类饲料或玉米面，一定数量的抗氧化剂，搅拌均匀，夏秋季节放在水泥地面上晒干，冬春季节可烘干或压成饼块，使用时把饼块粉碎后按饲料配方添加比例加入饲料中。

要合理配用动、植物脂肪，对畜禽应用脂肪通常用动物与植物脂肪配合，其比例以 (1∶0.5) ～ (1∶1) 为宜。添加脂肪应根据畜禽品种、生产性能、外界环境、机体需要量合理添加，添加太少，达不到添加效果，添加太多，会影响适口性和饲料的消化吸收，并影响其他营养水平平衡。肉用仔鸡脂肪添加量一般为 5%～ 8%。

注意脂肪易氧化酸败变质，酸价大于 6 的油脂不可饲喂，否则会引起机体消化代谢紊乱。

（二）蛋白质饲料

蛋白质饲料是指饲料干物质中粗蛋白含量大于或等于 20%，消化能含量超过 10.45 兆焦 / 千克，且粗纤维含量低于 18%的饲料。与能量饲料相比，蛋白质饲料的蛋白质含量高，且品质优良，在能量价值方面则差别不大，或者略偏高。根据其来源和属性不一样，主要包括植物性蛋白质饲料和动物性蛋白质饲料两大类。

1. 植物性蛋白质饲料

植物性蛋白质饲料包括豆类籽实及加工副产品，各类油料籽实及油饼（粕）等。

植物性蛋白质饲料的特点：蛋白质含量高（20%～50%），品质优，必需氨基酸含量与比例优于谷物类蛋白，但存在蛋白酶抑制剂等阻碍蛋白质的消化。粗脂肪含量差异大，油料籽实达15%～30%，非油料籽实仅1%。饼粕类因加工方法含油从1%至10%不等。粗纤维少。矿物质中钙少磷多，主要为植酸磷。维生素中维生素B族丰富，维生素A、维生素D缺乏。多数含一些抗营养因子，影响其饲用价值。

这里主要介绍饼粕类饲料。

富含脂肪的豆类籽实和油料籽实提取油后的副产品统称为饼粕类饲料。经压榨提油后饼状为饼，而经浸提脱油后的碎片或粗粉状副产品为粕。种类有大豆（饼）粕、棉籽饼（粕）、菜籽饼（粕）、花生饼（粕）、亚麻饼（粕）、葵花仁饼（粕），还有芝麻饼粕、蓖麻饼（粕）、棕榈粕等。

脱油的方法有3种。第一种是压榨法脱油。冷榨较多，低温加热（65℃）或常温下对料坯直接进行压榨，有残油44%～88%不等，易酸败、苦化、不易保存。第二种是浸提法。浸提法一般先经料的蒸炒，再经有机溶剂浸提，油料浸提后的湿粕，一般含有25%～30%的溶剂，必须对其进行脱溶剂处理，所用设备为蒸脱机或烤粕机，但要注意温度。第三种是预压-浸出法。两种方法混合使用。

（1）大豆饼和大豆粕　大豆饼和大豆粕是我国最常用的一种主要植物性蛋白质饲料，营养价值很高。大豆（饼）粕的粗蛋白含量在40%～45%之间，大豆粕的粗蛋白含量高于大豆饼，去皮大豆粕粗蛋白含量可达50%。大豆（饼）粕的氨基酸组成较合理，尤其赖氨酸含量为2.5%～3.0%，是所有饼粕类饲料中含量最高的，异亮氨酸、色氨酸含量都比较高，但甲硫氨酸含量低，仅0.5%～0.7%，故玉米-豆粕基础日粮中需要添加甲硫氨酸。鸡的代谢能可达10～10.87兆焦/千克，大豆饼高于大豆粕。粗纤维含量较低，为5%～6%。大豆（饼）粕中钙少磷多，但磷多属难以利用的植酸磷。维生素A、维生素D含量少，B族维生素除维生素B_2、维生素B_{12}外均较高。粗脂肪含量较低，尤其大豆粕的脂肪含量更低。大豆（饼）粕含有抗胰蛋白酶、尿素酶、血球凝集素、皂角苷、甲状腺肿诱发因子、抗凝固因子等有害物质，但这些物质大都不耐热，一般在饲用前，先经100～110℃的加热处理3～5分钟，即可去除这些不良物质。注意加热时间不宜太长，温度不能过高也不能过低，加热不足破坏不了毒素则蛋白质利用率低，加热过度可导致赖氨酸等必需氨基酸的变性反应，尤其是赖氨酸消化率降低，引起畜禽生产性能下降。

合格的大豆粕从颜色上可以辨别，大豆粕的色泽从浅棕色到亮黄色。如果色泽暗红，尝之有苦味说明加热过度，氨基酸的可利用率会降低。如果色泽浅黄或呈黄绿色，尝之有豆腥味，说明加热不足，如果蛋鸡食用这样的大豆粕能导致鸡腹泻甚至中毒。处理良好的大豆（饼）粕对任何阶段的蛋鸡都可使用。

（2）棉籽饼（粕） 棉籽饼是棉花籽实提取棉籽油后的副产品，一般含有32%～40%的蛋白质，产量仅次于大豆饼，是一种重要的蛋白质资源。棉籽饼因工作条件不同，其营养价值相差很大，主要影响因素是棉籽壳是否脱去及脱去程度。在油脂厂去掉的棉籽壳中，虽夹杂着部分棉仁，粗纤维也达48%，木质素达32%，脱壳以前去掉的短绒含粗纤维90%。因而，在用棉花籽实加工成的油饼中，是否含有棉籽壳，或者含棉籽壳多少，是决定它可利用能量水平和蛋白质含量的主要影响因素。

棉籽饼（粕）蛋白质氨基酸组成不太理想，精氨酸含量过高，达3.6%～3.8%，远高于大豆粕，是菜籽饼（粕）的2倍，仅次于花生粕。而赖氨酸含量仅1.3%～1.5%，过低，只有大豆（饼）粕的一半。甲硫氨酸也不足，约0.4%。同时，赖氨酸的利用率较差，故赖氨酸是棉籽饼（粕）的第一限制性氨基酸。饼粕中有效能值主要取决于粗纤维含量，即饼粕中含壳量。维生素含量受热损失较多。矿物质中磷多，但多属植酸磷，利用率低。

棉籽饼（粕）中有效能值较低，鸡的代谢能为 7.1 ～ 9.2 兆焦 / 千克，主要是因为粗纤维含量较高，棉酚妨碍了机体对蛋白质和碳水化合物的消化吸收。而棉酚对单胃畜禽有毒性，主要是游离棉酚对家禽的危害，游离棉酚含量在 0.05%以下的棉籽饼（粕），在产蛋鸡饲料中可用到 5%～ 15%，未脱毒的用量应小于 5%。棉酚含量取决于棉籽的品种和加工方法。棉酚中毒有蓄积性，可与消化道中的铁形成复合物，导致缺铁。去毒方法有多种，脱毒后的棉籽饼（粕）营养价值能得到提高。如用草木灰或生石灰加清水搅拌浸泡法；15%纯碱溶液拌匀用塑料薄膜密封闷 5 小时，然后蒸 50 分钟晾干；2%的碳酸氢铵或 1%的尿素溶液拌匀用塑料薄膜密封闷 24 小时；添加 0.5%～ 1%硫酸亚铁粉也可结合部分棉酚而去毒。但有试验表明，硫酸亚铁与赖氨酸同时加入饲料中，会形成两种以上的复杂化合物而降低饲用效果，甚至无效，应用时应注意这点。

由于棉籽饼（粕）的能值低，蛋白质品质和适口性较差，即使不考虑棉酚毒性，在蛋鸡配合料中也不能大量使用，通常使用量为 5%～ 7%。

（3）菜籽饼（粕） 菜籽饼（粕）是油菜籽经机械压榨或溶剂浸提制油后的残渣。菜籽饼（粕）具有产量高，能量、蛋白质、矿物质含量较高，价格便宜等优点。榨油后饼粕中油脂减少，粗蛋白含量饼 35%左右，粕 38%左右。粗纤维含量为 12%，在饼粕类中是粗纤维含量较高的一种。无氮浸出物含量为 30%，有机物消化率约为 70%，鸡的代谢能为 7.11 ～ 8.37 兆焦 / 千克。菜籽饼中氨基酸含量丰富且均衡，品质接近大豆饼水平。胡萝卜素和维生素 D 的含量不足，钙、磷含量与比例比较合适，磷的含量较其他饼粕类高，但可利用的有效磷含量不高，所含磷的 65%是利用率低的植酸磷。

菜籽饼（粕）因含有多种抗营养因子，并可引起动物甲状腺肿大、采食量下降、生产性能下降，饲喂价值明显低于大豆（饼）粕，使用时需进行脱毒处理。近年来，国内外培育的“双低”（低芥酸和低硫葡萄糖苷）品种已在我国部分地区推广，并获得较好效果。

用毒素成分含量高的菜籽制成的饼粕适口性差，也限制了菜籽饼（粕）的使用，雏鸡尽量不用，通常配合饲料中添加量为5%左右。

（4）花生饼（粕） 花生饼（粕）是花生去壳后花生仁经榨（浸）油后的副产品。其营养价值仅次于大豆（饼）粕，即蛋白和能量都较高，由于带壳与否其质量差异大，机榨饼粗蛋白含量44%，浸提粕为47%，蛋白质中不溶性的球蛋白占63%，水溶性蛋白质仅7%。粗纤维含量为4%～7%，鸡的代谢能可达12.26兆焦/千克。花生饼的粗脂肪含量为4%～7%，而花生粕的粗脂肪含量为0.5%～2.0%。花籽饼（粕）中钙少磷多，钙含量为0.2%～0.3%，磷含量为0.4%～0.7%，但多以植酸磷的形式存在。

国内一般都去壳榨油。去壳花生饼含蛋白质、能量比较高。花生饼（粕）的饲用价值仅次于大豆饼，蛋白质和能量都比较高，适口性也不错。花生粕赖氨酸含量为1.3%～2.0%，含量仅为大豆饼（粕）的一半左右，甲硫氨酸含量低为0.4%～0.5%，色氨酸含量为0.3%～0.5%，其利用率为84%～88%。胡萝卜素和维生素D含量极少。花生饼（粕）本身虽无毒素，但因脂肪含量高，长时间贮存易变质，而且容易感染黄曲霉，产生黄曲霉毒素。黄曲霉毒素毒力强，对热稳定，经过加热也去除不掉，食用能致癌。因此，贮藏时应保持低温干燥的条件，防止发霉。一旦发霉，坚决不能使用。用花生饼（粕）喂蛋鸡，雏鸡最好不用，其他阶段添加量控制在10%以内，以新鲜的菜籽饼（粕）配制最好。

（5）葵花仁饼（粕） 葵花仁饼（粕）的营养价值随粗蛋白含量多少而定。优质的脱壳葵花仁饼粗蛋白含量可达40%以上，赖氨酸不足，为1.11%～1.2%，甲硫氨酸丰富，为

0.60%～0.7%，利用率高达90%，含量比大豆饼多2倍。粗纤维含量在10%以下，鸡的代谢能6～10兆焦/千克不等(与壳含量有关)。粗脂肪含量在5%以下，钙、磷含量比同类饲料高，B族维生素含量也比大豆饼丰富，且容易消化。但目前完全脱壳的葵花仁饼很少，绝大部分含一定量的壳，从而使粗纤维含量较高，消化率降低。目前常见的葵花仁饼的干物质中粗蛋白平均含量为22%，粗纤维含量为18.6%；葵花仁粕含粗蛋白24.5%，含粗纤维19.9%，按国际饲料分类原则应属于粗饲料。因此，含壳较多的葵花仁饼（粕）在饲粮中用量不宜过多，带壳一般占10%以下，脱壳一般占20%以下。

（6）亚麻饼（粕） 亚麻饼（粕）又称胡麻饼（粕），是亚麻籽经压榨取油或浸提取油后的副产品。亚麻饼（粕）含粗蛋白32%～37%，粗纤维含量为7%～11%。亚麻饼（粕）的营养成分受残油率、壳仁比等原料质量、加工条件、主副产品比例等条件的影响。钙含量为0.30%～0.65%，磷含量为0.75%～1.0%，但植酸磷含量较高。其含有亚麻毒素（氢氰酸）。亚麻饼（粕）中粗蛋白及各种氨基酸含量与棉籽饼（粕）、菜籽饼（粕）近似，粗纤维约含8%，从蛋白质质量及有效能供给量的角度分析其在饼粕类中属中等偏下水平。近年来有种脱壳工艺，可明显提高亚麻饼（粕）的饲用价值。

由于亚麻饼（粕）中含有黏性胶体物质使雏鸡采食困难，况且雏鸡对氢氰酸敏感，故不宜作为雏鸡饲料，在蛋鸡日粮中的添加量也不宜超过5%，否则会造成鸡食欲减退，生长受阻，产蛋量下降，并排出黏性粪便，影响环境。对黏性胶质采用水洗处理（2倍水量）即可除去，经水浸、高压蒸汽处理或日粮中添加维生素B_6均可减轻危害程度。

（7）玉米蛋白粉 玉米蛋白粉是玉米淀粉的主要副产物之一，为玉米除去淀粉、胚芽、外皮后剩下的产品。正常玉米蛋白粉的色泽为金黄色，蛋白质含量越高色泽越鲜艳。玉米蛋白粉一般含蛋白质 40%～50%，高者可达 60%。玉米蛋白粉氨基酸组成不均衡，甲硫氨酸含量很高，可与相同蛋白质含量的鱼粉相当，但赖氨酸和色氨酸严重不足，不及相同蛋白质含量鱼粉的 25%，且精氨酸含量较高，饲喂时应考虑氨基酸平衡，与其他蛋白质饲料配合使用。粗纤维含量低，易消化，代谢能水平接近于玉米。由黄玉米制成的玉米蛋白粉含有很高的类胡萝卜素，其中主要是叶黄素和玉米黄素，是很好的着色剂。玉米蛋白粉 B 族维生素含量低，但胡萝卜素含量高，各种矿物质含量低，钙、磷含量均低。

玉米蛋白粉用于鸡饲料可节省甲硫氨酸，着色效果明显。因玉米蛋白粉太细，故配合饲料中用量不宜过大，否则影响采食量，以 5%以下为宜，颗粒化后可用至 10%左右。若大量使用，须考虑添加合成赖氨酸。

贮存和使用玉米蛋白粉的过程中，应注意霉菌含量，尤其黄曲霉毒素含量。

2. 动物性蛋白质饲料

动物性蛋白质饲料类主要是指水产、畜禽加工、缫丝及乳品业等加工副产品。水产制品如鱼粉、鱼溶浆、虾粉、蟹粉等，畜禽屠宰加工副产品如肉粉、肉骨粉、血粉、羽毛粉、皮革粉等。

该类饲料的主要营养特点是：蛋白质含量高（40%～85%），氨基酸组成比较平衡，适于与植物性蛋白质饲料搭配，并含有促进动物生长的动物性蛋白因子；品质较好，其营养价值较高，但血粉和羽毛粉例外；碳水化合物含量低，不含粗纤维，可利用能量较高；粗灰分含量高，钙、磷含量丰富，比例适宜，磷全部为可利用磷，同时富含多种微量元素；维生素含量丰富（特别是维生素 B_2 和维生素 B_{12}）；脂肪含量较高，虽然能值含量高，但脂肪易氧化酸败，不宜长时间贮藏；含有生长未知因子或动物蛋白因子，能促进动物对营养物质的利用。

（1）鱼粉　鱼粉是用一种或多种鱼类为原料，经去油、脱水、粉碎加工后的高蛋白质饲料，为重要的动物性蛋白质添加饲料，在许多饲料中尚无法以其他饲料取代。鱼粉的主要营养特点是蛋白质含量高，品质好，生物学价值高。一般脱脂全鱼粉的粗蛋白含量高达60%以上，在所有的蛋白质补充料中，其蛋白的营养价值最高，进口鱼粉在60%～72%，国产鱼粉稍低，一般为50%左右。其富含各种必需氨基酸，组成齐全而且平衡，尤其是主要氨基酸与鸡体组织氨基酸组成基本一致。鱼粉中不含纤维素等难于消化的物质，粗脂肪含量高，所以鱼粉的有效能值高，生产中以鱼粉为原料很容易配成高能量饲料。鱼粉富含B族维生素，尤以维生素B_{12}、维生素B_2含量高，还含有维生素A、维生素D和维生素E等脂溶性维生素，但在加工条件和贮存条件不良时，很容易被破坏。鱼粉是良好的矿物质来源，钙、磷的含量很高，且比例适宜，所有磷都是可利用磷。鱼粉的含硒量很高，可达2毫克/千克以上。此外，鱼粉中碘、锌、铁、硒的含量也很高，并含有适量的砷。鱼粉中含有促生长的未知因子，这种物质可刺激动物生长发育。通常真空干燥法或蒸汽干燥法制成的鱼粉，蛋白质利用率比用烘烤法制成的鱼粉约高10%。鱼粉中一般含有6%～12%的脂类，其中不饱和脂肪酸含量较高，极易被氧化产生异味。进口鱼粉因生产国的工艺及原料而异，质量较好的是秘鲁鱼粉及白鱼鱼粉，国产鱼粉由于原料品种、加工工艺不同，产品质量参差不齐。饲喂鱼粉可使鸡发生肌胃糜烂，特别是加工工艺错误或贮存中发生过自燃的鱼粉中含有较多的肌胃糜烂素。因鱼粉中大肠杆菌较多，还易污染沙门菌，使用时应严格检验，否则可造成疾病传播。

用鱼粉喂蛋鸡能显著提高蛋鸡的饲料利用率，可使蛋鸡增重快。由于鱼粉的价格昂贵，使得用量受到限制，在饲料中用量通常在10%以下。

鱼粉在购买和使用的时候，关键是把握好质量。由于鱼粉的原料鱼不同，加工出来的鱼粉的色泽、粒度有较大的差异。有的呈细粉状，有的则可见到鱼的碎块及鱼肉纤维，其色泽有棕色、暗绿色等。优质鱼粉都应该有鱼肉松的香味，而浓腥味的鱼粉多为劣质鱼粉、掺假鱼粉或假鱼粉。鱼粉的质量鉴别可从外观的色泽、粒度、气味、肉纤维及味道做初步判断，准确的还需要化验分析。国产鱼粉含盐分较多，使用时要注意避免食盐中毒，鱼粉中脂肪含量较高，久存易发生氧化酸败，可通过添加抗氧化剂来延长贮存期。

（2）肉骨粉　肉骨粉的营养价值很高，是屠宰场或病死畜尸体等成分经高温、高压处理后脱脂干燥制成的，饲用价值比鱼粉稍差，但价格远低于鱼粉，因此，是很好的动物性蛋白质饲料。肉骨粉脂肪含量较高，一般粗蛋白含量45%～60%，粗脂肪含量3%～10%，粗纤维含量2%～3%，粗灰分含量25%～35%，钙含量7%～10%，磷含量3.5%～5.5%。肉骨粉氨基酸组成不佳，除赖氨酸含量中等外，甲硫氨酸和色氨酸含量低，有的产品会因过度加热而无法吸收。脂溶性维生素A和维生素D因加工过程的大量破坏，含量较低，但B族维生素含量丰富，特别是维生素B_{12}含量高，其他如烟酸、胆碱含量也较高。钙磷不仅含量高，且比例适宜，磷全部为可利用磷，是动物良好的钙磷供源。此外，微量元素锰、铁、锌的含量也较高。

因原料组成和肉、骨的比例以及制作工艺的不同，肉骨粉的质量及营养成分差异较大。肉骨粉的生产原料存在易感染沙门菌和易掺假掺杂问题，购买时要认真检验。另外贮存不当，所含脂肪易氧化酸败，影响适口性和动物产品品质。肉骨粉容易变质腐烂，喂前应注意检查。

肉粉和肉骨粉在鸡的配合饲料中可部分取代鱼粉，最好与植物性蛋白质饲料混合使用，多喂则适口性下降，对生长也有不利影响，蛋鸡的使用量为5%。

（3）蚕蛹粉　蚕蛹粉是蚕蛹干燥后粉碎制成的产品，蚕蛹粉蛋白和脂肪含量高，含有60%以上的粗蛋白和20%～30%的脂肪，必需氨基酸组成好，可与鱼粉相当，不仅富含赖氨酸，而且含硫氨基酸、色氨酸含量比鱼粉约高出1倍。不脱脂蚕蛹的有效能值与鱼粉的有效能值近似，是一种高能量、高蛋白质饲料，既可用作蛋白质补充料，又可补充畜禽饲料能量不足。新鲜蚕蛹中富含核黄素，其含量是牛肝的5倍、卵黄的20倍。蚕蛹的钙磷比为（1∶4）～（1∶5），可作为配合饲料中调整钙磷比的动物性磷源饲料。

蚕蛹的主要缺点是具有异味，蚕蛹脂肪中不饱和脂肪酸含量较高，而且富含亚油酸和亚麻酸，不宜贮存。陈旧不新鲜的蚕蛹呈白色或褐色。蚕蛹可以鲜喂，或应脱脂后再作饲料。蚕蛹中含有几丁质，不易消化，含量可通过测定粗纤维的方法检测出来，优质的蚕蛹不应含有大量粗纤维，凡粗纤维含量过多为混有异物。在蛋鸡日粮中蚕蛹粉主要用于补充氨基酸和能量，不宜多喂，一般占日粮的5%以下。

（三）矿物质饲料

矿物质饲料包括人工合成的、天然单一的和多种混合的，以及配合有载体或赋形剂的痕量、微量、常量元素补充料。矿物质元素在各种动植物饲料中都有一定含量，虽多少有差别，但由于动物采食饲料的多样性，可在某种程度上满足其对矿物质的需要。在舍饲条件或集约化生产条件下，矿物质元素来源受到限制，蛋鸡对它们的需要量增多，蛋鸡日粮中另行添加所必需的矿物质成了唯一方法。目前已知畜禽有明确需要的矿物元素有16种，其中常量元素7种：钾、镁、硫、钙、磷、钠和氯。饲料中常不足，需要补充的有钙、磷、氯、钠4种。微量元素9种：铁、锌、铜、锰、碘、硒、钴、钼和氟。

1. 常量矿物质补充料

常量矿物质饲料包括含钙饲料、含磷饲料、含氯和钠饲料、含硫饲料和含镁饲料等。目前，饲料中常补充的微量元素有铁、铜、锌、锰、碘、硒、钴，禽等单胃动物主要补充前6种，钴通常以维生素 B_{12} 的形式满足需要。由于在日粮中的添加量少，微量元素添加剂几乎都是用纯度高的化工产品，常用的主要是各元素的无机盐或有机盐类及氧化物、氯化物。近些年来，对微量元素络合物，特别是与某些氨基酸、肽或蛋白质、多糖等的络合物用作饲料添加剂的研究和产品开发有了很大进展。大量研究结果显示，这些微量元素络合物的生物学效价高，毒性低，加工特性也好，但由于价格昂贵，目前未能得到广泛应用。

（1）含氯、钠饲料　氯化钠（NaCl），一般称为食盐，钠和氯都是蛋鸡需要的重要元素，食盐是最常用、又经济的钠、氯的补充物。食盐除了具有维持体液渗透压和酸碱平衡的作用外，还可刺激唾液分泌，提高饲料适口性，增强动物食欲，具有调味剂的作用。缺乏食盐后，鸡表现为食欲不振、采食量下降、生长停滞，并伴有啄羽、啄肛、啄趾等恶癖发生。补充食盐可防止钠、氯缺乏。饲用食盐一般要求较细的粒度，美国饲料制造者协会（AFMA）建议，应100%通过30目筛。食盐中含氯60%，含钠40%，碘盐还含有0.007%的碘。纯净的食盐含氯60%，含钠40%，此外尚有少量的钙、镁、硫等杂质，饲料用盐多为工业盐，含氯化钠95%以上。

食盐的补充量与动物种类和日粮组成有关。一般食盐在风干饲粮中的用量以0.25%～0.35%为宜。添加的方法有直接拌在饲料中，也可以以食盐为载体，制成微量元素添加剂预混料。

食盐不足可引起食欲下降，采食量降低，生产性能下降，并导致异食癖。食盐过量时，雏鸡对此较为敏感，可出现食盐中毒，甚至有死亡现象。使用含盐量高的鱼粉、酱渣等饲料时应调整日粮食盐添加量，若水中含有较多的食盐，饲料中可不添加食盐。

（2）含钙饲料　常用的含钙饲料有石粉、石膏、贝壳粉和蛋壳粉等，此外，大理石、白云石、白垩石、方解石、熟石灰、石灰水等均可作为补钙饲料。至于利用率很高的葡萄糖酸钙、乳酸钙等有机酸钙，因其价格较高，多用于水产饲料，畜禽饲料中应用较少。

钙源饲料很便宜，但不能用量过多，否则会影响钙磷平衡，使钙和磷的消化、吸收和代谢都受到影响。微量元素预混料常常使用石粉或贝壳粉作为稀释剂或载体，使用量占配比较大时，配料时应注意把其含钙量计算在内。

① 石粉。石粉又称石灰石粉，主要是指石灰石粉，由优质天然石灰石粉碎而成。天然的碳酸钙（$CaCO_3$）为白色或灰白色粉末。石粉中含纯钙35%以上，是补充钙最廉价、最方便的矿物质饲料。除用作钙源外，石粉还广泛用作微量元素预混合饲料的稀释剂或载体。石粉含有氯、铁、锰、镁等。品质良好的石粉与贝壳粉，必须含有约38%的钙，而且镁含量不可超过0.5%，只要铅、汞、砷、氟的含量不超过安全系数，都可用于鸡饲料。石粉的用量依据蛋鸡的生长阶段而定，一般配合饲料中石粉使用量雏鸡为0.5%～1%，产蛋鸡为7.0%～7.5%。单喂石粉过量，会降低饲粮有机养分的消化率，还对青年鸡的肾脏有害，使泌尿系统尿酸盐过多沉积而发生炎症，甚至形成结石。蛋鸡过多接受石粉，蛋壳上会附着一层薄薄的细粒，影响蛋的合格率，最好与有机态含钙饲料如贝壳粉按1∶1比例配合使用。石粉作为钙的来源，应根据鸡体型大小选择不同粒度的石粉，其粒度以中等为好，禽为26～28目。对蛋鸡来讲，较粗的粒度有助于保持血液中钙的浓度，满足形成蛋壳的需要，从而增加蛋壳强度，减少蛋的破损率，但粗粒会影响饲料的混合均匀度。

② 石膏。石膏为硫酸钙，石膏的化学式（$CaSO_4 \cdot xH_2O$），通常是二水硫酸钙（$CaSO_4 \cdot 2H_2O$），灰色或白色结晶性粉末，是常见的容易取得的含钙饲料之一。一种是天然石膏的粉碎

产品，一种是磷酸制造工业的副产品，后者常含有大量的氟、砷、铝等而品质较差，使用时应加以处理。石膏的含钙量为20%～23%，含硫16%～18%，既可提供钙，又是硫的良好来源，生物利用率高。石膏有预防鸡啄羽、啄肛的作用，一般在饲料中的用量为1%～2%。

③蛋壳粉。禽蛋加工和孵化产生蛋壳，由蛋壳、蛋膜及蛋白残留物经干燥灭菌、粉碎后即得到蛋壳粉。蛋壳粉含有34%左右的钙，7%的蛋白质及0.09%的磷。蛋壳主要是由碳酸钙组成，但由于残留物不定，蛋壳粉含钙量变化较大，一般在29%～37%之间，所以产品应标明其中钙、粗蛋白含量，未标明的产品，用户应测定钙和粗蛋白含量。蛋壳粉是理想的钙源饲料，利用率高，用于蛋鸡、种鸡饲料中，与贝壳粉同样具有增加蛋壳硬度的效果。须经干燥灭菌、粉碎后才能作为饲料使用，应注意蛋壳干燥的温度应超过82℃，以保证灭菌，防止蛋白腐败，甚至传播疾病。一般配合饲料中使用量雏鸡为0.5%～1%，产蛋鸡为7.0%～7.5%。

④贝壳粉。贝壳粉是贝壳（包括蚌壳、牡蛎壳、扇贝壳、蛤蜊壳、螺蛳壳等）烘干后制成的粉状或粒状产品，是良好的碳酸钙饲料。饲料添加的贝壳粉含钙量应不低于33%，一般在34%～38%之间。品质好的贝壳粉杂质少，含钙高，呈白色粉状或片状，用于蛋鸡或种鸡的饲料中，会使蛋壳的强度较高，破蛋软蛋减少，含碳酸钙也在95%以上，是可接受的碳酸钙来源，尤其片状贝壳粉效果更佳。不同畜禽对贝壳粉的粒度要求，蛋鸡以70%通过10毫米筛为宜。

我国沿海一带有丰富的资源，应用较多。贝壳粉内常掺杂砂石和泥土等杂质，使用时应注意检查。另外若贝肉未除尽，加之贮存不当，堆积日久易出现发霉、腐臭等情况，这会使其饲料价值显著降低，必须进行消毒灭菌处理，以免传播疾病。

（3）含磷饲料　富含磷的矿物质饲料有磷酸钙类、磷酸钠类、骨粉及磷矿石等。磷补充物来源复杂，种类很多，具有以下两个特点：一是磷补充物含矿物元素较复杂。只提供磷的矿物质饲料很少，仅限于磷酸和磷酸铵，大多数常用磷补充物除含磷外还含有其他矿物元素如钙、钠，添加于饲料中往往还会引起这些元素含量的变化，不同磷源有着不同的利用率。二是磷补充物多含有氟及其他有毒有害物质。磷的补充物多来自矿物磷酸盐类，由于天然磷矿中含有较多的氟、砷、铅等有毒有害元素，用作饲料磷补充物的产品必须经过一定的加工处理，脱氟除杂，使这些有毒有害物质符合饲料要求。

蛋鸡常用的磷补充饲料有骨粉、磷酸钙类。

① 骨粉。骨粉是各种动物骨骼经高压蒸煮、脱脂、脱胶、干燥、粉碎而得，是补充畜禽钙、磷需要的良好来源，当同时需要补充钙、磷时常选用，也是我国目前常用的钙、磷补充物之一。

骨粉是我国配合饲料中常用的磷源饲料，优质骨粉含磷量可以达到12%以上，钙磷比例为2∶1左右，符合动物机体的需要，同时还富含多种微量元素。一般在鸡饲料中添加量为1%～3%。

② 磷酸钙类。磷酸钙类为动物饲用磷的主要来源，包括磷酸二氢钙、磷酸氢钙和磷酸钙。

2. 微量矿物质补充料

本类饲用品多为化工生产的各种微量元素的无机盐类和氧化物，一般纯度高，含杂质少。有的“饲料级”产品虽含有微量杂质，但对动物有害物质均在允许范围内。近年来微量元素的有机酸盐和螯合物以其生物效价高和抗营养干扰能力强受到重视。常用的补充微量元素类有铁、铜、锰、锌、钴、碘、硒等。

常用微量矿物质饲料有硫酸铜、碘酸钾、碘化钾、硫酸亚铁、氧化锰、亚硒酸钠、氧化锌和硫酸锌等。

（四）饲料添加剂

饲料添加剂是指针对蛋鸡日粮中营养成分的不平衡而添加的，能平衡饲料的营养成分和保护饲料中的营养物质、促进营养物质的消化吸收、调节机体代谢、提高饲料的利用率和生产效率、促进蛋鸡的生长发育及预防某些代谢性疾病、改进动物产品品质和饲料加工性能的物质的总称。这些物质的添加量极少，一般占饲料成分的百万分之几到百分之几，但其作用极为显著。根据饲料添加剂的作用，可以把它简单地分为营养性饲料添加剂和非营养性饲料添加剂两大类。

1.营养性饲料添加剂

营养性饲料添加剂是指添加到配合饲料中，平衡饲料养分，提高饲料利用率，直接对动物发挥营养作用的少量或微量物质，主要包括合成氨基酸添加剂、维生素添加剂、微量矿物质添加剂和其他营养性添加剂。营养性添加剂是最常用最重要的一类添加剂。下面主要介绍氨基酸添加剂和维生素添加剂。

（1）氨基酸添加剂　氨基酸添加剂的主要作用是提高饲料蛋白质的利用率和充分利用饲料蛋白质资源。天然饲料原料的氨基酸含量差异大，且平衡性差，饲粮中需要添加氨基酸以补充饲料中的不足，满足鸡的需要，改善饲粮中氨基酸的平衡，提高饲料蛋白质的营养价值。氨基酸添加剂由人工合成或通过生物发酵生产。饲料中氨基酸利用率相差很大，必须根据可利用氨基酸的含量确定氨基酸添加的种类和数量。所有影响饲料蛋白质消化吸收的因素都影响氨基酸的有效性。鸡配合料中常用的氨基酸有赖氨酸、甲硫氨酸、苏氨酸、色氨酸、缬氨酸、苯丙氨酸、亮氨酸和异亮氨酸等 8 种，其中以甲硫氨酸和赖氨酸为主。

赖氨酸添加剂一般以赖氨酸盐的形式出售。赖氨酸盐酸盐在配合料中的添加比例为0.1%～0.2%。98%赖氨酸盐酸盐中赖氨酸的实际含量约为78%，在添加时应加以注意。

商品甲硫氨酸一般配合料中添加量为0.05%～0.15%。

（2）维生素添加剂　维生素添加剂是指根据鸡的营养需要，由多种维生素、稀释剂、抗氧化剂按比例、次序和一定的生产工艺混合而成的饲料预混剂。由于大多数维生素都有不稳定、易氧化或易被其他物质破坏失效的特点和饲料生产工艺上的要求，因此几乎所有的维生素制剂都经过特殊加工处理或包被，例如，制成稳定的化合物或利用稳定物质包被等。为了满足不同使用的要求，在剂型上还有粉剂、油剂、水溶性制剂等。此外，商品维生素饲料添加剂还有各种不同规格的产品。复合维生素一般不含有维生素C和胆碱，所以在配制鸡饲料时，一般还要在饲料中另外加入氯化胆碱。如鸡群患病、转群、运输及其他应激时，需要在饲料中另外加入维生素C。一些复合维生素中可能加入了维生素C，但对于处在高度应激环境中的鸡群，其含量是不能满足需要的。

复合维生素在配合料中的添加量应比参考产品说明书推荐的添加量略高一些。一般在冬季和春、秋两季，商品复合多维的添加量为每吨配合料200克，夏季可提高至300克。如果没有蛋鸡专用的复合多维，也可选用通用多维，用量参考产品说明书。

由于维生素不稳定的特点，对维生素饲料的包装、贮藏和使用均有严格的要求，饲料产品应密封、隔水包装，最好是真空包装，贮藏在干燥、避光、低温条件下。高浓度单项维生素制剂一般可贮存1～2年。所有维生素饲料产品，开封后需尽快用完。湿拌料时应现喂现拌，避免长时间浸泡，以减少维生素的损失。

2. 非营养性添加剂

非营养性添加剂是指除营养性添加剂以外的具有特定功效的添加剂。在正常饲养管理条件下，为提高畜禽健康状况，节约饲料，提高生产能力，保持或改善饲料品质而在饲料中加入一些成分，这些成分通常本身对畜禽并没有太大的营养价值，但对促进畜禽生长、降低饲料消耗、保持畜禽健康、保持饲料品质有重要意义。包括抗生素添加剂、驱虫药物添加剂、酶制剂、抗氧化剂、防霉剂、活菌制剂、黏结剂、抗结块剂、吸附剂和着色剂等。

3. 国家有关兽药使用的相关规定

国家有关兽药使用的相关规定包括食品动物中禁止使用的药品及其他化合物清单（表 5-1），禁止在饲料和动物饮用水中使用的药物品种及其他物质目录（表 5-2），不得使用的药物品种目录（表 5-3）。

表 5-1　食品动物中禁止使用的药品及其他化合物清单

序号	药品及其他化合物名称
1	酒石酸锑钾（Antimony potassium tartrate）
2	β- 兴奋剂（β-agonists) 类及其盐、酯
3	汞制剂：氯化亚汞（甘汞）（Calomel）、醋酸汞（Mercurous acetate）、硝酸亚汞（Mercurous nitrate）、吡啶基醋酸汞（Pyridyl mercurous acetate）
4	毒杀芬（氯化烯）（Camahechlor）
5	卡巴氧（Carbadox）及其盐、酯
6	呋喃丹（克百威）（Carbofuran）
7	氯霉素（Chloramphenicol）及其盐、酯
8	杀虫脒（克死螨）（Chlordimeform）
9	氨苯砜（Dapsone）
10	硝基呋喃类：呋喃西林（Furacilinum）、呋喃妥因（Furadantin）、呋喃它酮（Furaltadone）、呋喃唑酮（Furazolidone）、呋喃苯烯酸钠（Nifurstyrenate sodium）
11	林丹（Lindane）

续表

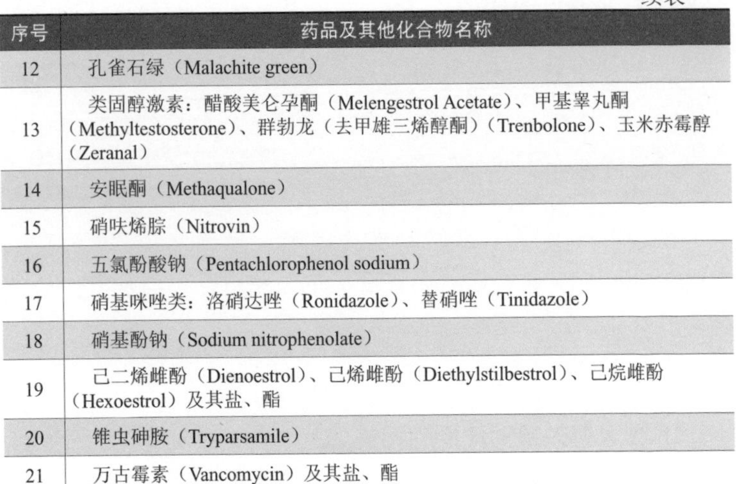

序号	药品及其他化合物名称
12	孔雀石绿（Malachite green）
13	类固醇激素：醋酸美仑孕酮（Melengestrol Acetate）、甲基睾丸酮（Methyltestosterone）、群勃龙（去甲雄三烯醇酮）（Trenbolone）、玉米赤霉醇（Zeranal）
14	安眠酮（Methaqualone）
15	硝呋烯腙（Nitrovin）
16	五氯酚酸钠（Pentachlorophenol sodium）
17	硝基咪唑类：洛硝达唑（Ronidazole）、替硝唑（Tinidazole）
18	硝基酚钠（Sodium nitrophenolate）
19	己二烯雌酚（Dienoestrol）、己烯雌酚（Diethylstilbestrol）、己烷雌酚（Hexoestrol）及其盐、酯
20	锥虫砷胺（Tryparsamile）
21	万古霉素（Vancomycin）及其盐、酯

表 5-2　禁止在饲料和动物饮用水中使用的药物品种及其他物质目录

序号	药物名称
1	β- 兴奋剂类：盐酸克仑特罗、沙丁胺醇、硫酸沙丁胺醇、莱克多巴胺、西马特罗、硫酸特布他林、苯乙醇胺 A、班布特罗、盐酸齐帕特罗、盐酸氯丙那林、马布特罗、西布特罗、溴布特罗、酒石酸阿福特罗、富马酸福莫特罗
2	雌激素类：己烯雌酚、雌二醇、戊酸雌二醇、苯甲酸雌二醇、氯烯雌醚
3	雄激素类：苯丙酸诺龙及苯丙酸诺龙注射液
4	孕激素类：醋酸氯地孕酮、左炔诺孕酮、炔诺酮、炔诺醇、炔诺醚
5	促性腺激素：绒毛膜促性腺激素（绒促性素）、促卵泡生长激素（尿促性素主要含卵泡刺激素 FSH 和黄体生成素 LH）
6	蛋白同化激素类：碘化酪蛋白
7	降血压药：利血平、盐酸可乐定
8	抗过敏药：盐酸赛庚啶
9	催眠、镇静及精神药品类：（盐酸）氯丙嗪、盐酸异丙嗪、安定（地西泮）、硝西泮、奥沙西泮、苯巴比妥、苯巴比妥钠、巴比妥、异戊巴比妥、异戊巴比妥钠、唑吡旦、三唑仑、咪达唑仑、艾司唑仑、甲丙氨酯、匹莫林以及其他国家管制的精神药品
10	抗生素滤渣

数据来源：引自中华人民共和国农业部公告第 176 号、第 1519 号。

注：本标准执行期间，农业农村部如发布新的《禁止在饲料和动物饮水中使用的物质》，执行新的《禁止在饲料和动物饮水中使用的物质》。

表 5-3　不得使用的药物品种目录

序号	类别	名称 / 组方
1	抗病毒药	金刚烷胺、金刚乙胺、阿昔洛韦、吗啉（双）胍（病毒灵）、利巴韦林等及其盐、酯及单、复方制剂
2	抗生素	头孢哌酮、头孢噻肟、头孢曲松（头孢三嗪）、头孢噻吩、头孢拉定、头孢唑林、头孢噻啶、罗红霉素、克拉霉素、阿奇霉素、磷霉素、硫酸奈替米星、克林霉素（氯林可霉素、氯洁霉素）、妥布霉素、胍哌甲基四环素、盐酸甲烯土霉素（美他环素）、两性霉素、利福霉素等及其盐、酯及单、复方制剂
3	合成抗菌药	氟罗沙星、司帕沙星、甲替沙星、洛美沙星、培氟沙星、氧氟沙星、诺氟沙星等及其盐、酯及单、复方制剂
4	农药	井冈霉素、浏阳霉素、赤霉素及其盐、酯及单、复方制剂
5	解热镇痛类等其他药物	双嘧达莫、聚肌胞、氟胞嘧啶、代森铵、磷酸伯氨喹、磷酸氯喹、异噻唑啉酮、盐酸地酚诺酯、盐酸溴己新、西咪替丁、盐酸甲氧氯普胺（盐酸胃复安）、甲氧氯普胺、比沙可啶、二羟丙茶碱、白细胞介素 -2、别嘌醇、多抗甲素（α- 甘露聚糖肽）等及其盐、酯及制剂
6	复方制剂	1. 注射用的抗生素与安乃近、氟喹诺酮类等化学合成药物的复方制剂 2. 镇静类药物与解热镇痛药等治疗药物组成的复方制剂

三、饲料的配制

饲料是能提供生态鸡所需营养素，促进动物生长、生产和健康，且在合理使用下安全、有效的可饲物质。

（一）鸡对饲料的要求

鸡的消化器官和消化代谢过程有自身的特点。因为鸡的快速生长和饲料转化率高，因而对饲料也有特殊要求，主要有以下几点。

1. 鸡有特殊的消化特性

鸡有特殊的排泄器官——泄殖腔。鸡没有牙齿，在颈食管和胸食管之间有一暂存食物的嗉囊，再下有腺胃和肌胃。肌胃内层是坚韧的筋膜。采食饲料主要依靠肌胃蠕动磨碎食物。因此在鸡饲料中要加入适当大小的石粒，以帮助消化食物。

2. 不适合喂大量的粗饲料

鸡的消化道很短，不能贮存足够的食物，而且肉鸡的生长速度特别快，需要的营养物质也高。肉鸡胃肠道中没有分解、利用粗纤维的微生物，对粗纤维含量高的饲料不易消化，不但影响了肉鸡的生长速度，也影响了饲养肉鸡的经济效益。因此，在给肉鸡配合日粮时，粗纤维的含量不得超过5%。另外，肉鸡日粮中粗纤维的含量也不能过低，过低可能引起消化道生理功能障碍，使肉鸡的抵抗力下降导致某些疾病的发生。所以要控制肉鸡日粮中粗纤维的含量。

3. 饲料需要添加氨基酸

鸡消化道短，食物通过消化道的时间短，有些氨基酸在鸡体内不能合成，大多依靠饲料供给，所以鸡所需的必需氨基酸种类多。在配制饲料时一定要满足鸡对各种必需氨基酸的需要。

4. 鸡粪中含有丰富的营养物质

由于鸡的生理特性，其消化道很短，食物在消化道停留时间短，饲料中大部分营养物质未被吸收就排出体外。据报道，鸡粪中粗蛋白含量高达干物质的25%～28%，且其氨基酸含量高、种类齐全，并含有丰富的矿物质和微量元素。

5. 鸡喙端有物理感受器

肉鸡的嗅觉和味觉没有哺乳动物发达，但喙端内有丰富而敏感的物理感受器。

6. 雏鸡的消化能力差

雏鸡的消化器官发育不全，嗉囊和肌胃容积小，贮存食物有限，要少喂勤喂，用优质饲料。

（二）鸡饲料应具备的特点

1. 满足营养需要

根据所饲养的品种和养殖方式确定相适应的饲养标准，是大型白羽肉鸡、优质肉鸡还是肉杂鸡，是舍饲还是放养。肉用仔鸡因品种不同，对营养需求不会相同；养殖的方式不同，对营养需求也不同。要按照饲养标准配制日粮以满足其营养需要，并注意日粮中能量与蛋白质的比例及氨基酸平衡。

2. 安全合法

把安全性放在首位，第一要考虑到配合饲料的安全性，没有安全性作前提，就谈不上配合饲料的营养性和科学性。饲料符合国家法律法规及条例的规定，严禁使用发霉、污染和含有毒素的原料，严禁使用违禁药物及激素类药物。放养场地卫生条件欠佳时，要考虑应用控制肠道感染性疾病的添加剂。在出售前 1 ～ 2 周，要严格控制抗生素等药物的添加，避免药物残留，以降低饲料成本。适当增加维生素 A、维生素 E、维生素 C、维生素 B_{12} 及生物素等的用量。注意饲养环境与饲养管理措施对鸡营养与健康的影响。

3. 质优价低

经济效益是配合饲料最终的目的。饲料要求营养价值较高而价格低廉。在满足营养需要的前提下，降低饲料成本，养鸡才有利润。尽可能选用当地来源广、价格低的原料。利用几种价格便宜的原料进行合理搭配，以代替价格高的原料。如用价格相对较低的棉籽粕代替大豆粕，生产实践中常用禾本科籽实与饼类饲料搭配，以及饼类饲料与动物性蛋白质饲料搭配等均能收到较好的效果。

4. 消化性高

粗纤维是影响适口性、消化吸收、饲料转化的重要因素，所以应控制粗纤维含量，多选择粗纤维含量低易消化的饲料。一般鸡粗纤维含量不超过5%。

5. 体积适当

通常情况下，配合饲料的体积要与家禽消化道的容积相适，若饲料的体积过大，则能量浓度降低，不仅会导致消化道负担过重进而影响肉鸡对饲料的消化，而且能量及营养物质也得不到满足。反之，饲料的体积过小，即使能满足养分的需要，但鸡达不到饱感而不能快速生长，影响鸡的生产性能或饲料利用效率。消化道容积由于品种、年龄、体重、生产情况不同而差异很大。

6. 适口性好

适口性影响鸡对饲料的摄入量。要让鸡能采食足够的饲料，应选择适口性好、无异味的饲料，限制适口性差的饲料的用量。对味差的饲料也可采用适当搭配适口性好的饲料或加入调味剂以提高其适口性，或者制成颗粒饲料等，促使采食量增加。

小贴士：

合格的饲料必须同时具备这些特点，缺一不可。满足营养需要是基础，安全合法是保障，消化性高、适口性好和体积适当是关键，质优价廉是提高效益的前提。

（三）鸡常用配合饲料的种类及适用对象

配合饲料是根据鸡饲养标准，将能量饲料、蛋白质饲料、矿物质饲料、维生素饲料、饲料添加剂等按一定添加比例和规定的加工工艺配制成的均匀一致，满足鸡的不同生长阶段和生产水平需要的饲料产品。

配合饲料按照营养构成、饲料形态、饲喂对象等分成很多的种类。

1. 按营养成分和用途分类

（1）预混料　又称添加剂预混料，是指由两种（类）或者两种（类）以上营养性饲料添加剂，与载体或者稀释剂按照一定比例经充分混合配制而成的饲料。不经稀释不得直接饲喂，包括复合预混合饲料、微量元素预混合饲料、维生素预混合饲料。预混料既可供肉鸡生产者用来配制肉鸡的饲粮，又可供饲料厂生产浓缩料和全价配合饲料。用预混料配合后的全价饲料受能量饲料和蛋白质饲料原料成分、粉碎加工的颗粒度及搅拌的均匀度等影响较大，但成本较低，根据在配合中所用的比例可分为0.5%、1%、5%预混合饲料。预混料适合本地玉米来源好，但缺乏饼粕的或者自配制饲料有困难的养鸡场使用。

预混料＝氨基酸＋维生素＋矿物质＋药物＋其他

（2）浓缩饲料　又称蛋白质补充料或基础混合料，是由添加剂预混料、常量矿物质饲料和蛋白质饲料按一定的比例混合配制而成的饲料。肉鸡场（户）可用浓缩料加入一定比例的能量饲料（如玉米或小麦）即可配制成直接喂肉鸡的全价配合饲料。一般在配合饲料中添加量为40%左右。配合成全价饲料的成本较低，特别适合在有广泛谷物饲料来源的地区使用。

浓缩饲料＝预混料＋蛋白质饲料

（3）全价配合饲料　是指根据养殖肉鸡营养需要，将多种饲料原料和饲料添加剂按照一定比例配制的饲料。浓缩饲料加上一定比例的能量饲料，即可配制成全价配合饲料。它含有肉鸡需要的各种养分，不需要添加任何饲料或添加剂，可直接用来喂肉鸡，适用于规模化养殖场（户），质量有保证，但成本相对较高。

全价配合饲料 = 浓缩饲料 + 能量饲料

= 预混料 + 蛋白质饲料 + 能量饲料

2. 按饲料物理性状分类

一是粉状饲料，根据配合要求，将各种饲料按比例混合后粉碎，或各自粉碎后再混合。二是颗粒饲料，粉状饲料经颗粒机加工成一定大小的颗粒，有利于喂料机械化。

3. 按饲喂对象分类

按饲喂对象又分为肉用鸡料和蛋用鸡料。肉用鸡通常采用三种料型：初期料又称开食料或育雏料；中期料又称育成料或中鸡料；后期料又称宰前料或大鸡料。蛋用鸡料通常采用育雏料、育成料、产蛋前期料、产蛋中期料和产蛋后期料等五种料型。

小贴士：

配合饲料料型的使用及更换因不同饲养日龄、不同饲养目的而不同，具体实施时还要考虑鸡只体重情况、饲养品种、气候条件等作出相应调整。如雏鸡宜采用颗粒饲料，育成期以后可以直接购买全价配合饲料，自己有加工条件的家庭农场育成期以后也可购买预混料然后自己添加能量饲料。

（四）配合饲料的配制技术

1. 确定营养需要标准

饲养标准中规定了动物在一定条件（生长阶段、生理状况、生产水平等）下对各种营养物质的需要量。在配制饲料时，可参考《鸡饲养标准》（NY/T 33—2004）和所养品种推荐的营养需要量。

2. 掌握常用饲料的营养价值

常用饲料的营养价值可参照最新的《中国饲料成分及营养价值表》。但是，成分并非固定不变，要充分考虑到饲料成分及营养价值可因收获年度、季节、成熟期、加工、产地、品种、贮藏等不同而不同。还要充分考虑原料的水分、粗灰分、粗蛋白、粗纤维等的变化可能影响到能量值的高低。原则上要采集每批原料的主要营养成分数据，掌握常用饲料的成分及营养价值的准确数据，还要知道当地可利用的饲料及饲料副产物、饲料的利用率等。

3. 日粮配制的方法

根据确定的饲养标准、可用的饲料原料营养成分数据，进行配方设计。设计时要掌握原料的容量、饲喂方式、加工工艺、适口性和各种原料的价格等。

配制前要注意以下几点。一是控制粗纤维的含量。配合饲料中的粗纤维含量为：雏鸡 2%～3%；育成期 5%～6%；产蛋鸡 2.5%～3.5%，一般鸡控制在 5%以下。二是控制饲料中的有害、有毒原料。很多饲料原料中含有一些天然的有毒、有害物质。如雏鸡饲料不用菜籽粕、棉籽粕等，配合饲料中不能有沙门菌（致病菌），重金属含量也不宜超过规定含量。三是饲料组成体积应与动物消化道大小相适应。饲料组成的体积

过大，可造成消化道负担过重，影响饲料的消化和吸收；体积过小，即使营养物质已满足需要，但动物仍感饥饿，而处于不安状态，不利于正常生长、生产。四是要了解不同饲料的组合特性，对饲料之间的相互影响要根据原料之间的相互作用科学搭配。

日粮配合方法有计算机法、正方形法、联立方程法和试验 - 误差法等 4 种方法。我们以目前普遍采用的计算机法为例介绍日粮配合方法。

饲料配方软件很多，从简单的电子制表 Excel 饲料配方系统到大型饲料生产商专用的饲料配方系统，无论采用哪种方式，都必须经过以下步骤。

① 根据饲养对象确定饲养标准，营养需要量通常代表的是特定条件下试验得出的数据，是最低需要量。实际应用中需要根据饲养的品种、生理阶段、遗传因素、环境条件、营养特点等进行适当调整，确定保险系数，使鸡达到最佳生产性能为目的。

② 参照最新版的《中国饲料成分及营养价值表》确定可用原料的营养成分，必要时可对大宗和营养价值变化大的原料的氨基酸、脂肪、水分、钙和磷等进行实测。

③ 确定用于配方的原料的最低和最高量并输入饲料配方系统。

④ 对配方结果从以下几个方面进行评估。

a. 该配方产品能否基本或完全预防动物营养缺乏症发生，特别是微量元素的用量是重点。

b. 配方设计的营养需要是否适宜，不会出现营养过量情况。

c. 配方的饲料原料种类和组成是否最适宜、最理想，整个配方是否有利于营养物质的吸收利用。

d. 配方产品成本是否最适宜或最低，最低成本配方的饲料应不限制鸡对有效营养物质摄入，不限制动物生产的单位产品饲料成本。

e. 配方设计者留给用户考虑的补充成分是否适宜。

f. 对配合的饲料取样进行化学分析，并将分析结果和预期值进行对比。如果所得结果在允许误差的范围内，说明达到饲料配制的目的。反之，如果结果在这个范围以外，说明存在问题，问题可能是出在加工过程、取样混合或配方，也可能是出在实验室。为此，送往实验室的样品应保存好，供以后参考用。

4. 实际检验

配方产品的实际饲养效果是评价配制质量的最好尺度，有条件的最好以实际饲养效果和生产的畜产品品质作为配方质量的最终评价手段。根据试验反馈情况进行修正后完成配方设计工作。

小贴士：

采购饲料原料的时候，要做到每进一种原料都要经过肉眼和化验室的严格化验，每个指标均合格才能进厂使用。

这里特别说一下原料造假的问题，掺假者在不断寻找和钻标准或检测方法的空子，造假的技术水平不断更新。有的原料供应商在销售的时候甚至能够针对采购方的检验方法提供经过造假的原料，以保证通过检验，如若采购方用测真蛋白的方法防范鱼粉掺假，掺假者便开始加脲醛缩合物使测真蛋白失效。用雷氏盐测定氯化胆碱含量时，掺假者便加三甲胺和乌洛托品。还有在肌醇中加入甘露醇、葡萄糖；硫酸锌中加硫酸亚铁和含氧化剂。而一般的养户大部分都是凭感观或批发商提供的指标去进货，并无准确的化验数据和检验手段，只有检测手段完善的饲料厂可以应对这些假货。

第六章

鸡的饲养管理

一、鸡的生物学特性

鸡在动物学上属于鸟纲，具有鸟类的生物学特性。近一百年来，由于人们的不断培育和改善其环境条件，尤其是近几十年，随着现代遗传育种、营养化学、电子物理等科学技术的发展，使之生产能力大大提高。改造后的鸡生物学特性即是鸡的经济生物学特性。

（一）体温高、代谢旺盛

鸡的标准体温在 40.9 ～ 41.9℃之间，平均体温是 41.5℃，成年鸡高于雏鸡。

鸡心跳很快，每分钟脉搏可达 200 ～ 350 次。就日龄而言，雏鸡高于成鸡。就性别而言，母鸡高于公鸡。还受环境影响，如气温增高、惊扰、噪声等都会使其心率增高，严重者心力衰竭而死亡。

呼吸频率 40 ～ 50 次每分钟，比大家畜高。受环境温度影响大，当环境温度达43℃时，其呼吸频率可达到155次每分钟，受惊时也可加大呼吸频率。

鸡的基础代谢高于其他动物，为马、牛等的3倍以上。安静时耗氧量与排出二氧化碳的数量也高1倍以上。鸡的生命之钟转动得快，寿命相对就短，尽量为鸡创造良好的环境条件，利用其代谢旺盛的优点，创造更多的禽产品。

（二）繁殖潜力大

鸡是卵生动物，繁殖后代须经受精蛋孵化。母鸡的右侧卵巢与输卵管退化消失，仅左侧发达，功能正常。鸡的卵巢用肉眼可见到很多卵泡，在显微镜下则可见到12000个卵泡（有人估计远高于此数）。一只母鸡年平均产蛋300枚，达到15～17千克，为其体重的10倍，平均出雏率70%。

蛋鸡一般在110天左右开产（工厂化养殖），到72周淘汰，淘汰时体重为2千克左右。

一只精力旺盛的公鸡一天可以交配40次以上，每天交配10次左右是很平常的。精子在母鸡输卵管内可以存活5～10天，个别可以存活30天以上。要发扬其繁殖潜力大的长处，必须实行人工孵化。

每天产蛋高峰时间：光照开始后2～5小时。高峰时间在上午7：30～9：30。母鸡的产蛋间隔为24小时，高产蛋鸡时间要短一些。

（三）对饲料营养要求高

鸡蛋蛋白质含有人体必需的各种氨基酸，其组成比例非常平衡，生物学价值居于各种食品蛋白质的首位，比奶、肉类均高。鸡的必需氨基酸为11种，各种矿物质、维生素都是不可缺少的。

鸡有挑食颗粒饲料的习性，饲料中添加氯化钠、碳酸氢钠时应严格控制其比例和粒度，否则会引起泻痢、腹水、血液浓缩等中毒症状。

鸡对粗纤维的消化能力差，含粗纤维多的药不适合鸡用，鸡的体重小，鸡的消化道很短，除了盲肠可以消化少量纤维素以外，其他部位消化道不能消化纤维素。食物通过的时间快，一些难消化、难溶、难吸收的药物如中草药，必须先经过处理，以便于胃肠道吸收后才能给鸡用。所以鸡不能很好地利用粗饲料。

采食高峰：自然光照下，采食高峰在日出后 2 ～ 3 小时，日落前 2 ～ 3 小时。

（四）对环境变化敏感

鸡的听觉不如哺乳动物，但听到突如其来的噪声就会惊恐不安，乱飞乱叫。

鸡的视觉很灵敏，鸡眼较大，视野宽广，能迅速识别目标，但对颜色的区别能力较差，对红黄绿等颜色敏感。一切进入视野的不正常因素如光照、异常的颜色以及猫、鼠、蛇和鸡舍进来陌生人等均可引起惊群。特别是雏鸡很容易惊群，轻者拥挤，生长发育受阻，重者相互践踏引起伤残和死亡，因此，要在安静的地方养鸡。粗暴的管理，突来的噪声，狗猫闯入，扑捉等都能导致鸡群骚乱、影响生长。

鸡舍无光线鸡便停食，因此，育成期控料必须与控光相结合，以防超重。产蛋初期起逐渐延长补光时间，促进光线对鸡脑垂体后叶的刺激，促进卵巢功能活动，有利产蛋率上升。但控光、补光都要有计划，绝不可紊乱，用强光刺激毫无好处。

鸡的嗅觉差，不如鸽和鹅，鸡口腔中味蕾少，有嗅觉受体，在一定程度可辨别香味，但需要流动的空气将气味传递到受体，因为鸡无闻嗅行为。食物在口腔中停留时间短，带有气味的药物混入饲料或饮水中影响鸡的饮食欲，如饮水或饲料中加入有恶性气味的含氯消毒剂，鸡会减食或拒绝饮水。相反，饲料中加入芳香添加剂，鸡能增食。但一般苦味药不影响进食和饮水。苦味对鸡的消化不良，食欲不振无治疗作用，甜味没有增食作用。

由于禽类对饲料中的咸味也无鉴别作用，在饲养过程中，如使用颗粒粗制食盐让鸡自由食用，鸡群会因摄入大量食盐颗粒造成急性食盐中毒死亡。

鸡宜在干爽通风的环境中生长，如果鸡舍废气含量高、湿度大，一些病原菌和霉菌易于生长繁殖，鸡粪会发酵产生有毒气体，使鸡容易得病，不利鸡的生长。

此外，鸡体水分的蒸发与热能的调节主要靠呼吸作用来实现。初出壳的雏鸡，体温比成年鸡低3℃，要10天后才能达到正常体温，加上雏鸡绒毛短而稀，不能御寒，所以对环境的适应能力不强，必须依靠人工保温，雏鸡才能正常生长发育。1～30天的雏鸡都要保温，并放在清洁卫生的环境中饲养。30天以上的小鸡，羽毛基本上长满长齐，可以不用保温。

家鸡的祖先原鸡生活在丛林里，每到春天气候温暖，日照逐渐延长，自然饲料丰富，就产蛋孵化以繁殖后代。家鸡产蛋受光照时间长短影响，产蛋期光照突然变化或由长变短都对产蛋不利，甚至引起换羽停产。环境温度、通风换气、湿度等都对鸡的产蛋和健康产生影响。

据1976年唐山地震动物异常调查，鸡对地震的反应敏感程度占第一位。异常反应是：鸡不进窝，飞向高处，有的飞到树上，在笼内乱跑乱叫，惊恐不安。鸡的异常行为，在震前几小时发生的占83%，震前1～2天发生的占90%。所以养鸡业要注意尽量控制环境变化，减少鸡群应激。

（五）抗病能力差

由于鸡解剖学上的特点，决定了鸡只的抗病力差。鸡的肺脏很小，但连接很多气囊，这些气囊充斥于体内各个部位，甚至进入骨腔中，所以通过空气传播的病原体可以沿呼吸道进入肺和气囊，从而进入体腔、肌肉、骨骼之中。家禽的生殖孔与排泄孔都开口于泄殖腔，产出的蛋经过泄殖腔，容易受到污染。由于没有横膈膜，腹腔感染很易传至胸部的器官。鸡没有淋巴结，这等于缺少阻止病原体在机体内通行的关卡。因此，鸡的抗病能力差，鸡的传染病由呼吸道传播得多，且传播速度快，发病严重，死亡率高，不死也严重影响产蛋。尤其在工厂化高密度舍内饲养的情况下对于疫病的控制非常不利。

（六）能适应工厂化饲养

由于鸡的群居性强，在高密度的笼养条件下仍能表现出很高的生产性能，另外鸡的粪便、尿液比较浓稠，饮水少而又不乱甩，这给机械化饲养管理创造了有利条件。尤其是鸡的体积小，每只鸡占笼底的面积仅 400 平方厘米，即每平方米笼底面积可以容纳 25 只鸡。所以在畜禽养殖业中，工厂化饲养程度最高的是鸡的饲养。

（七）鸡消化功能特异性

鸡没有牙齿和软腭、颊，在啄料和饮水时，靠仰头进入。因此，料、水槽设置要妥当，防料水溢出。消化食料靠肌胃强有力收缩挤碎，所以要定期添喂砂粒。鸡肠道内容物呈微酸性，有利于有益微生物繁殖。还应防范饲料发霉变质而不利正常消化吸收。饲料在鸡体内停留时间短，再加上在肠道有益微生物的作用，所以鸡粪蛋白质反而超过原饲料。

鸡的消化道呈弱酸性，所以青霉素、红霉素可以口服，不会被破坏，磺胺类和喹诺酮类内服吸收快而完全，还能延长半衰期，但庆大霉素等由于含氨基基因，不易被肠道吸收，除肠道炎症外，一般不易内服给药。鸡对抗胆碱酯酶的药物（如有机磷）非常敏感，容易中毒，所以一般不能用敌百虫作驱虫药内服。

（八）鸡生殖功能特异性

公鸡有互斗性，母鸡间有啄癖性，因此要适时断喙，但母鸡啄癖是种恶习，啄癖在断喙后也有发生。

啄肛癖易发生于雏鸡或产蛋鸡，发生原因有环境因素如温度高、密度大、光强、通风不良等，白痢粪便而糊肛，营养不良如矿物质缺乏等。发现有肛门出血或脱肛病的鸡宜尽快隔离饲养，鸡局部负伤不可涂红药水，而应用紫药水或单独关养。

食羽癖多发于仔鸡换羽期和产蛋期，发生原因是日粮中缺乏蛋白质、矿物质（尤其食盐和硫化物不足）、维生素 B_{12}。外部有寄生虫及环境因素如密度大、湿度高、光照强等也容易引起。

食蛋癖发生原因是日粮中钙、磷、维生素 A、维生素 D 等含量不足。另外，产蛋箱不足（平养种鸡）、捡蛋不勤、蛋壳质量不佳如软壳和薄壳蛋过多等也是引发食蛋癖的因素。

公鸡的交配器官短，交配动作快，所以笼养和网上养种鸡的底板要坚固，有利于提高受精率。

（九）鸡只有日龄性换羽而没有季节性换羽

雏鸡从长绒毛到长扇羽后，仅在开产前有零星脱羽象征开产外，当年鸡不再换羽，鸡跨年度后要换羽。鸡换羽一般是在 14 ～ 15 天，24 ～ 25 天，34 ～ 35 天。换羽时要注意通风，同时要保持温度、湿度适宜。换羽时易发呼吸道疾病，是由于绒毛进入气囊造成的，预防主要是湿度要跟上。毛片过厚主要是由于鸡舍经常有贼风和穿堂风，温度偏低，造成的鸡体应激反应。

鸡自然换羽休蛋期在 80 ～ 100 天。人们应在自然换羽期间对鸡进行强制换羽以缩短休蛋期。

养殖者只要认真掌握鸡的生理习性，顺着鸡的“脾气”给予应有条件，就可发挥鸡的良好遗传优势，达到较理想的效果。

二、放养鸡的生活习性

（一）竞争采食

每遇到食物时总会争先恐后地同其他鸡争抢食物，尤其是在外散养的鸡表现得最明显。同一鸡群中，健壮的个头大的鸡会因为抢食物而欺负弱小的鸡。

（二）攀登高处栖息

鸡有攀高栖息的习性，愿意在树枝和高架上休息。没有树的地方或者鸡舍内，要给鸡搭上架子让鸡在架子上面休息。

（三）刨食

俗话说："猪往前拱、鸡往后刨。"说的就是鸡在地上吃食的时候，总是一边吃食物一边用鸡爪往后刨地，以寻找新的食物等。

（四）抱窝

抱窝就是母鸡下蛋后孵化小鸡，这是鸡的天性。母鸡都有抱窝的习性，尤其是没有经过选育的地方品种鸡抱窝性更强。

（五）固定地点

每只散养的鸡休息和下蛋等都有相对固定的地点，尤其是母鸡产蛋更明显。

（六）欺生

对外来的鸡，鸡群会群起而啄之，直到将其赶跑为止，或追到一个阴暗的角落里。因此，给鸡合群要利用晚上天黑进行，以避免相互啄伤。

（七）喜干厌湿

鸡喜欢在干燥的高处栖息，不喜欢阴湿的地方。

（八）欺弱性

除带领雏鸡的母鸡外，所有的地方品种鸡都以强欺弱，以大欺小。尤其是公鸡，甚至将弱小而无抵抗能力的鸡啄死。要求日常管理时，将弱小的鸡单独组群饲养。

（九）固执性

放养鸡管理不当时，鸡夜晚不回到鸡舍内休息，如果此时驱赶，鸡仍会回到原处，换一个位置则乱窜不入，很固执。

（十）合群性

鸡喜欢集群生存。

三、鸡叫声代表的意思

鸡在遇到打雷、吃食、母鸡拒绝交配、拒绝被抓、母鸡领小鸡、母鸡为小鸡找食物、早晨报时、遇到敌情等情况下，都会发出不同的叫声，表达不同的感受。

四、雏鸡的饲养管理要点

雏鸡是指 0 ～ 6 周龄的鸡。无论是蛋用还是肉用，生态鸡都要经过雏鸡的育雏阶段，要求是一样的。雏鸡具有生长发育快、体温调节能力差、抗病能力差、胆小易受惊吓等生理特点。

育雏期饲养管理的重点根据雏鸡生理特点和生活习性，采用科学的饲养管理措施，实施精细管理，为雏鸡创造适宜的生长条件，以满足鸡的生理要求，严格防止各种疾病的发生，提高成活率。

（一）做好进雏准备

育雏期要准备保温条件好的育雏鸡舍或塑料大棚，雏鸡可以在专用的育雏笼内饲养（视频6-1），也可以在网床、火炕或地面上育雏（视频6-2）。

视频 6-1 立体笼养育雏

进雏前7天左右检修鸡舍笼具、照明、供暖、通风、饮水管线、供料等设备，按育雏数量准备足够的食盘、饮水器及其他用具。

视频 6-2 地面育雏

对鸡舍及用具进行彻底清洗消毒。消毒完成后，将育雏笼或者网床、饮水器、食盘和其他用具用消毒水洗刷干净放入育雏舍内并安装到位。

封闭好门窗，对于新鸡舍，每立方米空间用28毫升福尔马林加14克高锰酸钾的药量消毒；对于已养过鸡，但未发生烈性传染病的鸡舍，每立方米空间用40毫升福尔马林加20克高锰酸钾的药量消毒；对曾发生过烈性传染病的鸡舍，每立方米空间用50毫升福尔马林加25克高锰酸钾的药量消毒。待熏蒸24小时左右，打开门窗排除甲醛气味，至少空置3天。

进雏鸡前2天，对育雏舍提前预温，将鸡舍内温度调到育雏要求的温度。育雏伞育雏的也要进行试温。

按雏鸡数量准备好7天左右的雏鸡优质全价配合饲料，地面育雏的应备足干爽垫料，还要备足常用的兽药、消毒药和疫苗。

（二）饮水与开食

卸车后直接将雏鸡连盒一起散放在育雏室内，使其休息

5～10分钟，再放到地面（图6-1）或网上（图6-2）。出壳后24～36小时之间，给雏鸡开饮开食，雏鸡进入育雏舍后，先开饮，再开食。

图6-1 地面育雏

图6-2 自制立体笼育雏

饮水用加有5%葡萄糖和1%电解多维的温水做雏鸡的首次饮水，水温调整到和室温一样。饮水2～3小时后，约有2/5的雏鸡有觅食表现时就可开食，把饲料平撒在垫板上，由于雏鸡消化道容积小，消化功能差，故不可过量，要求少给勤添，要有足够的空间让雏鸡自由采食，防止雏鸡相互挤压致死。饲料要求营养丰富，颗粒要求要细小（破碎料）。开食过早影响小鸡吸收卵黄营养，过晚不利于小鸡的生长。开食当天就可以正常饲喂了。

（三）饲喂

雏鸡生长发育快，代谢旺盛，但雏鸡的消化系统发育不健全，胃容积小，消化能力差，但生长速度又很快。因此，要饲喂营养全面、易于消化吸收的饲料。为保证雏鸡充足的采食，要适当增加喂料次数。2～8日龄时，投喂雏鸡全价配合饲料。

为防止鸡过度采食，分四次投喂，早上、中午、傍晚和晚上各投喂一次，每只雏鸡日投喂量为 5 ～ 10 克，随着日龄增加而适当增加投喂量。

（四）饮水

由于雏鸡处于高温环境中，间断饮水会使雏鸡干渴而造成抢水，暴饮而导致死亡，缺水也容易发生脱水而死亡。所以，应保证雏鸡随时能自由饮水，并保持饮水器的干净卫生。5 ～ 8 日龄以后，可以采取每天一半的时间在清水中添加适量多种维生素的水溶液，另一半时间喂清水。

（五）育雏温度、湿度控制

育雏温度第 1 周保持在 32 ～ 35℃，从第 2 周起每周下降 2 ～ 3℃，可根据环境温度来调节。温度过高时易引起雏鸡上呼吸道疾病，饮水增加，食欲减退等；过低则造成雏鸡生长受阻，相互扎堆，扎堆的时间过长就会造成大批雏鸡被压死。应根据环境温度、湿度计测定的数值，再结合雏鸡群表现，综合判断雏鸡的温度、湿度是否适宜，如雏鸡活泼好动，食欲旺盛，饮水适度，粪便正常，羽毛生长良好，休息和睡眠安静，在室（笼）内分布均匀，体重增长正常，则表明舍内温度适宜。

20 日龄之前这段时间内一定不能让雏鸡落地，直接接触没有垫料的地面。即使环境温度达到标准了，但因地面温度低于气温，一旦雏鸡受寒，容易引发各种疾病，严重影响日后的生长发育和抗病能力。

（六）脱温锻炼

育雏结束后，雏鸡就要进行放养，为使雏鸡能更好地适应野外放养环境，应在育雏期的后期对雏鸡适时进行脱温锻炼。脱温时期要灵活掌握，有计划地逐渐进行，应根据脱温时期的早晚、气温高低、雏鸡品种、健康状况、生长速度快慢等不同而定，一般春雏在 6 周龄，夏雏和秋雏在 5 周龄脱温。

脱温方法是，如果室温不加热就能达到 18℃以上，此时即可以脱温。如达不到 18℃或昼夜温差较大，可延长给温时间，可以白天停温，晚上仍然供温；晴天停温，阴雨天适当加温，尽量减少温差和温度的波动，做到“看天加温”。经 1 周左右，当雏鸡已习惯于自然温度时，才完全停止供温。

育雏期相对湿度以 50%～65%为宜，最高不要超过 75%。1～10 日龄舍内相对湿度以 60%～65%为宜，湿度过低，影响卵黄吸收和羽毛生长，雏鸡易患呼吸道疾病。10 日龄以后相对湿度以 50%～60%为宜。随着雏鸡体重的增加，呼吸与排泄量也相应增多，育雏室相对湿度提高，易诱发球虫病，此时要注意通风，保持室内干燥清洁。夏季易出现高温高湿，冬季易出现低温高湿，都会造成雏鸡死亡增加，需要根据季节变化做好湿度调控工作。

（七）光照、密度和通风

白天可利用自然光照，晚上以人工补光为主，强度一般 1～5 日龄掌握在 20～25 勒克斯，24 小时照明，以便让雏鸡熟悉环境。6～8 日龄 20 小时光照，9～12 日龄为 18 小时光照，以后随着日龄增大，光照时间和强度应逐步缩短和减弱，2～3 周龄为 10～15 勒克斯，4 周龄以后为 3～5 勒克斯。而且光照时间逐渐减少，20 日龄后采用自然光照。

鸡具有生长发育快、代谢旺盛的特点。饲养密度要适中，一般以每平方米 1～10 日龄 50～60 只，10～20 日龄 30～40 只，20～40 日龄 20 只，40～50 日龄 10 只为宜。采用网上平养，比地面垫料方式的饲养密度可适当提高。

注意合理通风，为雏鸡创造良好的空气环境。根据舍内空气质量情况，结合外界温度，做好育雏舍的通风换气，及时排出舍内氨气和二氧化碳。一般通风换气宜在每天的中午时间、外界温度高时进行。

（八）断喙

断喙是防止各种啄癖的发生和减少饲料浪费的有效措施之一（视频6-3）。断喙一般在6～10日龄进行，此时对鸡应激最小，太早太迟都对雏鸡不利。放养鸡断喙不同于笼养鸡，主要是防止育雏期间啄癖的发生和减少饲料浪费。因此，断喙的长度应保证在放养时能够完全恢复，鸡能在野外正常啄食，以及销售时不影响其售价。

视频6-3 雏鸡断喙的方法

断喙使用150～200瓦电烙铁或电热断喙器断喙。断喙时，一手握鸡，拇指置于鸡头部后端，轻压头部和咽部，使鸡舌头缩回，以免灼伤舌头。如果鸡龄较大另一只手可以握住鸡的翅膀或双腿。使用电烙铁或电热断喙器将上喙距喙尖2毫米处烙断（喙尖颜色发黑或焦黄也可）或切断（断喙灼伤时间一般为2.5～3秒），烙断不能太快，以防切口没有完全止血，造成雏鸡因出血而死亡。

为防止断喙带来的应激和出血，在断喙时饲料中应添加维生素K_3，断喙结束后料桶（槽）中的饲料应有一定的厚度，以便于雏鸡采食。

（九）小公鸡阉割（去势）

对阉割鸡有需求的地方，可以对小公鸡实施阉割。小公鸡去势育肥是我国传统黄羽肉鸡的一种生产形式，经去势后的公鸡俗称阉鸡。阉鸡具有以下特点：除去小公鸡的睾丸以后，雄性生长优势消失了，生长期变长，育肥性能和饲料利用率都明显提高，一般去势后成年鸡比未去势的成年公鸡重0.5～1千克，且肉质细嫩、肌间脂肪和皮下脂肪增多，肌纤维细嫩，风味独特。

小公鸡去势在5～8周龄，体重0.5千克左右，能从鸡冠分辨公母鸡以后，在鸡的最后一个肋间，距离背中线1厘米处，顺肋间方向开口1厘米左右，用弓弦法将切口张开，再用铁丝将一根马尾导入腹腔，用马尾将睾丸系膜与背部的联结处捆扎，拉断系膜，使睾丸脱落取出，取出一个睾丸后再取另一个睾丸，必须把睾丸全部取出。取出后如果切口小可不用缝合，切口大则需要缝合。另一种办法是用小公鸡去势钳，将去势钳从切口伸入，转动90°，用钳咀压近肠道，看见睾丸后，张开钳嘴，把睾丸夹住，夹断睾丸系膜取出睾丸。去势钳的办法在公鸡睾丸大的情况下不宜采用。

（十）日常管理

育雏笼和网上育雏的，每天清除育雏舍内粪便一次。地面厚垫料育雏的，及时清除沾污粪便的垫料，更换干爽垫料。

定期消毒，采用高效消毒剂对育雏舍内地面、食槽、水槽进行消毒。10日龄以后使用0.1％～0.25％过氧乙酸、0.1％～0.15％新洁尔灭、0.2％～0.3％次氯酸钠等消毒液实施带鸡消毒。

雏鸡胆小易受惊吓，故应保持育雏舍环境安静，严禁陌生人进入。雏鸡自卫能力差，容易受鼠及野兽等伤害，因此要做好灭鼠等工作。

观察鸡群，每隔1～2小时观察1次鸡群的采食、饮水、休息、粪便、精神状态等情况，以掌握雏鸡的健康状况。若鸡群挤在一起，应及时增加温度，并驱散拥挤的雏群。观察鸡群在添饲料时的反应、采食的速度、争抢程度，采食量等，观察粪便的形状和颜色，观察雏鸡的羽毛、眼神、对声音的反应等，以判断雏鸡的健康状况和饲料的质量等。

雏鸡育雏后期佩戴有本场标志的可追溯用脚环。

做好育雏记录，记录内容包括健康状况、光照、雏鸡分布情况、温度、湿度、死亡、饲料变化、采食量、饮水情况、免疫接种及投药等情况。

（十一）免疫接种

视频 6-4 鸡滴鼻点眼免疫操作方法

育雏期切实做好鸡疫苗注射（视频 6-4）。

① 出壳 24 小时内注射鸡马立克氏疫苗（鸡马立克氏疫苗通常由孵化场在出雏时统一注射完）。

② 7 日龄时用鸡新城疫Ⅱ系或新支二联苗滴鼻。

③ 14 日龄用鸡传染性法氏囊病弱毒苗饮水（注意：用疫苗前停饮水 2 ～ 3 小时），疫苗水加放 0.5%脱脂奶粉。

④ 18 ～ 20 日龄时用鸡新支二联苗饮水。

⑤ 27 ～ 28 日龄用鸡传染性法氏囊病弱毒疫苗饮水。

⑥ 32 ～ 35 日龄用鸡新支二联苗或鸡新城Ⅱ系疫苗饮水。

⑦ 50 日龄用鸡痘疫苗刺种。

五、肉用生态鸡生长育肥期饲养管理要点

肉用生态鸡的生长育肥期是指 43 ～ 150 日龄出栏的鸡。这一阶段鸡经过育雏后已经脱温，进入放养场地进行舍外放养。饲养管理的重点是进行放养训练，让育成鸡尽快适应放养环境，精心管理，适时出售（视频 6-5）。

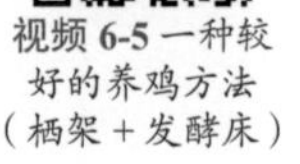
视频 6-5 一种较好的养鸡方法（栖架＋发酵床）

（一）放养时间

一般选择 4 月初至 10 月底放牧，这期间林地杂草丛生，虫、蚁等昆虫繁衍旺盛，鸡群可采食到充足的生态饲料。此时，外界气温适中，风力不强，能充分利用较长的自然光照，有利于鸡的生长发育。其他月份则采取圈养为主、放牧为辅的饲养方式。

具体放养时间，还要考虑外界环境温度是否适宜，从育雏

舍转往放养场地的转群时间，宜选在春季当地日平均气温达到15℃以上时开始放养，至秋后霜冻前当地日平均气温低于15℃时停止放养。

（二）搭建棚舍

放养棚舍不能过分简陋，要求牢固、避风、遮阳、防水、防寒、通风良好等，还要有防鼠、蛇、鹰等设施，按每平方面积15～20只鸡搭建。简易鸡棚每200只鸡至少搭建一个，应多点设棚，棚内搭设栖息架，棚内及周围放置足够数量的饮水器和料桶。饮水器和料桶应悬挂安装，悬挂高度根据鸡的大小调整。

围网护群用铁丝网或尼龙网维护，高度大于1.5米。刚开始放养围网面积要小一些，使其适宜，然后逐渐扩大。

同时，还要在每个放养场地设置装河沙的沙坑，供鸡沙浴用。

（三）放养密度

开始放养密度以每亩（667平方米）100只左右，并随着鸡只体重增长而逐渐减少每亩的放养数量，到放养后期以每亩（667平方米）50只左右为宜。同时还要结合植被生长情况确定放养密度，图6-3放养的密度明显过大，鸡在放养场地采食不到太多的东西，只能饲喂大量饲料，变成了圈养，这样既浪费大量饲料，又不利于鸡肉的生长，同时降低了鸡肉的质量。

（四）分群

由于公母鸡对营养的需要不同，生长发育速度也不同，所以公母鸡分开饲养不仅可以提高饲料利用率，而且因为公鸡发育快，可比母鸡提早上市一周左右。实行公母鸡分群饲养，每群以200只以内为宜。日常管理过程中还要注意将弱小的鸡及时挑出来，单独组群饲养。

图6-3 放养密度过大

（五）放养训练

刚开始放养的2～3天，因脱温、环境等变化影响，可在饲料或饮水中加入一定量的维生素C或复合维生素等，预防应激。随着雏鸡的长大，可在舍内外用网圈围，扩大雏鸡活动范围。放养应选择晴天，中午将雏鸡赶至室外草地或地势较为开阔的坡地进行放养，让其自由采食植物籽实及昆虫。放养时间应结合室外气候和雏鸡活动情况灵活掌握。

为尽早让鸡养成在果园山林觅食和傍晚返回棚舍的习惯，放养开始时，可用吹哨法给鸡一个响亮信号，进行引导训练，让鸡群逐步建立起“吹哨—回舍—采食”的条件反射，只要吹哨即可召唤鸡群采食。经过一段时间的训练，鸡只会逐步适应外界的气候和环境，养成了放牧归牧的习惯后，即可全天放牧。

（六）补饲

生态放养鸡仅仅靠野外自由觅食天然饲料是不能完全满足其生长发育需要的。应根据鸡的日龄、生长发育情况、草地类型和天气情况，决定补饲的次数、时间、类型、营养浓度和补料数量。原则上夏秋季可以少补，春冬季可多补一些。在补料时记录补料量，作为下次补料量的参考数据，也可定期测定鸡的生长速度，即每周的周末，随机抽测一定数量的鸡的体重，看是否与标准体重符合。

实践证明，补料次数越多，效果越差。因此，补充饲料的次数以每天一次为宜，但在下雨、刮风、冰雹等不良天气时难以保证鸡在外面的采食量，可临时增加补料次数。一旦天气好转，立即恢复每天一次。

补饲要定时定量，时间要固定，这样可增强鸡的条件反射，以傍晚补料效果最好，以颗粒料最佳。颗粒饲料适口性好，不易剩料和浪费，还能避免挑食。在制作颗粒饲料过程中，高温使部分抗营养因子灭活，破坏了部分有毒成分，杀死了一些病原微生物，饲料比较卫生。补料时一定要保证每个鸡都吃到料，因此，必须摆放足够的食槽。5～8周龄的鸡生长速度快，食欲旺盛，每只鸡日补精料25克左右；9周龄至上市的鸡要以促进脂肪沉积、改善肉质和羽毛的光泽度为主，做到适时上市，可在早晚各补饲一次，按“早半饱、晚适量”的原则确定日补饲量，每只鸡一般在35克左右。

补料注意的问题：一是在放养场地的鸡舍前用石棉瓦、塑料瓦或者塑料布等搭建遮阳棚作为补料场所，内置饲料槽。二是每次补料应与信号相结合，使鸡养成条件反射，便于管理和收牧。三是补料时应观察整个鸡群的采食情况，防止胆子小的鸡不敢靠近采食，可增加料桶的数量和扩大摆放的范围，也可以延长补料时间。

在出栏前 7 ～ 15 天，逐步限制放养范围，缩短日放养时间，敞开供料。

（七）饮水管理

放养鸡的饮水要以供应为主，在鸡舍附近的活动场地铺设专门的供水管线，安装饮水器，保证鸡能方便地饮到清洁的水。如果有可利用的山泉水，要将山泉水引到鸡舍附近的专用水槽内，让鸡饮用流动的山泉水，防止附近积水或水体污染。并做好水质化验，发现水质出现不适合饮用的情况时，及时更换水源。

（八）灯光诱虫

有虫季节在傍晚后于棚舍前活动场内，用支架将黑光灯或高压灭蛾灯悬挂于离地 3 米高的位置，每天照射 2 ～ 3 小时。个性激素诱虫盒或以橡胶为载体的昆虫性外激素诱芯，30 ～ 40 天更换 1 次。

（九）轮牧

根据放养区植被利用情况，将放养区划分为若干个小区进行分区轮牧，每小区用围栏、尼龙网或铁丝网等分隔开，网的高度不低于 1.8 米。每一放养小区放养同一日龄同一批次的育成鸡。根据草被啄食情况和留茬高度决定放养持续时间，以 10 ～ 15 天为宜。一般每 5 亩（3335 平方米）地划为一个牧区，公母鸡最好分在不同的牧区放养。

生态放养容易对林地等地表植被带来相应的破坏，为此，需实施全进全出的划区轮养制。每一批鸡出栏后，需停养

3～6个月，在停养期间，做好鸡舍和放养场地的彻底消毒。对鸡舍及时清理并用消毒药或20%石灰乳泼洒等彻底消毒，对鸡放养场地主要通过阳光自然照射，雨水冲刷，植被的吸收、吸附和杀菌功能进行环境自净。同时，根据土壤状况撒播牧草种或生长快的低矮灌木树种（如白背黄花稔、野葡萄），以改善林地植被，防止水土流失，为下一批鸡提供更好的环境。

（十）日常管理

防止应激是放养管理方面的重要环节，鸡群受应激不仅使鸡群暂时停止生长，甚至会影响其健康导致死亡，因此要保持环境安静。外人的突然出现，犬、猫、鼠及其他野生动物的窜动，都会惊动鸡群，产生应激，严重影响鸡群采食、饮水、休息等活动，妨碍鸡群的生长发育。

每天早上日出后放鸡出舍，在日落前将鸡收回舍内。放养时，要特别加强巡逻和观察，鸡在傍晚回舍时要清点数量，以便及时发现问题、查明原因和采取有效措施。

放养地不得使用有可能导致鸡群中毒或体内残留的有机磷等农药。鸡场应常备解磷定、阿托品等解毒药。

搞好安全防范，预防天敌的危害。野外养鸡要特别预防鼠、黄鼠狼、野犬、狐狸、鹰、蛇等动物的侵袭。预防天敌可以采用以下办法。训练好家犬驱逐或者饲养几只大鹅均可有效预防附近的鼠类和鼬类对鸡的侵害。利用高处悬挂用反光玻璃、电脑光盘、布条、捕鹰网等起到驱逐鹰的目的。注意捕鹰网会受到林业部门的限制，但却是预防效果最好的方法。而捕鹰网能粘上鹰是有规律的，主要是在刚放网的2～3天内，以后就不会再有鹰粘上。因此，应选择小块网、多点布放，在捕鹰网上系上布条，一般鹰看到了就不会落下来，起到警示鹰的作用，并在开始悬挂的2～3天内及时将挂在网上的鹰和鸟摘下放生，几天以后鹰和鸟就不会再粘网上了。同时，因为有网，鹰也不能落下来抓鸡了。用尼龙网把放牧场围罩好。

应及时堵塞鸡舍墙体上的大小洞口。鸡舍门窗用铁丝网、尼龙网围好。围网有破损时及时维修。平时要及时整理收集起场区内所有的设备、建筑材料和垃圾等，以减少啮齿类、野生动物的隐藏地。

注意天气预报，恶劣天气到来之时，要注意提前做好防护措施，提早把鸡赶回棚内，避免鸡群受惊吓，甚至遭受损伤。

（十一）疾病防治

放养鸡接触外界与土壤，接触病原菌多，给疾病防治带来了难度。因此，必须做好卫生消毒和防疫工作。

实行全进全出制。“全进全出”是生态养鸡养殖成功的关键，有条件的每饲养两批鸡要变换场地，并对原场地进行消毒，间隔 3 ～ 4 周净化后再饲养鸡。

放养期日常管理要做到“四勤”，及时发现病鸡。一是放鸡时勤观察。放鸡时，健康鸡总是争先恐后向外飞跑，弱鸡常常落在后边，病鸡不愿离舍。通过观察可及时发现病鸡，进行隔离和治疗。二是补料时勤观察。健康鸡敏感，往往显示迫不及待；病弱鸡不吃食或吃食动作迟缓；病重鸡表现精神沉郁、两眼闭合、低头缩颈、行动迟缓等。三是清扫时勤观察。正常鸡粪便软硬度适中，呈堆状或条状，上面覆有少量的白色尿酸盐沉积物；粪便过稀为摄入水分过多或消化不良；浅黄色泡沫粪便大部分由肠炎引起的；白色稀便多为白痢病；排深红色血便可能为球虫病。四是关灯后勤观察。晚上关灯后倾听鸡的呼吸是否正常，若带有“咯咯”声，则说明有呼吸道疾病。

鸡舍、放牧场地和饲养工具应定期消毒（视频 6-6）。外出销售未销售完的鸡要在场外饲养，严禁再回流。鸡粪必须在堆集场发酵 8 个月以上才可用于耕地施用。养鸡用过的垫料必须搬运到离鸡舍较远的地方堆集焚烧。

视频 6-6 鸡舍带鸡喷雾消毒

鸡场内应消除水坑等蚊蝇滋生地，定期喷洒消毒药物，消灭蚊蝇，防止蚊蝇传播疫病。使用器具和药物灭鼠时，应该及时收集死鼠和残余鼠药，将死鼠深埋处理。防止鼠类传播疫病，以及死鼠、鼠药对鸡造成危害。选择高效、安全的抗寄生虫药驱虫，驱虫时应及时清理鸡粪，防止寄生虫污染环境。

放养期间根据降雨、温湿度和粪便球虫卵囊检查情况确定驱虫。鸡 70 日龄、120 日龄驱体内线虫 1 次，成年鸡每 2 ～ 3 个月驱体内线虫 1 次。每年的 7 ～ 9 月份根据当地发病情况可用 0.05%～ 0.1%泰灭净拌料预防住白细胞虫病。

视频 6-7 鸡痘疫苗接种方法

为防患于未然，必须有计划地进行免疫接种，以使鸡获取免疫力。主要做好鸡新城疫、鸡传染性支气管炎、禽流感、禽霍乱、鸡传染性法氏囊病、鸡痘（视频 6-7）等疾病的预防和治疗。

发生疫情时，应严格执行隔离制度，及时诊断和治疗。若鸡群发生禽流感、鸡新城疫、禽霍乱、禽结核病等传染性疫病，应尽快向当地农业农村主管部门报告疫情，迅速采取隔离、扑杀措施，对鸡群实施清群和净化措施，并对养殖场进行彻底清洗消毒。病死或淘汰鸡的尸体进行焚烧或深埋无害化处理。化尸池应做好防雨淋、防渗漏处理。

（十二）适时出栏

合适的饲养期是提高肉质和经济效益的重要因素。根据鸡的生长生理和营养成分积累的特点，确定放养生态鸡一般需要 5 个月以上再上市为宜。此时上市鸡肉质较好、经济效益最佳。

抓鸡前 4 ～ 6 小时应停止喂料，但不能停止供水，应尽量减少光照强度，或者使用蓝色灯泡降低鸡的视觉，鸡舍所有设备升高或移走，防止捕捉过程中损伤鸡体。应尽量保持安静，以免鸡群惊动造成挤压。为避免损伤，抓鸡时应抓鸡的小腿以下部位，装笼时要轻拿轻放，不可往里“扔鸡”以免碰撞致伤。

检疫按国家有关法律法规要求执行。

一般要在晚间装笼运输，各笼之间要有一定空隙，冬季和下雨天最好覆盖带有气孔的帆布。运输途中一定要注意通风，尽量缩短运往市场或屠宰厂的距离，运输途中不要停留，否则有可能造成损失。到达目的地卸完鸡后，应对运输车辆和笼具先用高压水枪冲洗，再用喷雾器向车辆喷洒消毒液，经过冲洗消毒后方可承运下一批肉鸡。

六、生态放养蛋鸡的饲养管理要点

以生产生态鸡蛋为目的生态鸡，可将鸡的整个饲养过程划分为育雏期（0 ～ 42 日龄）、育成期（43 ～ 120 日龄）和产蛋期（121 ～ 300 日龄）三个阶段。

蛋鸡的育雏期饲养管理要点与肉用鸡育雏期相同，具体饲养管理要点可参照前文“雏鸡的饲养管理要点”。

（一）育成期

育成期是指 43 ～ 120 日龄的鸡。此阶段是骨骼、肌肉、生殖系统、消化系统发育的关键时期，饲养管理的好坏直接影响成鸡的产蛋性能及经济效益。此阶段饲养管理的重点是提高育成率，合理控制体成熟和性成熟，在生理上为产蛋做好准备。

育成期的饲养管理可参照前文“肉用生态鸡生长育肥期饲养管理要点”，区别有以下几点。

1. 体重整齐度控制

良好的鸡群在育成期末期体重整齐度在 80% 以上。为准确把握鸡群体重状况，应每 1 ～ 2 周随机抽测 5%～ 10% 的育成鸡的体重，至少要称30只，将称重结果与该品种的指标相比较，并通过按鸡体重大小进行群体调整，根据各群的体重情况，分别给予不同的补料量来提高鸡群的体重整齐度。

2. 及时淘汰病弱鸡

对病鸡、畸形鸡和发育不良的鸡只要及时淘汰。

3. 防病措施

贯彻“预防为主”的方针，70日龄搞好鸡新城疫Ⅰ系疫苗注射。做到平时以预防为主，发现疾病及时用药医治。

（二）产蛋期

产蛋期是指121～300日龄的鸡。此阶段管理的基本要求是，为产蛋鸡提供合理的生活环境、合理的饲料营养、精心的饲养管理、严格的疫病防治，使鸡群保持良好的健康状况，充分激发鸡的产蛋性能。

1. 整理鸡群

鸡群进入产蛋期以后，要按照公母鸡1∶10的比例留足公鸡，将鸡群中多余的公鸡和体质弱小的母鸡剔除，集中育肥出售。

2. 换料

鸡群见第一枚蛋时，利用5～7天时间将育成鸡料逐渐更换为产蛋鸡料。产蛋鸡料要使用全价配合饲料或用浓缩料配制全价料。饲料中还可添加一些生物脱霉剂，减轻饲料中霉菌毒素污染的危害。饲料应符合无公害食品有关饲料安全的规定。

3. 添加保健沙

为了给生态鸡补充微量元素，还可以给生态鸡配制保健沙

（配方：河沙 50%、深层干净红土 40%、木炭 4%、粗盐 1%），供鸡自由采食。

同时，还要在每个放养场地设置装河沙的沙坑，供鸡沙浴用。

4. 饮水

应保证鸡能随时饮到清洁的水。另外，在饮水中每 2 周添加 3 天产酶益生素，以促进鸡的消化和肠道健康。

5. 补饲

每天上下午各补饲一次。具体时间主要在早上放鸡前和晚上收鸡后。

6. 温度

产蛋鸡适宜的环境温度在 15 ～ 23℃。放养场要具备良好的遮阳条件。放养舍要做好保温隔热。

7. 驱虫

第 19 周龄用阿苯达唑等药物对全群放养鸡进行一次彻底驱虫。

8. 增加光照时间

第 19 周龄起，每周延长光照时间 30 ～ 40 分钟，从最初的每天 10 小时光照逐渐延长到每天 16 小时。

9. 防止窝外蛋

放养鸡喜欢找隐蔽安全的地方产蛋，这是鸡的天性。为了既符合鸡的产蛋特点，同时又便于收集鸡蛋，要做到以下三点。一是提前准备足够数量的产蛋窝。应每 5 只母鸡准备一个产蛋窝，箱底铺设干爽的垫草。而且要在100日龄左右鸡产蛋前准备好，在刚开产的时候用白色乒乓球作为“引蛋”，诱导母鸡进窝产蛋。二是在摆放蛋窝时，应考虑母鸡产蛋时对安全和舒适的需求，摆放在通风良好、光线较暗的地方，如将产蛋窝固定在鸡舍内、鸡舍外墙上或四周墙角处，或者固定在距离地面50厘米左右的树干上，避免放在较冷、有贼风或光线较强的地方。三是在舍内设置产蛋窝的，把每天放鸡的时间拖后，因为鸡产蛋时间一般集中在每天的8～12时，延长放鸡时间让鸡把蛋在鸡舍内产完后再放鸡，也是一个不错的办法。

10. 戴鸡眼镜

对于后期实行圈养的蛋鸡，随着鸡饲养密度的增加，鸡群易发生相互打架、啄毛、啄肛，从而影响鸡正常采食和饮水。鸡眼镜是一种能够防止饲养鸡群发生相互打架、啄毛、啄肛而不影响鸡正常采食、饮水、活动的特制眼镜。它的作用是使母鸡只能斜视和看下方，不能正常平视，这样就能有效地防止鸡之间的啄毛、啄肛、打架现象，降低鸡群死亡率，提高养殖效益，是鸡场养殖的好助手。因此，在实行圈养以后，应立即给母鸡佩戴鸡眼镜。

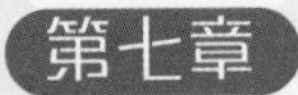

第七章

鸡的疾病防治

鸡病的发生和传播与饲养管理有直接关系，养鸡场出现的生产状况不良问题通常归因于鸡舍简陋、传染性疾病和人鸡管理不良。这就要求鸡场坚持“预防为主、防治结合、防重于治”的原则，了解和掌握鸡病防治的关键环节和关键技术，在加强饲养管理的同时，有针对性地做好鸡病预防和控制工作。

一、鸡场的生物安全管理

生物安全是近年来国外提出的有关集约化生产过程中保护和提高畜禽群体健康状况的新理论。生物安全的中心思想是隔离、消毒和防疫。关键控制点是对人和环境的控制，最后达到建立防止病原入侵的多层屏障的目的。因此，每个鸡场和饲养人员都必须认识到，做好生物安全是避免疾病发生的最佳方法。一个好的生物安全体系将发现并控制疾病侵入养殖场的各种最可能途径。

生物安全包括控制疫病在鸡场中的传播、减少和消除疫病发生。因此，对一个鸡场而言，生物安全包括两个方面：一是外部生物安全，防止病原菌水平传入，将场外病原微生物带入场内的可能降至最低。二是内部生物安全，防止病原菌水平传播，降低病原微生物在鸡场内从病鸡向易感鸡传播的可能。

鸡场生物安全要特别注重生物安全体系的建立和细节的落实。具体包括建立各项生物安全制度、鸡场建筑及设施建设、引种、加强消毒净化环境、饲料管理、实施群体预防、防止应激、疫苗接种和抗体检测、紧急接种、病死鸡无害化处理、灭蚊蝇、灭老鼠和防野鸟等。

（一）鸡场建筑及设施建设

鸡场场址不应位于《中华人民共和国畜牧法》规定的禁止区域，要符合相关法律法规及土地利用规划。距离生活饮用水源地、居民区、畜禽屠宰加工、交易场所和主要交通干线500米以上，其他畜禽养殖场1000米以上。

鸡场应选择在地势高燥、通风良好、采光充足、排水良好、隔离条件好的区域。有专用车道直通到场，场区主要路面须硬化。场区周围有防疫隔离设施，并有明显的防疫标志。家禽场分为生活区、办公区和生产区，生活区和办公区与生产区分离，生活区和办公区位于生产区的上风向。生产区域应位于污水、粪便和病死鸡处理区域的上风向。同时，生产区内污道与净道分离，不相交叉。各区整洁，且有明显标示。场区门口、生产区入口和鸡舍门口应有消毒设施，生产区入口处应设有更衣消毒室，场内和鸡舍内应有消毒设备。设有专用的蛋库，蛋库整洁。

场区有稳定适于饮用的水源及电力供应，水质符合《无公害食品 畜禽饮用水水质》（NY 5027—2008）的规定。鸡场应设有相应的消毒设施、更衣室、兽医室、解剖室，并具备常规的化验检验条件，设有药品储备室，并配备必要的药品、疫苗储藏设备，有效的病鸡、污水及废弃物无公害化处理设施。鸡舍地面和墙壁应便于清洗和消毒，耐磨损，耐酸碱。墙面不易脱落，不含有毒有害物质。

有害生物如苍蝇、蚊子、老鼠及其他飞禽走兽、寄生虫对鸡群健康的危害越来越明显，因此，对有害生物的控制应该引起高度重视。鸡舍应具备良好的排水、通风换气、防鼠、防虫以及防鸟设施。坚持做好灭苍蝇、灭蚊子、灭老鼠和防野鸟工作。育雏鸡宜采用全封闭式鸡舍，对半封闭式鸡舍应采用安装防鸟网、灭鼠器、灭蚊蝇灯，清除鸡舍周围的杂草和污水沟，安排专人驱赶飞鸟等办法与措施，维护鸡场的生物安全。据介绍，美国的鸡舍周边铺设宽度为1米的碎石或鹅卵石，可避免啮齿类动物进入鸡舍，在饲料和鸡蛋的储藏地的周围设置大量的毒饵室，并放置有效的灭鼠药。这种做法值得我们的鸡场借鉴。

（二）引种要求

雏鸡应来源于具有营业执照、种畜禽生产经营许可证和动物防疫条件合格证的种鸡场和孵化场，雏鸡需经产地动物防疫检疫部门检疫合格，达到《家禽产地检疫规程》（农业部2014年4月20日印发）的要求，并取得《动物产地检疫合格证明》《出县境动物检疫合格证明》和《动物及动物产品运载工具消毒证明》。不得从禽病疫区引进雏鸡。运输工具运输前需进行清洗和消毒。

同一栋鸡舍的所有鸡应来源于同一种禽场相同批次的家禽。

鸡场应记录品种、来源、数量、日龄等情况，并保留种畜禽生产经营许可证复印件、《动物检疫合格证明》和《车辆消毒证明》等。一旦出现引种问题能追溯到家禽出生、孵化的家禽场。

（三）加强消毒，净化环境

养鸡场应备有健全的清洗消毒设施和设备，制定并严格执行消毒制度，防止疫病传播。鸡场采用人工清扫、冲洗，交替使用化学消毒药物消毒。消毒剂要选择对人和鸡安全、没有残留毒性、对设备没有破坏、不会在鸡体内产生有害积累的消毒剂。选用的消毒剂应符合《无公害农产品 兽药使用准则》（NY/T 5030—2016）的规定。在鸡场入口、生产区入口、鸡舍入口设置防疫规定的长度和深度的消毒池，对养鸡场及相应设施进行定期清洗消毒。为了有效消灭病原，必须定期实施以下消毒程序：每次进场消毒、鸡舍消毒、饲养管理用具消毒、车辆等运输工具消毒、场区环境消毒、带鸡消毒、饮水消毒。

用一定浓度的次氯酸盐、有机碘混合物、过氧乙酸、新洁尔灭等，用喷雾装置进行喷雾消毒，这种消毒方式主要用于鸡舍清洗完毕后的喷洒消毒、带鸡消毒、鸡场道路和周围消毒、进入场区的车辆消毒。用一定浓度的新洁尔灭、有机碘混合物或煤酚的水溶液，进行洗手、洗工作服或胶靴。鸡舍应在进鸡前用甲醛和高锰酸钾进行熏蒸消毒，每立方米用福尔马林（40%甲醛溶液）42毫升、高锰酸钾21克，在21℃以上温度、70%以上相对湿度条件下，封闭熏蒸24小时。在鸡场入口、更衣室，用紫外线灯照射，可以起到杀菌效果。在鸡舍周围、入口撒生石灰或火碱可以杀死大量细菌或病毒。用酒精、汽油、柴油、液化气喷灯，对空置的笼具、地面、墙壁等地方用火焰依次瞬间喷射消毒效果更好。

鸡舍周围环境每2～3周用2%火碱消毒或撒生石灰1次，鸡场周围及场内污水池、排粪坑、下水道出口，每月用漂白粉消毒1次。在大门口、鸡舍入口设消毒池，注意定期更换消毒液，工作人员进入生产区净道和鸡舍要经过洗澡、更衣、紫外线消毒。严格控制外来人员，必须进生产区时，要洗澡，更换场区工作服和工作鞋，并遵守场内防疫制度，按指定路线行走。每批鸡只调出后，要彻底清扫干净，用高压水枪冲洗，然后进行喷雾消毒或熏蒸消毒。定期对笼具、料槽、饲料车、料箱、针管等用具进行消毒，可用0.1%新洁尔灭或0.2%～0.5%过氧乙酸消毒，然后在密闭的室内进行熏蒸。

（四）饲料卫生管理

饲料原料和添加剂应符合感官要求，即具有饲料应有的色泽、嗅、味及组织形态特征，质地均匀，无发霉、变质、结块、虫蛀及异味、异嗅、异物。饲料和饲料添加剂的生产、使用，应是安全、有效、不污染环境的产品，符合单一饲料、饲料添加剂、配合饲料、浓缩饲料和添加剂预混合产品的饲料质量标准规定。所有饲料和饲料添加剂的卫生指标应符合《饲料卫生标准》（GB 13078—2017）的规定。

饲料和饲料添加剂应在稳定的条件下取得或保存，确保饲料和饲料添加剂在生产加工、贮存和运输过程中免受害虫、化学、物理、微生物或其他不期望物质的污染。

在鸡的不同生长时期和生理阶段，根据营养需求，配制不同的全价配合饲料。营养水平不低于《鸡饲养标准》（NY/T 33—2004）的要求，参考所饲养鸡品种的饲养手册标准，配制营养全面的全价配合饲料。禁止在饲料中添加违禁的药品及药品添加剂。使用含有抗生素的添加剂时，在淘汰鸡出售前，按有关准则执行休药期。不使用变质、霉败、生虫或被污染的饲料。

（五）病死鸡无害化处理

病死鸡无害化处理是指用物理、化学等方法处理病死动物尸体及相关动物产品，消灭其所携带的病原体，消除动物尸体危害的过程。无害化处理方法包括焚烧法、化制法、掩埋法、和发酵法。注意因重大动物疫病及人畜共患病死亡的动物尸体和相关动物产品不得使用发酵法进行处理。

养鸡场对饲养过程中出现的病死鸡要严格执行“四不准一处理”（即不准宰杀、不准食用、不准出售、不准转运、对病死鸡必须无害化处理）制度。对剖检的病鸡尸体采取深埋或焚烧等安全处理措施，勿给犬吃或送人，更不要乱丢乱抛。育雏阶段的死亡小鸡也应烧毁或深埋，防止野犬掏食。对鸡粪、垃圾废物采用发酵法或堆粪法进行无害化处理，对废弃的药品、生物制品包装物也要进行无害化处理。

（六）实施群体预防

养鸡场应根据《中华人民共和国动物防疫法》及其配套法规的要求，结合当地疫病流行的实际情况，制定免疫计划，有选择地进行疫病的预防接种工作。对农业农村主管部门不同时期规定需强制免疫的疫病，疫苗的免疫密度应达到100%，选用的疫苗应符合《中华人民共和国兽用生物制品质量标准》，并注意选择科学的免疫程序和免疫方法。

进行预防、治疗和诊断疾病所用的兽药应是来自具有兽药生产许可证，并获得农业农村部颁发的兽药GMP证书的兽药生产企业，或农业农村部批准注册进口的兽药，其质量均应符合相关的兽药国家质量标准。使用拟肾上腺素药、平喘药、抗胆碱药与拟胆碱药、肾上腺皮质激素（糖皮质激素）类药和解热镇痛药，应严格按国务院农业农村主管部门规定的作用用途和用法用量使用。使用饲料药物添加剂应符合农业农村部《饲料药物添加剂使用规范》的规定。禁止将原料药直接添加到饲料及饮用水中或直接饲喂。鸡场要认真做好用药记录。

（七）防止应激

应激是作用于动物机体的一切异常刺激，引起机体内部发生一系列非特异性反应或紧张状态的统称。对于鸡来说，任何让鸡只不舒服的动作都是应激。应激对鸡会有很大危害，造成机体免疫力、抗病力下降，产生免疫抑制，诱发疾病，发生条件性疾病，可以说，应激是百病之源。

生态放养鸡由于在野外生活，遇到的应激因素较多，预防的难度也很大，必须采用切实可行的办法进行预防。

防止和减少应激的办法很多，在饲养管理上要做到"以鸡为本"，精心饲喂，供给营养平衡的饲料，控制鸡群的密度，做好鸡舍通风换气，控制好温度、湿度和噪声，随时供应清洁充足的饮水，特别是必须做好应对放养场地上的鹰、蛇、野猫等对鸡骚扰的准备，以及突然发生雷暴、龙卷风等不良天气的应急措施等。

（八）采用全进全出制度

全进全出制度即同一鸡舍或同一鸡场只饲养同一批次的鸡，同时进场、同时出场的管理制度。全进全出制度是规模化养鸡场的一项重要技术措施，它不但能保证生产的计划性，而且有利于鸡群的保健和疫病的控制、扑灭和净化。全进全出制也是最理想的生物安全方式。

全进全出制就是一个饲养场只养一批同日龄的鸡，鸡同时进场、同时出栏淘汰，鸡群出栏后彻底清理、消毒，并空舍一段时间，等于每次进鸡时都是一个新场。这样可以避免疾病从较大日龄鸡传播到较小日龄鸡、对疾病易感的鸡群。切断了病原在鸡群之间的水平传播，减少了疾病的早期感染机会，降低了疾病从上批次传染给下批次的风险和概率，可显著提高鸡场生产成绩，是鸡场生物安全的重要措施。欧美发达国家几十年的发展经验充分证明这种办法相当有效。我国大中型养鸡场采用得也比较多，效果非常好。

为了实现全进全出，养鸡场应从设施建设和饲养管理上做好充分的准备工作。

一是鸡场可以进行专门化养殖，采取一个鸡场只负责饲养一个阶段的鸡。如专门饲养雏鸡的养鸡场、专门饲养育成鸡的养鸡场、专门饲养产蛋鸡的鸡场。这样专业分工明确，管理单一，避免了不同日龄鸡的交叉。二是鸡场在设施建设上，要建设足够的鸡舍做保证。鸡场在鸡舍设计建设时就要根据各个阶段鸡的特点建设专门的鸡舍，保证育雏期、育成期、产蛋期的鸡舍专用，不出现同一栋鸡舍既饲养雏鸡又同时饲养育成鸡或者产蛋鸡的情况。如果同一养鸡场既育雏又育成还饲养产蛋期鸡，各类鸡舍必须相互独立，保持一定的安全距离。三是做好雏鸡的引进和产蛋鸡的淘汰计划。避免出现因计划不周，导致某一阶段的鸡过多而鸡舍不够用，不得不把不同日龄、不同批次的鸡饲养在同一个舍的情况发生。四是在饲养管理上，鸡舍从工具、饲料、人员、防疫等饲养管理的各个环节都要实行单独管理。各舍实行专人专职管理，禁止各舍间人员随意走动。

（九）疫病扑灭与净化

养鸡场应依照《中华人民共和国动物防疫法》及其配套法规，以及当地农业农村主管部门有关要求，并结合当地疫病流行的实际情况，制定疫病监测方案并实施，并应及时将监测结果报告当地农业农村主管部门。养鸡场常规监测的疫病有高致病性禽流感、鸡新城疫、鸡马立克氏病、禽白血病、禽结核、鸡白痢、鸡伤寒等。养鸡场应接受并配合当地动物卫生监督机构进行定期或不定期的疫病监督抽查、普查、监测等工作。

养鸡场应根据监测结果，制订场内疫病控制计划，隔离并淘汰病畜禽，逐步消灭疫病。当鸡场发生疫病或怀疑发生疫病时，应根据《中华人民共和国动物防疫法》，立即向当地农业农村主管部门报告疫情。确诊发生国家或地方政府规定应采取

扑杀措施的疾病时，养鸡场必须配合当地农业农村主管部门，对发病畜禽群实施严格的隔离、扑杀措施。

发生动物传染病时，养鸡场应对发病鸡群及饲养场所实施净化措施，对全场进行彻底的清洗消毒，病死或淘汰鸡的尸体按畜禽病害肉尸及其产品无害化处理要求进行无害化处理，消毒按《畜禽产品消毒规范》（GB/T 16569—1996）进行。

（十）建立各项生物安全制度

建立生物安全制度就是将有关鸡场生物安全方面的要求、技术操作规程加以制度化，以便全体员工共同遵守和执行。

如在员工管理方面要求对新参加工作及临时参加工作的人员进行上岗卫生安全培训。定期对全体职工进行各种卫生规范、操作规程的培训。

生产人员和生产相关管理人员至少每年进行一次健康检查。新参加工作和临时参加工作的人员，应经过身体检查并取得健康合格证后方可上岗，同时要建立职工健康档案。

进生产区必须穿工作服、工作鞋，戴工作帽，工作服必须定期清洗和消毒。每次家禽周转完毕，所有参加周转的人员的工作服应进行清洗和消毒。各禽舍专人专职管理，禁止各禽舍间人员随意走动。

严格执行换衣消毒制度，员工外出回场时（休假或外出超过 4 小时回场者，要在隔离区隔离 24 小时），要经严格消毒、洗澡，更换场内工作服才能进入生产区。换下的场外衣物存放在生活区的更衣室内，行李、箱包等大件物品需打开照射 30 分钟以上，衣物、行李、箱包等均不得带入生产区。

外来人员管理方面规定禁止外来人员随便进入鸡场。如发现外人入场所有员工有义务及时制止，请出防疫区。本场员工不得将外人带入鸡场。外来参观人员必须严格遵守本场防疫、消毒制度。

工具管理方面做到专舍专用，各舍设备和工具不得串用，工具严禁借给场外人员使用。

每栋鸡舍门口设消毒池、盆，并定期更换消毒液，保持有效浓度。员工每次进入鸡舍都必须用消毒液洗手和踩踏消毒池。严禁在防疫区内饲养猫、犬等，养鸡场应配备对害虫和啮齿动物等的生物防护设施。

每群鸡都应有相关的资料记录，其内容包括：畜禽品种及来源、生产性能、饲料来源及消耗情况、兽药使用及免疫接种情况、日常消毒措施、发病情况、实验室检查及结果、死亡率及死亡原因、无害化处理情况等。所有记录应有相关负责人员签字并妥善保存两年以上。

二、制订科学的免疫程序

免疫接种是指用人工方法将有效疫苗引入动物体内使其产生特异性免疫力，由易感状态变为不易感状态的一种疫病预防措施。有组织、有计划地免疫接种，是预防和控制动物传染病的重要措施之一，在某些传染病如鸡新城疫、鸡马立克氏病、鸡传染性法氏囊病、禽流感等病的防控措施中，免疫接种更具有关键性的作用。根据免疫接种的时机不同，可将其分为预防接种和紧急接种两大类。免疫接种计划是根据不同传染病、不同动物及用途等多因素制订的。虽然疫苗接种是预防传染病的重要手段，但也要加强饲养管理，提高鸡的抗病力，做好消毒和隔离，减少疫病传播机会，防止外来疫病侵入等。

（一）预防接种

在经常发生某些传染病的地区，或有某些传染病潜在的地区，或经常受到临近地区某些传染病威胁的地区，为了防患于未然，在平时有计划地给健康鸡进行的免疫接种，称为预防

接种。

家庭农场应根据所在地区畜禽养殖场传染病的流行情况、鸡的品种、鸡群健康状况、不同疫苗特性和免疫监测结果等综合考虑，为本场的鸡群制订接种计划，包括接种疫苗的类型、顺序、时间、次数、方法、时间间隔等过程和次序。

免疫程序的制订，应至少考虑以下八个方面的因素：①当地疾病的流行情况及严重程度；②母源抗体水平；③上一次免疫接种引起的残余抗体水平；④鸡的免疫应答能力；⑤疫苗的种类和性质；⑥免疫接种方法和途径；⑦各种疫苗的配合；⑧对鸡健康及生产能力的影响。这八个因素是相互联系、互相制约的，必须统筹考虑。一般来说，免疫程序的制定首先要考虑当地疫病的流行情况及严重程度，据此才能决定需要接种什么种类的疫苗，能达到什么样的免疫水平。如新城疫母源抗体滴度低的鸡要早接种，母源抗体滴度高的推迟接种效果更好。目前还没有一个可供统一使用的疫（菌）苗免疫程序。

预防接种通常使用疫苗、菌苗、类毒素等生物制剂作为抗原激发免疫。用于人工主动免疫的生物制剂可统称为疫苗，包括用细菌、支原体、螺旋体和衣原体等制成的菌苗，用病毒制成的疫苗和用细菌外毒素制成的类毒素。根据所用生物制剂的性质和工作需要，可采取注射、点眼、滴鼻、刺种、喷雾和饮水等不同的接种方法。

不同疫苗免疫保护期限相差很大，接种后经一定时间（数天至 3 周），可获得数月至 1 年以上的保护力。

需要说明的是，在饲养过程中，预先制订好的免疫程序也不是一成不变的，而是要根据抗体监测结果和鸡群健康状况及当地疫病流行情况随时进行调整。尤其是抗体监测可以查明鸡群的免疫状况，指导免疫程序的设计和调整。定期进行免疫抗体水平监测，根据检测结果适时调整免疫程序是最合理的办法。

放养柴鸡推荐免疫程序见表 7-1。

表 7-1　放养柴鸡推荐免疫程序

<table>
<tr><th>日龄</th><th>防治疫病</th><th>疫苗</th><th>接种方法</th></tr>
<tr><td>1</td><td>鸡马立克氏病</td><td>鸡马立克氏病活疫苗</td><td>颈部皮下注射</td></tr>
<tr><td>7</td><td>鸡新城疫、鸡传染性支气管炎</td><td>鸡新城疫、鸡传染性支气管炎二联活疫苗（La Sota+H120 株）</td><td>点眼、滴鼻</td></tr>
<tr><td>14</td><td>鸡传染性法氏囊病</td><td>鸡传染性法氏囊中等毒力活疫苗</td><td>饮水</td></tr>
<tr><td>21</td><td>鸡新城疫、鸡传染性支气管炎、禽流感</td><td>鸡新城疫、鸡传染性支气管炎二联活疫苗，禽流感灭活疫苗</td><td>点眼、滴鼻，颈部皮下注射</td></tr>
<tr><td>25</td><td>鸡传染性法氏囊病</td><td>鸡传染性法氏囊中等毒力活疫苗</td><td>饮水</td></tr>
<tr><td>30</td><td>鸡痘</td><td>鸡痘活疫苗</td><td>翼下刺种</td></tr>
<tr><td>35</td><td>鸡新城疫、鸡传染性支气管炎</td><td>鸡新城疫、鸡传染性支气管炎二联活疫苗（La Sota+H52 株）</td><td>饮水</td></tr>
<tr><td>50</td><td>禽流感</td><td>禽流感灭活疫苗</td><td>颈部皮下注射</td></tr>
<tr><td>60</td><td>鸡新城疫</td><td>鸡新城疫低毒力活疫苗</td><td>饮水</td></tr>
<tr><td>80</td><td>鸡痘</td><td>鸡痘活疫苗</td><td>翼下刺种</td></tr>
<tr><td>100</td><td>鸡新城疫、鸡传染性支气管炎</td><td>鸡新城疫、鸡传染性支气管炎二联活疫苗（La Sota+H52 株）</td><td>饮水</td></tr>
<tr><td rowspan="2">110 ～ 115</td><td>蛋用：鸡新城疫、鸡减蛋综合征、禽流感</td><td>鸡新城疫、减蛋综合征二联活疫苗，禽流感灭活疫苗</td><td rowspan="2">颈部皮下注射</td></tr>
<tr><td>肉用：鸡新城疫、禽流感</td><td>鸡新城疫灭活疫苗，禽流感灭活疫苗</td></tr>
<tr><td>300 ～ 310</td><td>鸡新城疫、鸡传染性支气管炎、禽流感</td><td>鸡新城疫、鸡传染性支气管炎二联活疫苗（La Sota+H52 株），禽流感灭活疫苗</td><td>饮水，颈部皮下注射</td></tr>
</table>

数据来源：《放养柴鸡防疫技术规范》（DB13/T 985—2008）。

免疫接种后，要注意观察鸡群接种疫苗后的反应，如有不良反应或发病等情况，应及时采取适当措施，并向有关部门报告。

为克服不良免疫反应，应根据具体情况采取相应措施。一般来说活疫苗引起的不良反应较多见，特别是在使用气雾、饮水、点眼、滴鼻等方法进行免疫时，往往易激活呼吸道的某些条件性病原体而诱发呼吸道反应。因此，在这种情况下对病毒性活疫苗可通过添加抗生素、保护剂等措施减少应激，也可在免疫接种前或免疫接种时给被接种鸡使用抗应激药物、抗生素

等。另外，严格遵守操作程序、注意气候条件、控制好鸡舍环境条件、选择适当的免疫时机等也能有效避免或降低免疫接种诱发的不良反应。

接种弱毒疫苗前后各5天，鸡应停止使用对疫苗活菌有杀灭力的药物，以免影响免疫效果。

疫苗接种后经过一定时间（10～20天），用测定抗体的方法来监测免疫效果。尤其是改用新的免疫程序及疫苗种类时更应重视免疫效果的检查，这样可以及早知道是否达到预期免疫效果。如果免疫失败，应尽早、尽快补防，以免发生疫情。

（二）紧急接种

紧急接种是当鸡群发生传染病时，为迅速扑灭和控制疫病流行，对疫区和受威胁区域尚未发病的鸡群进行的应急性免疫接种。通常应用高免血清或血清与疫苗共同接种。

从理论上说，紧急接种以使用免疫血清较为安全有效。在某些鸡病上常应用高免血清或高免卵黄抗体进行被动免疫，而且能够立即生效，但因血清用量大、价格高、免疫期短，且在大批鸡接种时往往供不应求，因此在实践中很难普遍使用。实践证明，使用某些疫（菌）苗进行紧急接种是切实可行的，尤其适合于急性传染病。如鸡新城疫，临床上多以非典型症状出现，一般不表现神经症状，仅表现出产蛋减少、采食降低，散在死亡，有的有呼吸道或消化道症状。这种情况紧急接种效果明显，一般以优质Ⅳ系苗或克隆苗4～5倍量饮水，数日后好转，需对个别严重的鸡群注射1羽份油苗，效果更佳。上述处理方法对蛋鸡产蛋率影响很小。发生鸡新城疫时，切勿用Ⅰ系苗对未成年鸡进行紧急接种，即使成年产蛋母鸡发生时也不宜用Ⅰ系苗紧急接种，不然会引起产蛋量下降。鸡传染性喉气管炎，当出现第一只鸡发病死亡时，需对所有的鸡群进行紧急接种，用鸡传染性喉气管炎疫苗点眼和滴鼻，数日后停止死亡，症状消失，全群鸡康复。鸡痘病，如果发现个别鸡出“痘”，立即对全群鸡实施疫苗紧急接种，同时连续 3 ～ 4 天杀灭鸡舍中的蚊虫，数日后鸡群不再出现新的病鸡。如果发现较晚、病情严重的鸡群，即使已经有少数鸡封眼，进行紧急接种疫苗，也有较好效果，但要注意隔离或淘汰部分病情严重的病鸡，同时要杀灭鸡舍环境中的蚊虫及其他吸血昆虫，并给鸡舍装上纱窗，大约 1 周就能控制该病。鸡发生传染性鼻炎时（视频 7-1），用灭活苗对鸡群紧急接种，同时配以少量药，对个别病鸡单独治疗，能够很快控制该病。发病数较多的，也可以全群给药。发生禽霍乱时，对死亡较多的鸡群紧急接种的同时，配用抗生素如氨苄青霉素、磺胺间甲氧嘧啶等效果更好。

视频 7-1 患鼻炎病的鸡

实施紧急接种时，选择疫苗毒力要适宜。毒力过大，接种后会加重疾病，死亡率大大上升；毒力过小，达不到免疫效果，控制不了疾病。接种疫苗的剂量也要适当。剂量过大，会造成鸡群强烈的反应，增加死亡；剂量过小，注入鸡体内的抗原数量少，达不到很好的效果。因此，紧急接种的疫苗剂量要保证鸡体不引起反应的同时，注射足够大的量。接种操作要规范，要做到 1 只鸡 1 个针头；稀释液温度要适宜，稀释倍数要适中，保证抗原活力；给药途径要严格按说明使用，不能改变或者图方便。

注意，紧急接种只能对外观健康的鸡进行紧急接种。对患病鸡及可能已受感染而处于潜伏期的鸡，必须在严格消毒的情况下立即隔离，不能再接种疫苗。少数病情严重无治愈希望的患病鸡，应立即淘汰。由于在外观健康的鸡中可能混有一部分潜伏期患者，这一部分患病动物在接种疫苗后不能获得保护，反而会促使其更快发病，因此在紧急接种后短期内鸡群中发病鸡的数量有可能增多，但由于这些急性传染病的潜伏期较短，而疫苗接种后大多数未感染鸡很快产生抵抗力，因此发病率不久即可下降，最终使疫情很快停息。

紧急接种是在疫区及周围的受威胁区进行，受威胁区的大小视疫病的性质而定。某些流行性强大的传染病如禽流感，其受威胁区在疫区周围 5 ～ 10 公里。紧急接种的目的是建立“免疫带”以包围疫区，就地扑灭疫情，防止其扩散蔓延，但这一措施必须与疫区的封锁、隔离、消毒等综合措施相配合才能取得较好的效果。

三、鸡的常见病与防治

（一）病毒性疾病

1. 鸡新城疫

鸡新城疫是由副黏病毒引起的高度接触性传染病，俗称鸡瘟，又称亚洲鸡瘟或伪鸡瘟。常呈急性败血症状，主要特征是呼吸困难、排稀便、神经紊乱、黏膜和浆膜出血，死亡率高，对养鸡业危害严重。

新城疫病毒有强毒株和弱毒株两类。毒力分为低毒力型（缓发型）、中等毒力型（中发型）、强毒力型（速发型）3 型。多数高强度毒力株常属嗜内脏型新城疫病毒。鸡科动物都可患该病。家鸡最易感，雏鸡比成年鸡易感性更高。感染时体温可达 44℃，精神委顿，羽毛松乱，呈昏睡状。冠和肉髯暗红色或黑紫色。嗉囊内常充满液体及气体，呼吸困难，喉部发出咯咯声；粪便青白色、稀薄、恶臭（图 7-1），一般 2 ～ 5 天死亡。亚急性或慢性型症状与急性型相似，病情较轻，出现神经症状，腿、翅麻痹，运动失调，头向后仰或向一边弯曲等（图 7-2），病程可达 1 ～ 2 个月，多数最终死亡。

各品种鸡和各年龄的鸡都能感染，幼鸡和中鸡更易感染，两年以上的老鸡易感性降低。该病主要传染源是病鸡和带毒鸡。被病毒污染的饲料、饮水和尘土经消化道、呼吸道或结膜传染易感鸡是主要的传播方式。空气和饮水传播，人、器械、车辆、饲料、垫料（稻壳等）、种蛋、幼雏、昆虫、鼠类的机械携带，以及带毒的鸽、麻雀的传播对该病都具有重要的流行

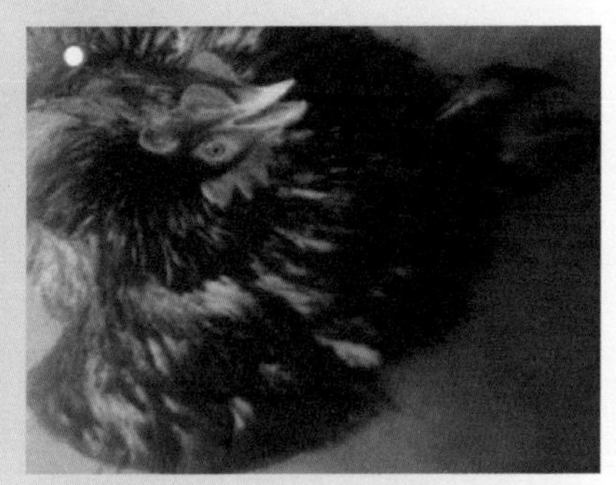

图7-1 患病鸡排出的青白色稀便　　图7-2 患病鸡运动失调呈观星状

病学意义。该病一年四季均可发生，以冬春寒冷季节较易流行。在非免疫区或免疫低下的鸡群，一旦有速发型毒株侵入，可迅速传播，呈毁灭性流行。发病率和死亡率可达90%以上。目前，在大中型养鸡场，鸡群有一定免疫力的情况下，鸡新城疫主要是以一种非典型的形式出现，应引起重视。

近年来由于病毒毒力增强、疫苗使用方法、使用途径等原因，非典型鸡新城疫发病较多。非典型鸡新城疫一般不呈暴发性流行，多散发，发病率在5%～10%。临床上缺乏特征性呼吸道症状，鸡群精神状态较好，饮食正常。个别鸡出现精神沉郁，食欲降低，嗉囊空虚，排黄色粪便等症状。从出现症状到死亡，一般为1～2天。产蛋鸡出现产蛋量下降，产软壳蛋等。非典型鸡新城疫的特征性病理变化表现在小肠上有数个大小不

等的黄色泡状肠段。剪开该肠段可见肠内容物呈橘黄色、稀薄，肠黏膜脱落，肠壁变薄，呈橘黄色，缺乏弹性，肠壁毛细血管充血或出血，与周围界限明显。腺胃变软、变薄，腺胃乳头间有出血。产蛋鸡除上述病变外，卵泡变形，卵黄液稀薄，严重者卵泡破裂，卵黄散落到腹腔中形成卵黄性腹膜炎。

【防治措施】该病尚无有效治疗药物，只能依靠严格消毒、隔离和用灭活苗及活苗接种预防。鸡新城疫的预防工作是一项综合性工程，饲养管理、防疫、消毒、免疫及监测五个环节缺一不可，不能单纯依赖疫苗来控制疾病。

一是加强饲养管理和兽医卫生，注意饲料营养，减少应激，提高鸡群的整体健康水平。特别要强调全进全出和封闭式饲养制，提倡育雏、育成、成年鸡分场饲养方式。谢绝参观，加强检疫，防止动物进入易感鸡群，工作人员、车辆进出须经严格消毒处理。

二是严格防疫消毒制度，杜绝强毒污染和入侵。该病毒对消毒剂、日光及高温抵抗力不强，一般消毒剂的常用浓度即可很快将其杀灭。但是消毒要严格规范，特别是消毒前彻底清除粪便、污染物、灰尘等，因为很多种因素都能影响消毒剂的效果，如病毒的数量、毒株的种类、温度、湿度、阳光照射、贮存条件及是否存在有机物等，尤其是以有机物的存在和低温的影响作用最大。

三是建立科学的适合于本场实际的免疫程序，充分考虑母源抗体水平，疫苗种类及毒力，最佳剂量和接种途径，鸡种和年龄。坚持定期的免疫监测，随时调整免疫计划，使鸡群始终保持有效的抗体水平。一旦发生非典型鸡新城疫，应立即隔离和淘汰早期病鸡，全群紧急接种 3 倍剂量的 La Sota（Ⅳ系）活毒疫苗，必要时也可考虑注射Ⅰ系活毒疫苗。如果把 3 倍量Ⅳ系活苗与鸡新城疫油乳剂灭活苗同时应用，效果更好。对发病鸡群投服多维和适当抗生素，可增加抵抗力，控制细菌感染。

四是鸡场发生鸡新城疫的处理。鸡群一旦发生该病，首先将可疑病鸡拣出焚烧或深埋，被污染的羽毛、垫草、鸡粪等亦应深埋或烧毁。封锁鸡场，禁止转场或出售，立即彻底消毒环境，并给鸡群进行Ⅰ系苗加倍剂量的紧急接种，鸡场内如有雏鸡，则应严格隔离，避免Ⅰ系苗感染雏鸡。待最后一个病例处理两周后，并通过严格消毒，方可解除封锁，重新进鸡。

2. 鸡传染性支气管炎

鸡传染性支气管炎是由传染性支气管炎病毒（IBV）引起的鸡的一种急性、高度接触性传染病。IBV 主要损伤雏鸡的呼吸系统、生殖系统以及泌尿系统等，造成蛋用鸡产蛋量和蛋的品质下降，甚至导致成年鸡死亡，给养鸡业带来不可估量的经济损失。

该病的发病率高，各个年龄的鸡均易感。雏鸡无前驱症状，全群几乎同时突然发病。最初表现呼吸道症状，流鼻涕、流泪、面部肿胀、咳嗽、打喷嚏、伸颈张口喘气（图 7-3 ～图 7-5）。夜间听到明显嘶哑的叫声。随着病情发展，症状加重，缩头闭目、垂翅挤堆、食欲不振、饮欲增加，如治疗不及时，有个别死亡现象；产蛋鸡表现轻微的呼吸困难、咳嗽、气管啰音，有“呼噜”声，精神不振、减食、排黄色稀便，症状不是很严重，有极少数死亡。发病第 2 天产蛋开始下降，1 ～ 2 周下降到最低点，有时产蛋率可降到一半，并产软蛋和畸形蛋，蛋清变稀，蛋清与蛋黄分离，种蛋的孵化率也降低。产蛋量回升情况与鸡的日龄有关，产蛋高峰的成年母鸡，如果饲养管理较好，经两个月基本可恢复到原来水平，但老龄母鸡发生该病，产蛋量大幅下降，很难恢复到原来的水平，可考虑及早淘汰。肾病变型多发于 20 ～ 50 日龄的幼鸡，在感染肾病变型的传染性支气管炎毒株时，由于肾脏功能的损害，病鸡除有呼吸道症状外，还可引起肾炎和肠炎。肾型支气管炎的症状呈二相性：第一阶段有几天呼吸道症状，随后又有几天症状消失的“康复”阶段；第二阶段就开始排水样白色或绿色粪便，并含有大量尿酸盐。病鸡失水，表现虚弱嗜睡，鸡冠褪色或呈紫蓝

色（图 7-6）。肾病变型传染性支气管炎病程一般比呼吸器官型稍长（12 ～ 20 天），死亡率也高（20%～ 30%）。

图 7-3 患病鸡面部肿胀

图 7-4 患病雏鸡症状

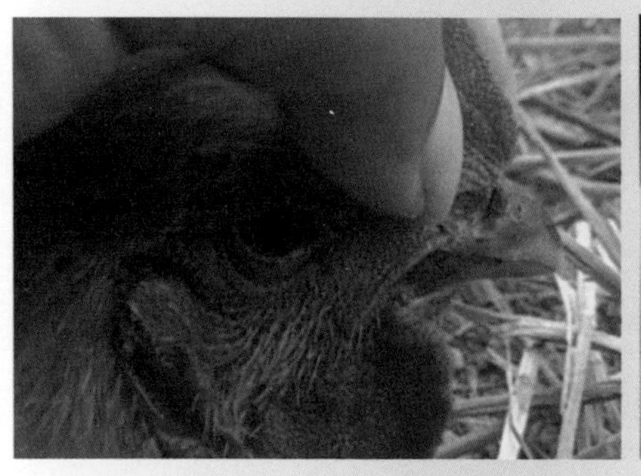
图 7-5 患病鸡流鼻涕

图 7-6 鸡冠呈紫蓝色

【防治措施】该病的发病季节多见于秋末至次年春末，但以冬季最为严重。环境因素主要是冷、热、拥挤、通风不良，特别是强烈的应激作用，如疫苗接种、转群等可诱发该病。传播方式主要是病鸡排出病毒，经空气飞沫传染给易感鸡。此外，人员、用具及饲料和饮水等也是传播媒介。该病传播迅速，常在1～2天内波及全群。但是，鸡传染性支气管炎病毒分的几个毒株抵抗力很弱，常用的消毒方法和消毒药均能杀灭。因此，加强饲养管理，做好消毒隔离和疫苗免疫是该病防治的最有效方法。

一是严格执行引种和检疫隔离措施。要坚持全进全出。引进鸡只和种鸡种蛋时，要按规定进行检疫和引种审批。鸡只符合规定并引入后，应按规定隔离饲养，隔离期满确认健康后方可投入饲养栏饲养。

二是加强饲养管理。饲养过程中应注意降低饲养密度，避免鸡群拥挤，注意温度、湿度变化，避免过冷、过热。加强鸡舍通风换气，防止有害气体刺激呼吸道。合理配比饲料，防止维生素，尤其是维生素A的缺乏，以增强机体的抵抗力。

三是适时接种疫苗。预防该病的有效方法是接种疫苗。实践中，可根据鸡传染性支气管炎的流行季节、地方性流行情况和饲养管理条件、疫苗毒株特点等，合理选择疫苗，在适当日龄进行免疫，提高免疫水平（疫苗应是正规厂家生产，使用方法和剂量按疫苗说明书），同时应建立免疫档案，完善免疫记录。

四是发病治疗。该病目前尚无特效疗法，发现病鸡最好及时淘汰，并对同群鸡进行净化处理。发病后可选用家禽基因工程干扰素进行治疗，配合使用泰乐菌素或强力霉素、丁胺卡那霉素、阿奇霉素等抗生素药物控制继发感染。同时，可使用复方口服补液盐（含有柠檬酸盐或碳酸氢盐的复合制剂）补充机体内钠、钾损失和消除肾脏炎症或饮水中添加抗生素、复合多维等，提高禽只抵抗力。

3. 鸡传染性法氏囊病

鸡传染性法氏囊病又称鸡传染性腔上囊病，是由传染性法

氏囊病病毒引起的一种急性、接触传染性疾病。传染性法氏囊病病毒属于双 RNA 病毒科，包括两个血清型，以法氏囊发炎、坏死、萎缩和法氏囊内淋巴细胞严重受损为特征，可导致鸡的免疫机能障碍，干扰各种疫苗的免疫效果。该病发病率高，几乎达 100%，死亡率低，一般为 5%～15%，是目前养禽业最重要的疾病之一。该病一年四季均可发生。

该病常突然大批发病，2～3 天内可波及 60%～70% 的鸡，发病后 3～4 天死亡达到高峰，其后迅速下降，病程约 1 周。当鸡群死亡数量再次增多，往往预示着继发感染的出现。病初精神沉郁，采食量减少，饮水增多，有些自啄肛门，排白色水样稀便；重者脱水（图 7-7），卧地不起，极度虚弱，最后死亡。耐过雏鸡贫血消瘦，生长缓慢。

剖检可见法氏囊发生特征性病变，法氏囊呈黄色胶冻样水肿（图 7-8）、质硬、黏膜上覆盖有奶油色纤维素性渗出物。有时法氏囊黏膜严重发炎，出血，坏死，萎缩。另外，病死鸡表现脱水，腿和胸部肌肉常有出血，颜色暗红。肾肿胀，肾小管和输尿管充满白色尿酸盐。脾脏及腺胃和肌胃交界处黏膜出血。

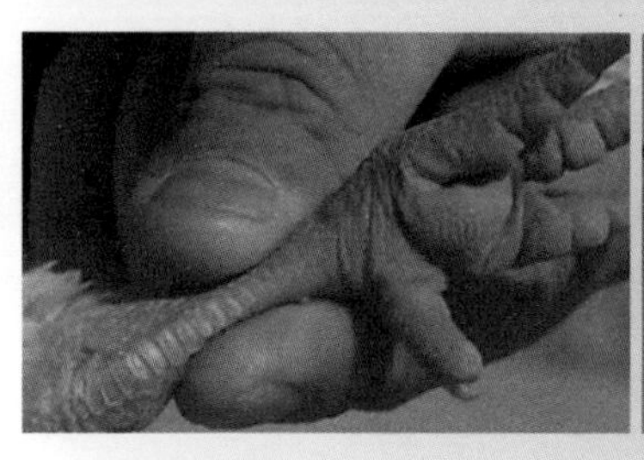

图 7-7 患病鸡脱水

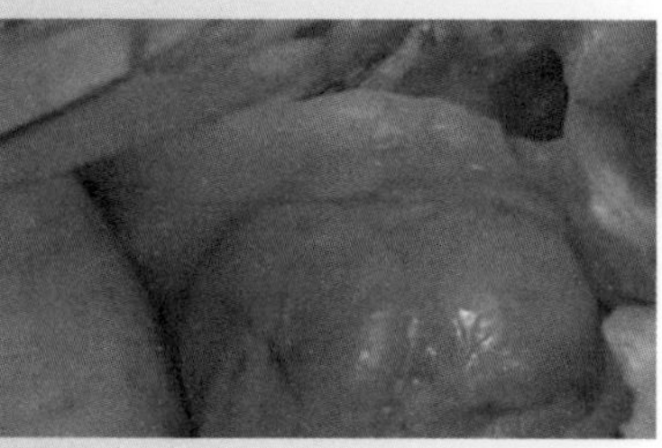

图 7-8 法氏囊肿大

【**防治措施**】该病主要发生于2周至开产前的雏鸡，3～7周龄为发病高峰期，随着日龄增长易感性降低，接近成熟和开始产蛋鸡群发病较少见。在一个育雏批次多的大型鸡场里，该病一旦发生，很难在短时间内得到有效控制，导致批批雏鸡均有发生，造成的损失越来越严重。病毒主要随病鸡粪便排出，污染饲料、饮水和环境，使同群鸡经消化道、呼吸道和眼结膜等感染；各种用具、人员及昆虫也可以携带病毒，扩散传播；该病还可经蛋传递。引起该病的病毒对热和一般消毒药有很强的抵抗力，尤其是对酸的抵抗力很强。病毒可在发过病的鸡舍环境中存活很长时间（甚至可达数十天之久），造成对下批雏鸡的威胁。免疫程序不合理也会导致免疫失败而造成多批次的雏鸡发病。

目前对该病没有行之有效的治疗药物，市场上的治疗药物，只是针对出血和肾功能减退进行对症治疗，缓解病情和减少死亡。因此现行控制鸡传染性法氏囊病的主要措施还是搞好疫苗接种工作和综合防治措施。

一是严格的生物安全措施。各养殖场应把加强生物安全措施放在疾病防控的首位，加强环境消毒，尽量减轻环境中野毒感染的压力。传染性法氏囊病病毒对各种理化因素有较强的抵抗力，很难被彻底杀灭，为避免反复感染，空舍时间要足够长，并做好日常消毒工作，鉴于该病病原体对外界理化因素抵抗力很强，消毒液以碘制剂、福尔马林和强碱为主。此外，采用“全进全出”和封闭式的饲养制度，不要多日龄混合饲养。

二是加强日常管理，消除免疫抑制病的影响。加强日常管理，保证鸡群的营养供给，给鸡群创造适宜的小环境，尽量减小应激，提高鸡群自身的抗病能力。在做好鸡传染性法氏囊病免疫的同时，还应做好鸡马立克氏病、禽白血病和鸡传染性贫血等其他免疫抑制病的预防与控制。

三是制订合理的免疫程序。根据当地和该场鸡传染性法氏囊病流行情况制订合理的免疫程序，同时应做好抗体监测，适时地根据抗体的消长变化情况调整免疫程序。在疫苗免疫中，母源抗体的干扰是影响制订免疫程序的关键问题。因此，血清学检测通常是确定最佳免疫接种时间所必需的。

四是选择合适的鸡传染性法氏囊病疫苗。养殖场必须根据当地的疾病流行情况和母源抗体情况选用合适毒株的疫苗。一般首次免疫时应用弱毒苗，有母源抗体的鸡群首免可采用中等毒力的疫苗，二免时用中等毒力的疫苗。对来源复杂或情况不清的雏鸡免疫可适当提前。在严重污染区，该病高发区的雏鸡以直接选用中等毒力苗为宜。

五是发病鸡群的处理。鸡传染性法氏囊病暴发初期应及时隔离消毒，并对发病鸡群用鸡传染性法氏囊病中等毒力活疫苗紧急接种，可减少死亡。发病早期注射高免血清或康复鸡血清可起到紧急治疗的效果。若混合或继发感染其他疾病，应合理联合用药进行治疗，情况严重者，则淘汰。科学处理淘汰鸡、病死鸡、鸡粪等排泄物。

总之，要控制鸡传染性法氏囊病的发生，必须树立科学的综合防治思想，预防为主，防重于治。

4. 高致病性禽流感

高致病性禽流感（HPAI），是由正黏病毒科流感病毒属 A 型流感病毒引起的禽类烈性传染病。世界动物卫生组织（OIE）将其列为须通报动物疫病，我国将其列为一类动物疫病。

鸡、火鸡、鸭、鹅、鹌鹑、雉鸡、鹧鸪、鸵鸟、鸽、孔雀等多种禽类均易感。传染源主要为病禽和带毒禽（包括水禽和飞禽）。病毒可长期在污染的粪便、水等环境中存活。病毒的传播主要通过接触感染禽及其分泌物和排泄物，污染的饲料、水、蛋托（箱）、垫草，种蛋、鸡胚和精液等媒介，经呼吸道、消化道感染，也可通过气源性媒介传播。潜伏期从几小时到数天，最长可达 21 天。表现为突然死亡、高死亡率，饲料和饮水消耗量及产蛋量急剧下降，病鸡极度沉郁，头部和脸部水肿，鸡冠发绀，脚鳞出血和神经紊乱。

全身组织器官严重出血。腺胃黏液增多，刮开可见腺胃乳头出血，腺胃和肌胃之间交界处黏膜可见带状出血；消化道黏膜，特别是十二指肠广泛出血；呼吸道黏膜可见充血、出血；心冠脂肪及心内膜出血；输卵管的中部可见乳白色分泌物或凝块；卵泡充血、出血、萎缩、破裂，有的可见“卵黄性腹膜炎”。水禽在心内膜还可见灰白色条状坏死。胰脏沿长轴常有淡黄色斑点和暗红色区域。急性死亡病例有时未见明显病变。

病理组织学变化主要表现为脑、皮肤及内脏器官（肝、脾、胰、肺、肾）的出血、充血和坏死。脑的病变包括坏死灶、血管周围淋巴细胞管套、神经胶质灶、血管增生和神经元性变化。胰腺和心肌组织局灶性坏死。

【防治措施】一是加强饲养管理，提高环境控制水平。饲养、生产、经营场所必须符合动物防疫条件，取得动物防疫条件合格证。饲养场实行全进全出饲养方式，控制人员出入，严格执行清洁和消毒程序。

二是鸡和水禽禁止混养，养鸡场与水禽饲养场应相互间隔3公里以上，且不得共用同一水源。养鸡场要有良好的防止禽鸟（包括水禽）进入饲养区的设施，并有健全的灭鼠设施和措施。

三是加强消毒，做好基础防疫工作。各饲养场、屠宰厂（场）、动物防疫监督检查站等要建立严格的卫生（消毒）管理制度。

四是免疫。在发生疫情时，对疫区、受威胁区内的所有易感禽只进行紧急免疫；在曾发生过疫情区域的水禽，必要时也可进行免疫。所用疫苗必须是经农业农村部批准使用的禽流感疫苗。

五是国内异地引入种禽及精液、种蛋时，应当先到当地动物卫生监督机构办理检疫审批手续且检疫合格。引入的种禽必须隔离饲养21天以上，并由动物卫生监督机构进行检测，合格后方可混群饲养。从国外引入种禽及精液、种蛋时，按国家有关规定执行。

六是疫情处理。实行以紧急扑杀为主的综合性防治措施。

5. 鸡痘

鸡痘是鸡的一种急性、接触性传染病，该病的特征是在鸡的无毛或少毛的皮肤上发生痘疹，或在口腔、咽喉部黏膜形成纤维素性坏死性假膜。该病在大中型养鸡场易造成流行，可使鸡增重缓慢，消瘦；产蛋鸡受感染时，产蛋量暂时下降，若并发其他传染病、寄生虫病和卫生条件或营养不良时，可引起较多的死亡，对幼龄鸡更易造成严重的损失。

主要发病日龄在 70 日龄至开产前后，该段时期发病最多，鸡痘通常有两种类型。

① 干燥型（皮肤型）：在鸡冠、脸和肉垂等部位，有小泡疹及痂皮（图 7-9、图 7-10）。干燥型鸡痘的病变部分很大，呈白色隆起（图 7-9），后期则迅速生长变为黄色，最后才转为棕黑色。2 ～ 4 周后，痘泡干化成痂癣（图 7-11）。该病症状于鸡只冠、脸、和肉垂出现最多。但也可出现于腿部、脚部以及身体之其他部位。

图 7-9 嘴部出现痘疹

图 7-10 脸部出现痘疹

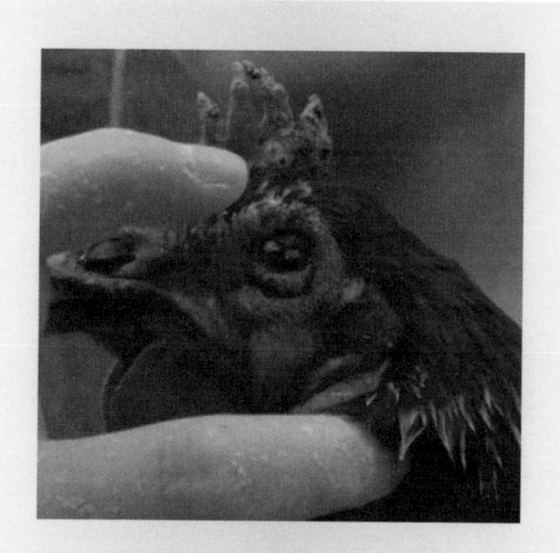

图 7-11 冠、肉垂和耳上产生厚痂

② 潮湿型：感染口腔和喉头黏膜，引起口疮或黄色伪膜。皮肤型鸡痘较普遍，潮湿型鸡痘死亡率较高。潮湿型鸡痘会引起呼吸困难、流鼻涕、流眼泪、脸部肿胀、口腔及舌头有黄白色溃疮。

两类型可能同时发生，即混合型鸡痘，也可能单独出现，两种症状同时存在，死亡率较高。病鸡增重缓慢、消瘦、生长不良，大群均匀度差，有腺胃炎的表现。任何鸡龄都可受到鸡痘的侵袭，但它通常于夏秋两季侵袭成年鸡及育成鸡。该病可持续 2 ～ 4 周，通常死亡率不高，但患病后产蛋率会降低达数周时间。

【防治措施】鸡痘多是由皮肤损伤引起痘病毒感染所致，由于皮肤表面的痘痂破损，大肠杆菌极易入侵，造成混合感染。鸡群过分拥挤、鸡舍阴暗潮湿、营养缺乏、并发或继发其他疾病时，均能加重病情和引起病鸡死亡。如发生眼型鸡痘的鸡群易继发大肠杆菌、葡萄球菌、细菌性眼炎和腺胃炎。发病后一般无特殊治疗方法。因此，在做好鸡痘疫苗免疫的同时，要加强饲养管理，提高鸡的抵抗力，防止继发感染。

一是鸡痘按正常程序免疫，鸡只就很少感染。鸡痘疫苗一般在 20 日龄和鸡群开产前各免疫 1 次。科学的接种方法是皮肤下刺种：用接种针在翅膀内侧无血管处刺种，力度为见血而不出血，原则为“种左而不种右”，一周后检查效果。如果疫苗接种成功，则在接种部位出现小麦粒大小的痘结，否则立即重新补免。

二是饲料中拌入清瘟败毒散 (大青叶、板蓝根、红花、黄芪、当归、黄连、柴胡等)，连续使用 7 天。同时在饲料中添加足够剂量的鱼肝油和复合维生素，特别注意亚硒酸钠和维生素 C 的补充，以提高鸡群的免疫力。

三是发病鸡的治疗。在饮水中添加丁胺卡那霉素可溶性粉，连续饮用 4 天。将呼吸困难的病鸡隔离，用镊子轻轻将喉腔内痘结和纤维素样渗出物取出，后用碘甘油涂擦创伤面，放入较温暖环境中单独喂养。用含碘、含氯消毒液交替对鸡舍进行全面消毒，特别是水槽、料槽要进行清洗并消毒，清洗时可用饮水消毒液。经以上治疗，病情得到控制，死亡病鸡减少。一周后鸡群恢复正常，采食量逐渐上升。

（二）细菌性痢疾

1. 鸡大肠杆菌病

鸡大肠杆菌病是由致病性大肠杆菌引起的。其主要的症状有胚胎和幼雏的死亡、败血症、气囊炎、心包炎、输卵管炎、肠炎、腹膜炎和大肠杆菌性肉芽肿等。由于常和支原体病合并感染，又常继发于其他传染病（如鸡新城疫、禽流感、鸡传染性支气管炎、巴氏杆菌病等），使治疗十分困难。目前该病已成为危害养鸡业的重要传染病，常造成巨大的经济损失。

大肠杆菌在自然环境中，饲料、饮水、鸡的体表、孵化场、孵化器等各处普遍存在，该菌在种蛋表面、鸡蛋内、孵化过程中的死胚及毛液中分离率较高，对养鸡的全过程构成了威胁。饲养环境被致病性大肠杆菌污染是最主要的原因。慢性呼吸道疾病（支原体、衣原体）以及导致呼吸道发病的病毒病，如鸡传染性支气管炎、鸡新城疫、禽流感、鸡传染性喉气管炎、鸡传染性法氏囊病均可诱导鸡群发病。产蛋高峰期鸡群的抗病力下降时可患病。种鸡人工输精时，输精管携带病原而感染；临床使用的弱毒疫苗带有支原体、衣原体病原，也可诱发大肠杆菌病。各种年龄的鸡均可感染，但因饲养管理水平、环境卫生、防治措施、有无继发其他疫病等因素的影响，该病的发病率和死亡率有较大差异。

该病一年四季均可发生，每年在多雨、闷热、潮湿季节多发。鸡大肠杆菌病在肉用仔鸡生产过程中更是常见多发病之一。由该病造成鸡群的死亡虽没有明显的高峰，但病程较长。

① 雏鸡脐炎型和卵黄囊炎型：母鸡在孵化过程中发生了感染，孵化后雏鸡腹部膨大，脐孔不闭合，周围呈褐色，卵黄囊不吸收，内容物呈灰绿色，病雏排灰白色水样粪便，多在出壳后 2 ～ 3 日发生败血症死亡，耐过鸡生长受阻。常见于小规模孵化场或操作不严格的鸡场。多数在购买雏鸡时就可发现。

② 腹膜炎型：多发于成年蛋鸡，产蛋鸡腹气囊受大肠杆菌感染发生腹膜炎和输卵管炎，输卵管变薄，管腔内充满干酪样物质，输卵管被堵塞，排出的卵落入腹腔。人工授精的种鸡常多发，其原因在于没有做好卫生消毒工作。

③ 急性败血症型：该型大肠杆菌病多发生于产蛋高峰的蛋鸡，寒冷时期发病较多，表现为精神不振，有呼吸道症状，有的表现腹泻，排出黄绿色或白色黏稠稀便（图 7-12），可在短期内死亡。

④ 眼炎型：患病鸡一侧眼流泪，渐渐地发展成眼睑水肿，眼球被黄白色干酪样分泌物包围（图 7-13）。鸡舍粉尘物污染，加重病情，严重发展为失明。

图 7-12 排黄绿色黏稠稀便、肛门羽毛被污染

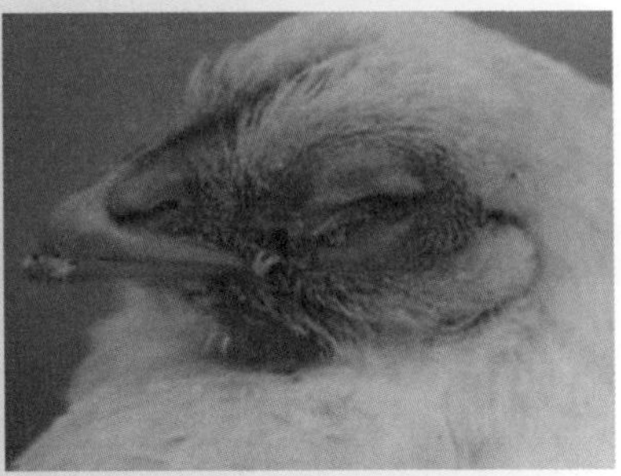

图 7-13 眼结膜肿胀，有黄白色干酪样分泌物

⑤ 滑膜炎型：病鸡表现关节肿胀（图 7-14），跛行，走路极为困难。

剖检肝明显肿大，且色淡质脆，表面有黄白色渗出性假膜（图 7-15）。胆囊肿大，胆汁充盈，有的在心肝周围包含大量干酪样纤维素性物质，肠管黏膜及泄殖腔黏膜有弥漫性针尖状出血，大肠病变后黏液增多。

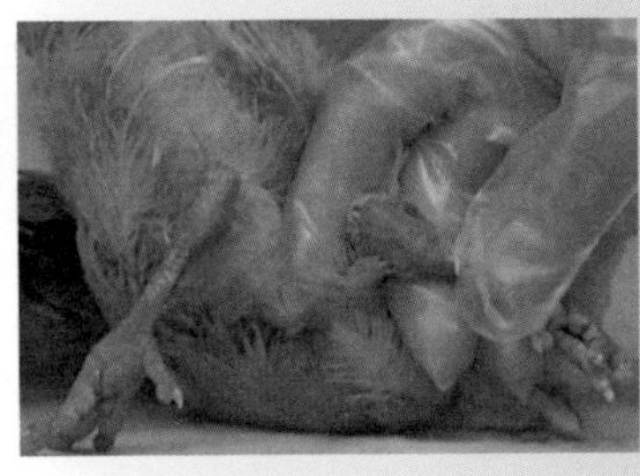

图 7-14 关节肿胀

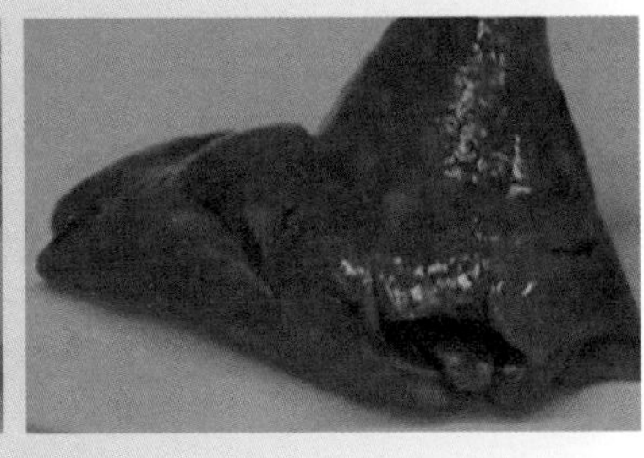

图 7-15 肝肿大、质脆、表面有黄白色渗出性假膜

【**防治措施**】大肠杆菌是条件性致病菌，饲养管理不善会造成发病，可经消化道、呼吸道水平传播，也可经被污染的种蛋垂直传播。该病常和慢性呼吸道病、鸡传染性法氏囊病、鸡新城疫、沙门菌病混合感染。

鉴于该病的发生与外界各种应激因素有关，预防该病首先是在平时加强对鸡群的饲养管理，降低饲养密度，改善鸡舍的通风条件，保证饲料、饮水的清洁和环境卫生，认真落实鸡场兽医卫生防疫措施。种鸡场应加强种蛋收集、存放和整个孵化过程的卫生消毒管理。另外应搞好常见多发疾病的预防工作，所有这些对预防该病发生均有重要意义。

鸡群发病后可用药物进行防治。近年来在防治该病过程中发现，大肠杆菌对药物极易产生耐药性，如青霉素、链霉素、土霉素、四环素等抗生素几乎没有治疗作用。庆大霉素、新霉素有较好的治疗效果。但对这些药物产生抗药性的菌株已经出现且有增多趋势。因此防治该病时，有条件的地方应进行药敏试验选择敏感药物，或选用该场过去少用的药物进行全群给药，可收到满意效果。早期投药可控制早期感染的病鸡，促使痊愈。同时可防止新发病例的出现。已患病并且体内已造成上述多种病理变化的病鸡治疗效果极差。

近年来国内已试制了大肠杆菌灭活疫苗，有鸡大肠杆菌多价氢氧化铝苗和多价油佐剂苗，经现场应用取得了较好的防治效果。由于大肠杆菌血清型较多，制苗菌株应该采自该地区发病鸡群的多个毒株，或该场分离菌株制成自家苗使用效果较好。在给成年鸡注射大肠杆菌油佐剂苗时，注苗后鸡群有不同程度的反应，主要表现精神不好、喜卧、吃食减少等。一般1～2天后逐渐消失，无需进行任何处理。因此应在开产前注苗较为合适，开产后注苗往往会影响产蛋。

2. 鸡白痢

鸡白痢是由鸡白痢沙门菌引起的传染性疾病，世界各地均有发生，是危害养鸡业最严重的疾病之一。该病主要侵害雏鸡，以排白痢为特征，成年鸡常呈慢性或隐性感染。

① 雏鸡：孵出的鸡苗弱雏较多，脐部发炎，2～3日龄开始发病，死亡，7～10日龄达死亡高峰，2周后死亡渐少。病雏表现精神不振、怕冷、打寒战，羽毛逆立，食欲废绝，排白色黏稠粪便，肛门周围羽毛有石灰样粪便粘污，甚至堵塞肛门（图7-16）。有的不见下痢症状，因肺炎病变而出现呼吸困难，伸颈张口呼吸。病雏有时表现关节炎、关节肿胀、跛行或原地不动。有的病鸡眼睛失明（图7-17）。患病鸡群死亡率为10%～25%，耐过鸡生长缓慢，消瘦，腹部膨大。急性肝变性肿大，表面见针尖到粟粒大灰白色坏死灶。

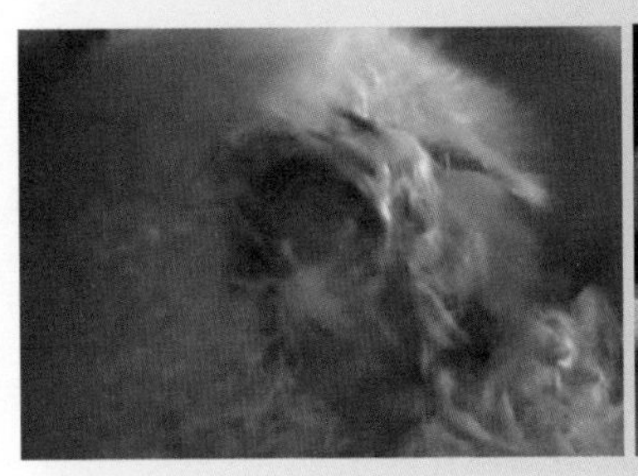

图7-16 患病鸡肛门石灰样粪便粘污

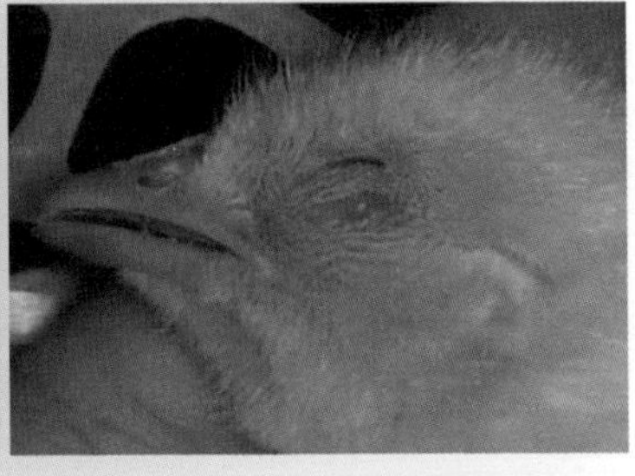

图7-17 病鸡眼睛失明

② 育成鸡：主要发生于40～80日龄的鸡，病鸡多为病雏未彻底治愈，转为慢性，或育雏期感染所致。鸡群中不断出现精神不振、食欲差和下痢的鸡，病鸡常突然死亡，死亡持续不断，可延续20～30天。

③ 成年鸡：成年鸡不表现急性感染的特征，常为无症状

感染。病菌污染较重的鸡群，产蛋率、受精率和孵化率均处于低水平。鸡的死淘率明显高于正常鸡群。

该病可经种鸡垂直传播或经孵化器感染；带菌雏鸡的胎粪、绒毛等带有大量沙门菌；病鸡排泄物经消化道或呼吸道传播该病。此外，管理不善、温度忽高忽低、长途运输等都可增加死亡率。

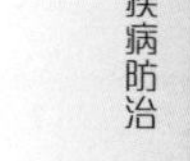

【防治措施】一是检疫净化鸡群。通过血清学试验，检出并淘汰带菌种鸡，第一次检查于 60 ～ 70 日龄进行，第二次检查可在 16 周龄时进行，后每隔 1 个月检查 1 次，发现阳性鸡及时淘汰，直至全群的阳性率不超过 0.5%为止。

二是严格消毒，种蛋消毒。及时拣、选种蛋，并分别于拣蛋、入孵化器后，18 ～ 19 日胚龄落盘时 3 次用 28 毫升每立方米福尔马林熏蒸消毒 20 分钟，出雏达 50%左右时，在出雏器内用 10 毫升每立方米福尔马林再次熏蒸消毒。孵化室建立严格的消毒制度，育雏舍、育成舍和蛋鸡舍做好地面、用具、饲槽、笼具、饮水器等的清洁消毒，并定期对鸡群进行带鸡消毒。

三是加强雏鸡饲养管理，进行药物预防。在该病流行地区，育雏时可在饲料中交替添加抗生素进行预防。

四是发病治疗。治疗要突出一个早字，一旦发现鸡群中病死鸡增多，确诊后立即全群给药。该病对丁胺卡那霉素、阿米卡星高度敏感，对土霉素、链霉素中度敏感，对四环素、红霉素不敏感。因此临诊上使用 5%丁胺卡那霉素饮水剂 100 克 /200 千克饮水，同时饮水中加入电解多维辅助治疗。病情严重者用阿米卡星按每千克体重 10 毫克肌内注射，每天两次，用药 5 天后病情可得到控制。同时加强饲养管理，消除不良因素对鸡群的影响，可以大大缩短病程，最大限度地减少损失。

3. 鸡副伤寒

鸡副伤寒是由鞭毛能运动的沙门菌所致的疾病总称。各种日龄的鸡均可发病，以产蛋鸡最易感。幼雏多表现为急性热性败血症，与鸡白痢相似。成年鸡一般慢性经过或隐性感染。该病不仅可以给各种幼龄鸡造成大批死亡，而且由于其慢性性质和难以根除的特点，是养鸡业中比较严重的细菌性传染病之一。该病也具有公共卫生意义，因为人类很多沙门菌感染病例都与鸡产品中存在的副伤寒沙门菌有关。

鸡、火鸡和珍珠鸡等均对该病易感，其他如鸭、鹅、鸽、鹌鹑、麻雀等也可被感染。雏鸡在胚胎期和出雏器内感染的，常于4～5日龄发病；患病雏的排泄物使同群的鸡感染，多于4～5日龄发病；死亡高峰在6～10日龄。10天以上的雏鸡发病时无食欲，离群独自站立，怕冷，喜欢拥挤在温暖的地方，下痢，排出水样稀便，有的发生眼炎，失明。成年鸡则为慢性或隐性感染。成年鸡有时有轻度腹泻，消瘦，产蛋减少。病程较长的肝、脾、肾淤血肿大，肝脏表面有出血条纹和灰白色坏死点（图7-18），胆囊扩张，充满胆汁。常有心包炎，心包液增多呈黄色，小肠（尤其是十二指肠）有出血性炎症，肠腔中有时有干酪样黄色物质堵塞。

图7-18 病鸡肝脾肿大，灰白色坏死灶

该病主要经卵传递，消化道、呼吸道和损伤的皮肤或黏膜亦可感染，鼠、鸟、昆虫类动物常成为该病的重要带菌者和传播媒介，雏禽感染后发病率最高。带菌禽是该病的主要传染源，不断从粪便中排出病菌，污染土壤、饲料、饮水和用具等，导致该病经消化道传播。被污染的种蛋也能传染，该病还可通过眼结膜等途径感染。

【防治措施】一是对带菌禽必须严格淘汰。病鸡及时淘汰，尸体要焚烧深埋。

二是成年鸡和雏鸡要隔离饲养。

三是发病严重和已知有带菌禽存在的鸡群，不可作为种蛋来源。

四是孵化时种蛋要来自健康无传染病的鸡场。并在孵化前，蛋用福尔马林蒸气消毒，蒸气消毒在孵化前 24 ～ 48 小时为适宜。孵化器等用具也要彻底清扫，消毒。运送雏鸡的用具以及鸡舍、场址、饲养用具等，都必须保持清洁，并经常消毒，孵化室和养鸡场要消灭老鼠和苍蝇。

五是药物治疗可以降低急性副伤寒的死亡率，但治疗后的鸡可以成为长期带菌禽，不能留作种用。该病用新霉素、庆大霉素治疗效果较好，磺胺类药物也有一定疗效。

（三）寄生虫病

1. 鸡球虫病

鸡球虫病是鸡常见且危害十分严重的寄生虫病，是由一种或多种球虫引起的急性流行性寄生虫病。它造成的经济损失是惊人的。10 ～ 30 日龄的雏鸡或 35 ～ 60 日龄的青年鸡的发病率和致死率可高达 80%。病愈的雏鸡生长受阻，增重缓慢，成年鸡一般不发病，但为带虫者，增重缓慢和产蛋能力降低，是传播球虫病的重要病源。

临床上根据球虫病发病部位不同分为盲肠球虫病和小肠球

虫病。

① 盲肠球虫病：3 ～ 6 周龄幼鸡常为该型，由柔嫩艾美耳球虫引起。病鸡早期出现精神萎靡，拥挤在一起，翅膀下垂，羽毛逆立。闭眼瞌睡，下痢，排出带血的稀便或排出的全部是血液（图 7-19），食欲不振，鸡冠苍白，发病后 4 ～ 10 天死亡，不及时治疗死亡率可达 50%～ 100%。感染盲肠球虫的鸡只盲肠肿大、膨胀，肠壁有大量结节，肠内有充血、出血、血块症状（图 7-20）。

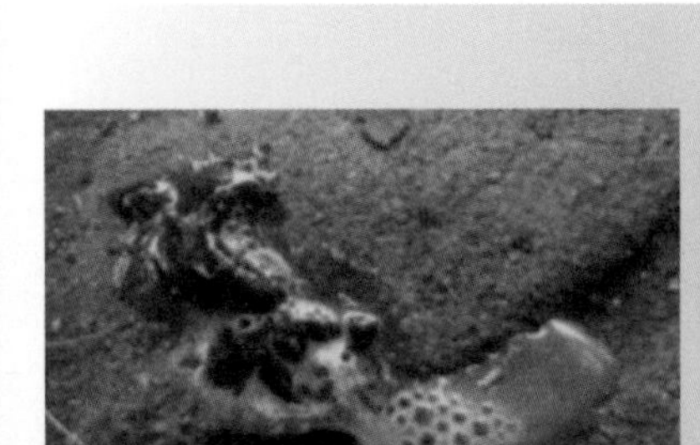

图 7-19 患球虫病鸡粪便

图 7-20 盲肠肿大、出血点

② 小肠球虫病：由柔嫩艾美耳球虫以外的其他几种艾美耳球虫引起，较大日龄幼鸡的球虫病为该种类型。这种类型的球虫病病程较长，病鸡表现冠苍白，食欲减少，消瘦，羽毛蓬松，下痢，一般无血便，两脚无力，瘫倒不起，最后衰竭死亡，死亡率较盲肠球虫病低。感染小肠球虫病的鸡只小肠肿胀，有出血点（图 7-21），肠内出血（图 7-22）。

根据球虫病发病时间长短分为急性型、慢性型和亚临诊型。

图7-21 小肠出血点

图7-22 肠内出血

① 急性型：精神不振，缩颈，不吃食，喜卧，渴欲增加，排暗红色或巧克力色血便，有的带少量鲜血，羽毛松乱，排稀便，消瘦，贫血，多见于发病后4、5天死亡，耐过的病鸡生长缓慢，病程2～3周，死亡率可达50%。

② 慢性型：症状与急性型相似，但比较轻微，病程长，可达几周或数月。病鸡间歇腹泻，消瘦，贫血，成为散播疾病的传染源。

③ 亚临诊型：无症状，但可造成肉仔鸡生长缓慢，蛋鸡产蛋量下降。

各个品种的鸡均有易感性，15～50日龄的鸡发病率和致死率都较高，成年鸡对球虫有一定的抵抗力。

【防治措施】球虫病的防治关键在于预防。由于球虫卵囊抵抗力强，分布广泛，感染普遍，对球虫病的预防也需要采取综合防治措施，多管齐下，才能收到较好的效果。

一是搞好环境卫生。病鸡是主要传染源，凡被带虫鸡污染过的饲料、饮水、土壤和用具等，都有卵囊存在。鸡感染球虫的途径主要是吃了感染性卵囊。人及其衣服、用具等以及某些昆虫都可成为机械传播者。粪便及时清除、定期消毒等可有效防止该病的发生。要保持饲料、饮水清洁，笼具、料槽、水槽定期消毒，一般每周一次，可用沸水、热蒸汽或3%～5%热碱水等处理。用球杀灵和1∶200的农乐溶液消毒鸡场及运动场，这些药物均对球虫卵囊有强大杀灭作用。因此，要搞好鸡场环境卫生，及时清除粪便，定期消毒，防止球虫卵囊的扩散。

二是加强饲养管理。鸡舍内阴凉潮湿、卫生条件不良、消毒不严、鸡群密度大等因素是造成球虫病流行的主要诱发因素。在潮湿多雨、气温较高的梅雨季节易暴发球虫病。球虫孢子化卵囊对外界环境及常用消毒剂有极强的抵抗力，一般的消毒剂不易破坏，在土壤中可保持活力达4～9个月，在有树荫的地方可达15～18个月。但鸡球虫未孢子化卵囊对高温及干燥环境抵抗力较弱，36℃即可影响其孢子化率，40℃环境中停止发育，在65℃高温作用下，几秒钟卵囊即全部死亡。湿度对球虫卵囊的孢子化也影响极大，干燥室温环境下放置1天，即可使球虫丧失孢子化的能力，从而失去传染能力。可见，温暖、潮湿的环境有利于球虫卵囊的发育和扩散，而圈舍通风好、干燥和保持适当的饲养密度等则可有效防止该病的发生。

三是做好免疫预防。目前，用于鸡场计划免疫的球虫病活苗的免疫方法有滴口法、喷料法、饮水法及喷雾法等，以滴口法为最佳，可确保100%免疫，但对于大鸡场则有些不便且应激大。喷料法和饮水法是大鸡场较为适用的免疫方法。

① 滴口免疫法。免疫的整齐度和效果最为理想，但要逐只滴服，工作量较大。在条件许可的情况下，建议尽量使用滴口的免疫接种方法。具体操作方法：按1000羽份疫苗用53～55毫升生理盐水或凉开水稀释，充分摇匀后倒入滴瓶中，每只鸡滴口两滴即可。注意在滴口过程中要不断摇动滴瓶，以保持疫苗的均匀，且应在较短时间内滴完。

② 喷料免疫法。拌饲料的免疫方法操作简便，工作量小，免疫效果虽不如滴口，但却是效果较为理想的常用方法。具体操作方法：将鸡一天的饲料均匀撒在供料用具中，然后按1000羽份疫苗用1千克凉开水稀释。充分搅拌均匀后装入已彻底清洗干净的喷雾器中，按每只鸡1羽份均匀喷洒在饲料表面，以只浸湿饲料表面为宜。让鸡把喷洒好球虫疫苗的饲料在6～8小时内采食干净。喷洒过程中要经常摇动喷雾器，保持疫苗均匀。

③ 饮水免疫法。让鸡自由采食饮水2小时后，实行控水2小时。将球虫疫苗稀释于够鸡1～2小时饮完的凉开水中，加入悬浮剂。将疫苗定量分装饮水器中，供鸡只自由饮用。

球虫病免疫效果的判定。应根据鸡群免疫后的鸡群状态、粪便状态、颜色、气味等，再加上实验室镜检每克粪便所含卵囊数的多少来判定鸡群免疫是否成功。一般情况下，球虫免疫后第5～7天开始排出卵囊，第10天左右粪便会有所变化（例如，黑褐色稀便、淡红色软便等），同时在同一鸡舍内选几个点，每个点采5～10团的新鲜粪便混匀，检查、计每克粪便卵囊数。如果每个点查到的卵囊大小不一，且几个点上的卵囊数较均匀，则说明免疫成功，反之免疫可疑。

球虫病免疫后的垫料管理至关重要。垫料太干，球虫卵囊不能孢子化，鸡群得不到反复免疫；垫料太湿，卵囊孢子化的数量太多，易使免疫力尚未充分建立的鸡群引发球虫病，因此上层垫料的最佳湿度是25%～30%。根据经验，其判别标准是在鸡舍中选取几个点，抓起一把垫料，把手松开，手心感觉有点潮，说明垫料湿度适合；手心感觉有点湿，说明垫料太潮湿；手心感觉有点干，说明应增加湿度。在免疫期间，上层垫料要经常翻动保证疏松，不得出现结饼现象，育雏期间不许大面积更换垫料。

球虫病免疫后2周内在饲料或饮水中应添加维生素A和维生素K，以防止维生素A的缺乏和减少肠道出血等免疫反应。

四是辅助药物防治。抗球虫药物有化学合成类抗球虫药（主要有磺胺类、尼卡巴嗪、地克珠利、氯羟吡啶、球痢灵）和聚醚类离子载体抗生素类抗球虫药（主要有莫能菌素、拉沙里霉素、马杜拉霉素、海南霉素等），各有优缺点，可以根据该场情况选用，需要注意球虫耐药性问题。

2. 鸡蛔虫病

鸡蛔虫病是一种常见的肠道寄生虫病。在大群饲养情况下，雏鸡常由于患蛔虫病而影响生长发育，严重的引起死亡。

当剖解死鸡时，小肠内常发现大小如细豆芽样的线虫，堵塞肠道（图 7-23、图 7-24）。虫体少则几条，多则数百条。肠黏膜发炎、水肿、充血。成年蛔虫虫体呈黄白色，雄虫长 50 ～ 76 毫米，雌虫长 60 ～ 116 毫米。3 月龄以下的雏鸡最易感染。

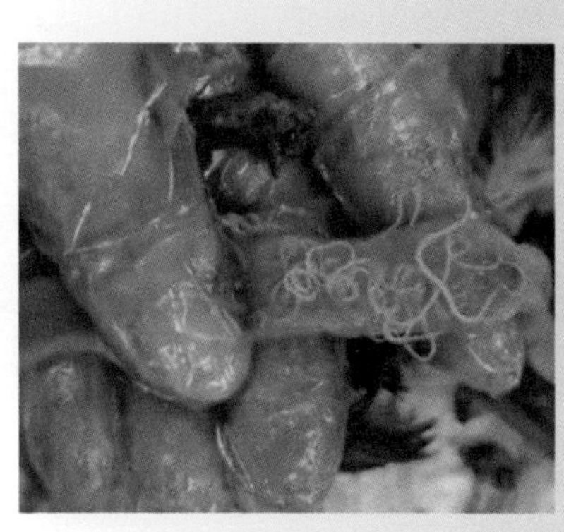

图 7-23 鸡肠道内的蛔虫（一）

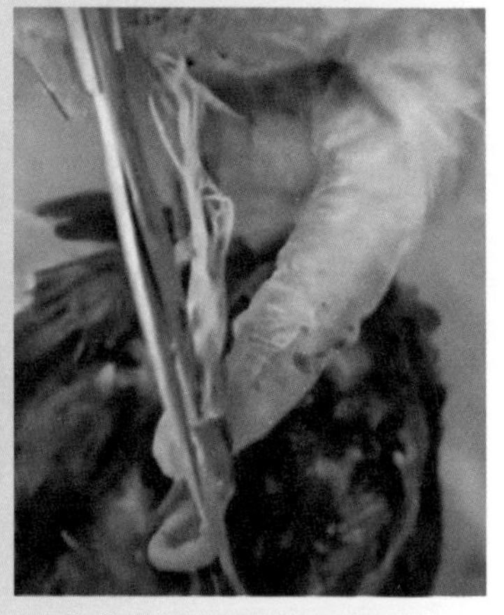

图 7-24 鸡肠道内的蛔虫（二）

蛔虫可以在鸡体内交配、产卵，虫卵可以在鸡体内生长也可以随粪便被排出体外，地面上的虫卵被鸡啄食后进入体内造成鸡群感染。从吞食虫卵到发育成虫，需要 35 ～ 58 天。

幼鸡患病表现为食欲减退，生长迟缓，呆立少动，消瘦虚弱，黏膜苍白，羽毛松乱，两翅下垂，胸骨突出，下痢和便秘交替，有时粪便中有带血的黏液，以后逐渐消瘦而死亡。成年鸡一般为轻度感染，严重感染的表现为下痢、日渐消瘦、产蛋下降、蛋壳变薄。

【防治措施】一是做好鸡舍内外的清洁卫生工作。蛔虫卵在 50℃以上很快死亡，粪便经堆沤发酵可以杀死虫卵，蛔虫卵在阴湿地方可以生存 6 个月。经常清除鸡粪及残余饲料，小面积地面可以用开水处理。料槽等用具经常清洗并且用开水消毒。

二是鸡群每年进行 1 ～ 2 次服药驱虫。

三是治疗方法。

① 竹叶花椒 15 克，文火炒黄研末，每只鸡每次 0.02 克拌料喂，每天 2 次，连喂 3 天。

② 烟草切碎 15 克，文火炒焦研碎，按 2%比例拌入饲料，每天 2 次，连喂 3 ～ 7 天。

③ 左旋咪唑片剂，每日每千克体重口服 38 ～ 48 毫克（有效成分）。

3. 鸡虱子

鸡虱子属短角鸟虱科，是家禽常见的一种体表寄生虫，主要寄生在鸡的羽毛和皮肤上。个体小，雄虫体长 1.7 ～ 1.9 毫米，雌虫长 1.8 ～ 2.1 毫米，头部有赤褐色斑纹。鸡虱子主要以鸡的羽毛、绒毛及皮屑为食，使鸡发生奇痒和不安，有时也吞食损伤部位流出的血液。鸡虱子大量寄生时，可引起鸡的消瘦，生长发育受阻和产蛋量下降，鸡虱子的危害常常被人们忽视。

鸡虱子属于一种永久性寄生虫，全部生活史都在鸡体上，在鸡的羽毛间生存繁殖，不会主动离开鸡体。羽毛虱在鸡体上的寿命可达数月之久，但离开后只能生存5～7天，所以鸡虱子发育周期为3～4周。一年四季均可发生，特别秋季是鸡虱子高发时期，当气温达到25℃时，每隔6天即可繁殖一代。人、畜、禽（尤其养鸡多年的鸡场中的蛋鸡、种鸡等）均易感染虱子。鸡身上有鸡虱子时由于痛痒刺激，经常抖毛，会使一些鸡虱子散落到体外，散落的鸡虱子会钻进另一些鸡的羽毛中重新安身，也可能被某些媒介（人的鞋底、小动物等）带至其他鸡群而使其他鸡群感染鸡虱子。如果没有这些机会，鸡虱子在地面、垫料、鸡粪等环境中因得不到食物，经过几天就会死亡。

寄生在鸡身上的主要有鸡体虱、头虱、羽虱等。影响鸡的生长发育和生产性能。轻者导致鸡生长受阻，产蛋鸡产蛋减少或完全停产。重者则鸡冠苍白，因失血过多而导致贫血死亡。病鸡奇痒不安，会蹦跳飞跃，常啄自身羽毛与皮肉，导致羽毛脱落，皮肤损伤，食欲下降与渐进消瘦，精神萎靡不振，营养缺乏，进而出现贫血症状甚至死亡。

【防治措施】一是为了控制鸡虱子的传播，必须对鸡舍、鸡笼，饲喂、饮水用具及环境进行彻底消毒。对鸡舍内卫生死角彻底打扫，清除出陈旧干粪、垃圾杂物，能烧的烧掉，其余用杀虫药液充分喷淋，堆到远处。

二是使用杀虫药。杀灭鸡虱子的药有高效氯氰菊酯、高效氯氟氰菊酯、2.5%溴氰菊酯（敌杀死）或马拉硫磷喷雾喷洒鸡体，或用阿维菌素拌料喂鸡等。

（四）其他疾病

主要介绍鸡啄癖。

啄癖是鸡的一种不良嗜好，啄癖在育雏、育成和产蛋鸡群中都有发生，而以育雏鸡和育成鸡发生较多，特别是密集饲养和笼养条件下更易发生。轻者头部、背部、尾部的羽毛被啄掉，鸡冠、头部、尾部的皮肤被啄伤出血；重者脚趾、肛门被啄破出血而死亡。啄癖易使鸡群受惊吓，情绪紧张不安，严重影响鸡生长发育，产蛋鸡生产性能降低。发生啄癖的原因很多，归纳主要有以下几种情况。

① 啄羽：啄羽是最常见的一种啄癖行为，常见于幼雏换羽期及母鸡产蛋高峰期、换羽期。鸡互啄羽毛或啄脱落的羽毛，被啄鸡皮肉暴露（图 7-25），出血后，发展为啄肉癖。圈养鸡中有 70%的鸡有啄羽恶习，其中较严重的占 30%～40%。

② 啄肛：啄肛多发生于雏鸡、初产母鸡和产大蛋鸡。啄癖鸡见到鸡的肛门潮红或有污物时，即乘机叨啄，主要是啄肛周羽毛，伤口感染后细菌进入泄殖腔引起发炎，发生鸡白痢时，产蛋时泄殖腔缩不回去，其他鸡争着啄，一旦肛门被啄破出血，啄癖鸡都来围攻，进而把肠道拉出来造成被啄鸡死亡（图 7-26）。育雏期时最易发生，特别是发生鸡白痢时，常有鸡因直肠、内脏被啄出而死。另外，产蛋鸡在产蛋或交配、泄殖腔外翻时也会被其他母鸡啄食，造成出血、脱肛甚至死亡。

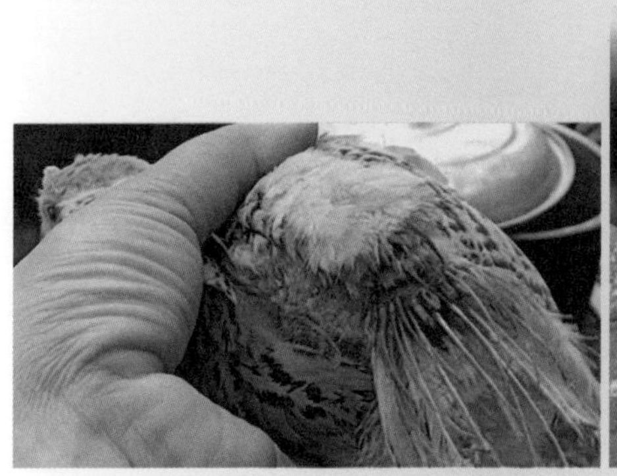

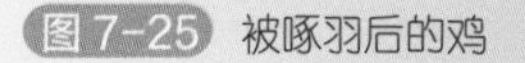
图 7-25 被啄羽后的鸡

图 7-26 被啄肛后的鸡

③ 啄趾爪、冠、肉垂：多见于雏鸡，常因饥饿、槽位不足或过高引起。啄冠和肉垂多是公鸡性成熟时，由于相互打斗引起。雏鸡脚部被外寄生虫侵袭时，可引起鸡群互啄脚趾，引起出血和跛行。

④ 啄蛋：在产蛋鸡群时有发生，尤其是高产鸡群。这与饮水不足或鸡体缺钙、产软壳蛋有关。

⑤ 啄异物：如啄墙壁、食槽等。鸡消化需要沙砾，如果缺乏，常引起啄异物癖。

1. 发生原因

（1）营养因素

① 蛋白质不足或日粮氨基酸不平衡。赖氨酸、甲硫氨酸、亮氨酸、色氨酸、胱氨酸中的一种或几种含量不足或过高，均会造成日粮氨基酸不平衡而引发啄羽、啄蛋。

② 矿物质缺乏。日粮矿物质元素不足或不平衡，锌、铜、硒、钴、铁、钠、钙、磷不足或钙、磷比例失调，尤其是食盐不足造成家禽喜食带咸性的血迹，形成啄肛癖。硫含量不足等也可引起啄羽、啄肛、异食等恶癖。

③ 维生素缺乏。维生素 A、维生素 B_1、维生素 B_2、维生素 B_{12} 等缺乏影响叶酸、泛酸、胆碱、甲硫氨酸的代谢，使其生长缓慢，羽毛生长不良，引起脚趾皮炎，头部、眼睑、嘴角表皮角质化而诱发啄癖。

④ 青年鸡日粮中粗纤维不足，导致鸡不易产生饱腹感，采食时间短，鸡一天中较长时间无所事事，产生无聊感而啄羽。

⑤ 日粮中粗纤维及沙砾缺乏。粗纤维缺乏时，鸡肠蠕动不充分，易引起啄羽、啄肛等恶习。

（2）管理因素

① 鸡舍温度过高或通风不良造成鸡体内热量散失受阻，同时二氧化碳、硫化氢、氨气等有害气体过多，破坏了鸡体的生理平衡，使鸡体烦躁不安引起鸡的啄癖。

② 饲养密度过大，湿度过高都易导致啄癖，会造成烦躁好斗而引发啄癖。

③ 光照强度过大，光照制度不合理或光线分布不均匀，可诱发啄羽。

④ 公母鸡、强弱鸡、不同日龄鸡、不同种群的鸡、不同颜色的鸡混养。

⑤ 环境突变或外界惊扰，如防疫、转群等引起啄癖。

⑥ 换料太急，引起鸡换料应激。

⑦ 在鸡生理换羽过程中，羽毛刚长出时，皮肤发痒，鸡自己啄发痒部位而引起其他鸡跟着去啄，造成相互啄羽。

⑧ 饮水不足或饲料喂量不足。

⑨ 没有及时断喙和修喙。

（3）疾病因素

① 当鸡发生白痢、球虫病或其他疾病时，常由于肛门上粘有异物而引起相互间的啄斗。感染大肠杆菌引起输卵管炎、泄殖腔炎、黏膜水肿变性，导致输卵管狭窄，使蛋通过受阻，鸡只有通过增加腹压才能产出鸡蛋，时间一长，形成脱肛，诱发其他鸡啄肛。

② 体表寄生虫。体外寄生虫如虱、螨等引起局部发痒造成鸡自啄或互啄。

③ 生理性脱肛、皮肤外伤等因素都可诱发啄癖的发生。

（4）品种因素

① 部分品种鸡性成熟时，由于体内性激素（雌激素或孕酮、雄激素）分泌量增加或异常时，常有异常行为发生，其中最常见的为自啄或乱啄形成恶癖。

② 部分品种鸡生性好斗，也是引起啄癖的一个原因。

2. 啄癖的防治

啄癖是个古老而富于挑战的难题，目前还没有特别有效的药物可以根治，只有加强饲养管理，供给全价饲料，搞好环境卫生。

① 发生啄癖时，要及时查明原因，迅速处理。立即将被啄的鸡隔离饲养，受伤的局部进行消毒处理，对已啄鸡只可涂紫药水治疗，可在伤口涂抹废机油、煤油、鱼石脂、松节油、樟脑油等具有强烈异味的物质，防止鸡再被啄和鸡群互啄。

② 断喙。断喙是预防啄癖的有效办法。雏鸡在 7 ～ 9 日龄时进行首次断喙，上喙切掉 1/2，下喙切掉 1/3，在 12 周龄时进行第 2 次断喙。

③ 合理配制日粮。配制优质、全价的日粮，满足鸡只各生长阶段的营养需要，特别应注意维生素 A、维生素 D、维生素 E 和 B 族维生素、胱氨酸、甲硫氨酸及微量元素等的供给。在饲料中加入 1.5%～ 2%石膏粉可治疗原因不明的啄羽癖。

④ 加强管理，减少应激。不同品种、日龄、体质的鸡不要混养，公鸡、母鸡要分群饲养。每日定时加料、加水、清粪，配足饮水器、饲槽，防止饥饿引起啄癖。严格控制温度、湿度，注意通风、换气，避免环境不适引起的拥挤堆叠、烦躁不安。另外，要减少应激，保持鸡舍安静。天气闷热时除加强舍内通风外，在饮水中添加多种维生素，以避免中暑、热应激和引起啄癖。

⑤ 采用短期食盐疗法，在饲料中添加 1.5%～ 2%的食盐，连喂 3 ～ 4 天，对食盐缺乏引发的啄癖效果明显，但要供给足够的饮水以防食盐中毒。

⑥ 控制光照强度。鸡舍灯光最好为红色，因红光使鸡安静，可减少啄癖的发生。

⑦ 用盐霉素、氨丙啉等拌料预防和治疗鸡球虫病，同时注意定期消毒。

⑧ 鸡患寄生虫病时，用胺菊酯、溴氰菊酯、苄呋菊酯、芬苯达唑、阿维菌素等对鸡群进行喷雾、药浴或拌料以预防或驱杀体表寄生虫。

⑨ 散养蛋鸡的，可用牧草使鸡啄之，让其分散注意力。

第八章 生态养鸡农场的经营管理

一、采用种养结合的养殖模式是养鸡家庭农场的首选

种养结合是一种结合种植业和养殖业的生态农业模式。种植业是指植物栽培业，通过栽培各种农业产物以取得粮食、副食品、饲料和工业原料等植物性产品。养殖业是利用畜禽等已经被人类驯化的动物，或者野生动物的生理功能，通过人工饲养、繁殖，使其将牧草和饲料等植物能转变为动物能，以取得肉、蛋、奶、皮、毛和药材等畜产品。种养结合模式是将畜禽养殖产生的粪便、有机物作为有机肥的基础，为种植业提供有机肥来源；同时，种植业生产的作物又能够给畜禽养殖提供食源。该模式能够充分将物质和能量在动植物之间进行转换及良好的循环（图 8-1）。

国内外的研究和实践证明，土壤结构破坏、地力下降，与水资源、肥源、能源的短缺和失调密切相关，成为“高产、高

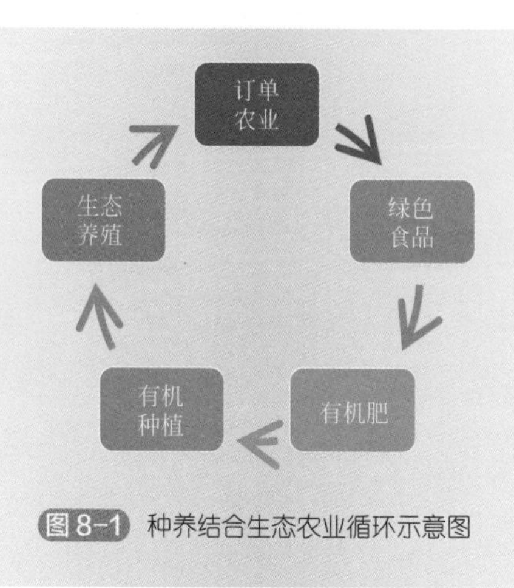

图8-1 种养结合生态农业循环示意图

效、优质”农业发展的制约因素。种养结合模式建立以规模集约化养殖场为单元的生态农业产业体系（即“种植、养殖、加工、沼气、肥料”循环模式），是以粮食作物生产为基础，养殖业为龙头，沼气能源开发为纽带，有机肥料生产为驱动，形成饲料、肥料能源、生态环境的良性循环，带动加工业及相关产业发展，合理安排经济作物生产，从而发展高效农业（主要为设施农业），提高整个体系的综合效益（即经济、社会和生态环保效益的高度统一）。实现了农业规模化生产和粪尿资源化利用，改善了农牧业生产环境，提高了畜禽成活率和养殖水平，降低了农田化肥使用量和农业生产成本，提高了农牧产品产量和质量，确保农牧业收入稳定增加。并通过种植业和养殖业的良性循环，改变了传统农业生产方式，拓展了生态循环农业发展空间。

那么，生态养鸡家庭农场如何做好种养结合呢？我们可以参照农业农村部重点推广的十大类型生态模式和配套技术，并结合本场的实际，因地制宜、科学合理地在本场进行种养结合工作。

为进一步促进生态农业的发展，2002 年，农业部向全国征集到了 370 种生态农业模式或技术体系，通过专家反复研讨，遴选出经过一定实践运行检验，具有代表性的十大类型生态模式，并正式将这十大类型生态模式作为今后一个时期农业部的重点任务加以推广。十大典型模式和配套技术包括：北方“四位一体”生态模式及配套技术；南方“猪 - 沼 - 果”生态模式及配套技术；平原农林牧复合生态模式及配套技术；草地生态恢复与持续利用生态模式及配套技术；生态种植模式及配套技术；生态畜牧业生产模式及配套技术；生态渔业模式及配套技术；丘陵山区小流域综合治理模式及配套技术；设施生态农业模式及配套技术；观光生态农业模式及配套技术。

家庭农场可以根据本场实际条件参考这些推荐的种养模式，做好种养结合。

二、因地制宜，发挥资源优势养好生态鸡

因地制宜是指根据各地的具体情况，制定适宜的办法。而生态放养是在自然生态环境中，如山地、林地、草地、果园（图 8-2）、农田、荒地、滩地等，以采食昆虫及野生嫩草、草籽、腐殖质为主，以开放散养的方式进行养殖，从而有效控制植物虫害和草害，减少农药的使用，实现经济效益、生态效益和社会效益的高度统一。可见，生态养鸡对自然资源的依赖程度最高，如果离开自然生态环境这一关键而必要的条件，就不是生态养鸡。所以，只有因地制宜，发挥当地自然资源优势，才能养好鸡。

养鸡除了常规饲料以外，还有大量非常规饲料可以利用。从遗传角度看，鸡本身是杂食动物，有觅食的本能。前几年，

我国大面积退耕还林，现在正在进行林权制度改革。林地、果园、茶园、竹园、荒山荒坡都有大量的天然饲料，完全可供鸡群觅食，可因此减少一半左右的饲料投入。其生态养鸡所获得的高品质的禽、蛋产品，更自然、更绿色，更受消费者青睐，销价更高，前景广阔。

图 8-2 梨园养鸡

俗话说：“近水楼台先得月，向阳花木易为春。”生态养鸡就是要依靠家庭农场所在地区的自然资源优势，进行生产经营，是典型的“靠山吃山、靠水吃水”。我国有大量的林地，如北方许多地方栽种的大片速生杨，这些林地空间大，地面有较多的各类虫子，是生态养鸡的理想场地。在南方，有的地方有大片的竹林、松树或柏树林，也可以用于放养鸡。一些山区为了防止水土流失也种植了大片的杂木林，当树龄超过 5 年后（树根扎得比较深，固土和保墒能力较强），用于生态养鸡也是比较理想的。适合放养鸡的果园很多，如苹果园、桃园、梨园、柑橘园、杏园、李子园、柿子园、核桃园、板栗园、枣园、山楂园、石榴园等，能达到除草、除虫、自然施肥的效果。在淮海、长江流域利用山沟放养鸡，由于气温高、降水多，许多山沟的自然植被条件很好，各种树木，包括大量的灌木和杂草丛生，草丛中各类虫子数量很多，能够为鸡群提供丰富的天然饲料，是很好的生态养鸡场地。在成片的绿化苗木地内放养鸡，也是很好的办法。在一些没有耕种的滩地，每年4月以后就会有大量的杂草，杂草中会滋生许多虫子。利用滩地放养鸡群在一些地方也是生态养鸡的重要模式。同时，如果在放养场地中有计划地人工种植一些牧草，还可以增加场地内青绿饲料的数量，对生态养鸡更为有利。

在因地制宜方面成功的例子很多，值得我们借鉴。如央视网《每日农经》栏目介绍的利用木鱼石养黑鸡，因地制宜巧赚钱的实例。木鱼石是形成于5亿多年前的一种比较稀少的矿石，目前仅在我国泰山山脉西侧有发现。八宝峪就在济南城外30公里处，这里正是泰山山脉的一部分。这座山由大量的木鱼石组成，据检测，木鱼石中的主要成分为三氧化二铁，除了三氧化二铁外，木鱼石中还含有很多其他的微量元素。和其他普通沙砾相比，木鱼石含有26种人体必需的微量元素，并且含量高出普通沙砾几倍甚至几十倍，比如说硒、锶、锌。锌有利于提高人体的免疫力和智力，硒有防癌抗癌和延缓衰老的功效，而锶对人体骨骼的形成有重要作用。除了富含那些对人体有益的微量元素外，木鱼石还有一个作用。浸泡过木鱼石的水pH值7.5，呈弱碱性。

鸡吃沙砾是一种生理习性，沙砾在鸡的胃中可磨碎食物，这样有利于鸡对食物的消化吸收。利用鸡爱吃沙砾的特性，成功地把木鱼石中的微量元素转化到了鸡肉和鸡蛋中。而鸡喝的水是这座山中的地下水，经过了千百年的浸泡，木鱼石中的微量元素已析出到了水中。

产出的鸡蛋被称为木鱼石鸡蛋，48 枚一箱价格是 188 元，一个鸡蛋就要 4 元左右，而普通鸡蛋 45 枚才 49 元，合一元多一枚。尽管价格贵，依然有不少消费者前去购买。由于鸡是散养的，它的营养价值比普通鸡高，还具有滋补、养颜的功效，而且吃起来很有劲，又香。一只鸡卖一百多元钱，比市场上其他鸡贵了不少。八宝峪距离济南市区不远，每到节假日，都会有人到山上去游玩，呼吸呼吸那里的新鲜空气，再拣上几块木鱼石回去。最后还一定要品尝品尝吃木鱼石的八宝黑鸡。这样既合理地利用了当地的资源又提高了鸡蛋的质量，而且还获得了很好的经济效益。

我们再看看央视网《农广天地》栏目介绍的山西省大宁县回乡创业的 90 后姑娘小刘，她偶然的一个机会接触到了绿壳蛋乌鸡，通过对乌鸡市场的考察后，决定开始养殖乌鸡。但是建设鸡舍需要很大一笔资金，小刘没有那么多钱。她看到家里以前住过的窑洞，现在正废弃着，而窑洞具有冬暖夏凉的优点，冬季窑洞内温度不低于 5℃，夏季不高于 20℃，正适合养鸡用，于是小刘将废弃的窑洞经过适当改造开始散养乌鸡，利用窑洞前的场地作为鸡的活动场，既节省了建鸡舍的资金，也为鸡找到了理想的栖息地。经过她的不懈努力，最后成功实现了养鸡致富的理想。

可见，家庭农场生态放养鸡要实现长久发展，必须坚持因地制宜的原则。要充分利用家庭农场当地的自然资源并发挥条件优势，这样才能把家庭农场做大做强。

三、养鸡家庭农场的经营风险控制要点

家庭农场经营风险是指家庭农场在经营管理过程中可能发

生的危险。而风险控制是指风险管理者采取各种措施和方法，消灭或减少风险事件发生的各种可能性，或风险控制者减少风险事件发生时造成的损失。但总会有些事情是不能控制的，风险总是存在的。作为管理者必须采取各种措施减小风险事件发生的可能性，或者把可能的损失控制在一定的范围内，以避免在风险事件发生时带来难以承担的损失。

（一）家庭农场的经营风险

家庭农场的经营风险通常主要包括以下七种。

1. 鸡群疾病风险

这种因疾病因素对养鸡家庭农场产生的影响有两类。一是在养殖过程中发生疾病造成的影响，主要包括：大规模的疫情导致大量鸡只的死亡，带来直接的经济损失。疫情会给家庭农场的生产带来持续性的影响，使家庭农场的生产效率降低，生产成本增加，进而降低效益。内部疫情发生将使家庭农场的鸡蛋和活鸡出栏减少，造成收入减少，效益下降。二是家禽养殖行业暴发大规模疫病或出现安全事件造成的影响，如暴发禽流感。家禽养殖行业暴发大规模疫病将使本场暴发疫病的可能性随之增大，给家庭农场带来巨大的防疫压力，并增加在防疫上的投入，导致经营成本提高。

2. 市场风险

导致养鸡家庭农场经营管理的市场风险很多，如处于“价格周期”中的价格低谷期，短暂的低谷大部分家庭农场可以接受，长时间的低谷对很多经营管理差的家庭农场来说就是灾难。价格的变化其实是由于鸡供求数量的变化决定的，数量增长过快，将直接导致鸡或鸡蛋价格的降低，进而影响到家庭农场的效益。

还有家禽养殖行业出现食品安全事件或某个区域暴发疫病，将会导致全体消费者的心理恐慌，降低相关产品的总需求量，直接影响家庭农场的产品销售，给经营者带来损失。饲料原料供应紧张导致价格持续上涨，如玉米、豆粕、进口鱼粉等主要原料上涨过快，导致生产成本上升。经济通胀通缩导致销售数量减少，消费者购买力下降等。这些市场风险因素对家庭农场来说都是难以承受的风险。

3. 产品质量风险

生态养鸡家庭农场的主营业务收入和利润主要来源于鸡及鸡蛋产品，如果家庭农场的鸡、鸡蛋等不能适应市场消费需求的变化，就存在产品风险。如以出售种蛋为主的家庭农场，由于待售种蛋的孵化率过低、携带病菌，就存在销售市场萎缩的风险。对出售肉鸡的，由于鸡肉品质不好，如脂肪过多、瘦肉率低、不适合消费者口味，并且药物残留和违禁使用饲料添加剂的问题没有得到有效控制，出现鸡蛋及鸡肉安全问题，也会导致鸡或鸡蛋销售不畅。

4. 经营管理风险

经营管理风险即由于家庭农场内部管理混乱、内控制度不健全、财务状况恶化、资产沉淀等造成重大损失的可能性。家庭农场内部管理混乱、内控制度不健全会导致防疫措施不能落实。如饲养管理不到位，造成饲料浪费、鸡只生长缓慢、鸡只死亡率增长的风险；原材料、兽药及低值易耗品采购价格不合理，库存超额，使用浪费，造成家庭农场生产成本增加的风险；对用车、招待、办公费、产品销售费用等非生产性费用不能有效控制，造成家庭农场管理费用、营业费用增加的风险；家庭农场的应收款较多，资产结构不合理，资产负债率过高，会导致家庭农场资金周转困难，财务状况恶化的风险。

5. 投资及决策风险

投资风险即因投资不当或决策失误等造成家庭农场经济效益下降的可能性。决策风险即由于决策不民主、不科学等造成决策失误，导致家庭农场重大损失的可能性。如果在生态养鸡行情高潮期盲目投资办新场，扩大生产规模，会产生因市场饱和、鸡或鸡蛋价大幅下跌的风险。投资选址不当，生态养鸡养殖受自然条件及周边卫生环境的影响较大，也存在一定的风险。对生态养鸡的品种是否更新换代、扩大或缩小生产规模等决策不当，会对家庭农场效益产生直接影响。

6. 安全风险

安全风险即有自然灾害风险，也有因家庭农场安全意识淡漠、缺乏安全保障措施等而造成家庭农场重大人员或财产损失的可能性。自然灾害风险即因自然环境恶化如地震、洪水、火灾、风灾等造成家庭农场损失的可能性。家庭农场安全意识淡漠、缺乏安全保障措施等原因而造成的风险较为普遍，如用电或用火不慎引起的火灾，不遵守安全生产规定造成人员伤亡，购买了有质量问题疫苗、兽药等，引起鸡只死亡等。

7. 政策风险

政策风险即因政府法律、法规、政策、管理体制、规划的变动，税收、利率的变化或行业专项整治，造成损害的可能性。其中最主要的是环保政策给家庭农场带来的风险。

（二）控制风险对策

在家庭农场经营过程中，经营管理者要牢固树立风险意识，既要有敢于担当的勇气，在风险中抢抓机会，在风险中创造利润，化风险为利润。又要有防范风险的意识，管理风险的智慧，驾驭风险的能力，把风险降到最低程度。

1. 加强疫病防治工作，保障鸡只安全

首先要树立“防疫至上”的理念，将防疫工作始终作为家庭农场生产管理的生命线。其次要健全管理制度，防患于未然，制订内部疾病的净化流程，同时，建立饲料采购供应制度和疾病检测制度及危机处理制度，尽最大可能减少疫病发生概率并杜绝病死鸡流入市场。再次要加大硬件投入，高标准做好卫生防疫工作。最后要加强技术研究，为防范疫病风险提供保障，在加强有效管理的同时加强与国内外牲畜疫病研究机构的合作，为家庭农场疫病控制防范提供强有力的技术支撑，大幅度降低疾病发生所带来的风险。

2. 及时关注和了解市场动态

及时掌握市场动态，适时调整生态养鸡的鸡群结构和生产规模。同时做好成品饲料及饲料原料的储备供应。

3. 调整产品结构，树立品牌意识，提高产品附加值

以战略的眼光对产品结构进行调整，大力开发安全优质种鸡、安全饲料等与生态养鸡有关的系列产品，并拓展鸡肉和鸡蛋食品深加工，实现产品的多元化。保持并充分发挥生态养鸡产品在质量、安全等方面的优势，加强生产技术管理，树立生态鸡产品的品牌，巩固并提高生态鸡产品的市场占有率和盈利能力。

4. 健全内控制度，提高管理水平

根据国家相关法律、法规的规定，制定完备的企业内部管理标准、财务内部管理制度、会计核算制度和审计制度，通

过各项制度的制定、职责的明确及其良好的执行，使家庭农场的内部控制得到进一步的完善。重点要抓好防疫管理、饲养管理，搞好生产统计工作。加强对饲料原料、兽药等采购、饲料加工及出库环节的控制，节约生产成本。加强财务管理工作，降低非生产性费用，做到增收节支；加强生态鸡和鸡蛋销售管理，减少应收款的发生；调整资产结构，降低资产负债率，保障资金良性循环。

5. 加强民主、科学决策，谨防投资失误

经营者要有风险管理的概念和意识，家庭农场的重大投资或决策要有专家论证，要采用民主、科学决策手段，条件成熟了才能实施，防止决策失误。现在和将来投资家庭农场，应将环保作为第一限制因素考虑，从当前的发展趋势看，如何处理鸡粪使其达标排放的思维方式已落伍，必须考虑走循环农业的路子，充分考虑土地的承载能力，达到生态和谐。

6. 参加保险

我国蛋鸡产业发展仍没有摆脱各种风险的威胁，仅 2013 年的 H7N9 事件就让很多蛋鸡养殖企业和农户遭受巨大损失，行业直接间接损失超过 1000 亿元。每年的各种疫情和意外事件都会让很多养殖者丧失了再生产能力，彻底退出行业或因灾致贫，生活受到严重影响。在市场经济条件下，参加蛋鸡产业保险是规避行业风险的一个重要途径。

四、做好家庭农场的成本核算

家庭农场的成本核算是指将在一定时期内家庭农场生产经营过程中所发生的费用，按其性质和发生地点，分类归集、汇总、核算，计算出该时期内生产经营费用发生总额和分别计算出每种产品的实际成本和单位成本的管理活动。其基本任务是正确、及时地核算产品实际总成本和单位成本，提供正确的成本数据，为企业经营决策提供科学依据，并借以考核成本计划执行情况，综合反映企业的生产经营管理水平。

家庭农场成本核算是家庭农场成本管理工作的重要组成部分，成本核算的准确与否，将直接影响家庭农场的成本预测、计划、分析、考核等控制工作，同时也对家庭农场的成本决策和经营决策产生重大影响。

通过成本核算，可以计算出产品实际成本，可以作为生产耗费的补偿尺度，是确定家庭农场盈利的依据，便于家庭农场依据成本核算结果制定产品价格，也便于企业编制财务成本报表。还可以通过产品成本的核算，计算出产品的实际成本资料，与产品的计划成本、定额成本或标准成本等指标进行对比，除可对产品成本升降的原因进行分析外，还可据此对产品的计划成本、定额成本或标准成本进行适当的修改，使其更加接近实际。

通过产品成本核算，可以反映和监督家庭农场各项消耗定额及成本计划的执行情况，可以控制生产过程中人力、物力和财力的耗费，从而做到增产节约、增收节支。同时，利用成本核算资料，开展对比分析，还可以查明家庭农场生产经营的成绩和缺点，从而采取针对性的措施，改善家庭农场的经营管理，促使家庭农场进一步降低产品成本。

通过产品成本的核算，还可以反映和监督产品占用资金的增减变动和结存情况，为加强产品资金的管理、提高资金周转速度和节约有效地使用资金提供资料。

可见，做好家庭农场的成本核算，具有非常重要的意义，是家庭农场规模化养鸡必须做好的一项重要工作。

（一）规模化家庭农场成本核算对象

会计学对成本的解释是：成本是指取得资产或劳务的支出。成本核算通常是指存货成本的核算。规模化养鸡虽然都是由日龄不同的鸡群组成，但是由于这些鸡群在连续生产中的作用不同，应确定哪些是存货，哪些不是存货。

家庭农场养鸡成本核算的对象具体为家庭农场的每批肉鸡、每批蛋鸡。

鸡在生长发育过程中，不同生长阶段可以划分为不同类型的资产，并且不同类型资产之间在一定条件下可以相互转化。根据《企业会计准则第5号——生物资产》可将资产分为生产性生物资产和消耗性生物资产两类。结合养鸡的特点，也可将鸡群分为生产性生物资产和消耗性生物资产两类。家庭农场饲养蛋鸡的目的是产鸡蛋，蛋鸡能够重复利用，属于生产性生物资产。生产性生物资产是指为产出畜产品、提供劳务或出租等目的而持有的生物资产。即处于生长阶段的，包括雏鸡和育成鸡，属于未成熟生产性生物资产；而当育成鸡成熟为产蛋鸡时，就转化为成熟性生物资产；当种鸡被淘汰后，就由成熟性生物资产转为消耗性生物资产。

家庭农场外购的成年蛋鸡，按应计入生产性生物资产成本的金额，包括购买价款、相关税费、运输费、保险费以及可直接归属于购买该资产的其他支出。

产蛋前期的育成鸡，达到预定生产经营目的后发生的管护、饲养费用等后续支出，全部由鸡蛋承担，按实际消耗数额结转。

（二）规模化家庭农场成本核算内容

1. 鸡蛋生产成本的管理与核算

鸡蛋生产首先要掌握产蛋率，产蛋率 = 产蛋总只数 ÷ 实际饲养母鸡只数累加数 ×100%。其次是饲料回报率(料蛋比)，饲料回报率 = 饲料耗用量 ÷ 期内总产蛋量 ×100%。

饲料回报率有四种算法：①饲料耗用量和产蛋总量都以公斤计算。②饲料耗用量以公斤计算，产蛋量以只计算，这两种为养殖技术人员常用。③饲料耗用量以金额计算，产蛋量以公斤计算，分析商品蛋成本用此法。④饲料耗用量以金额计算，产蛋量以只计算，分析种蛋成本用此法。

种蛋生产还须掌握受精率，受精率 = 受精蛋只数 ÷ 入孵蛋只数 ×100%。在采收、保管、传递等过程中，会发现破损蛋，破损蛋价格低于好蛋，因此，减少破损很重要。母鸡产蛋降到一定程度，必须淘汰，不然徒增饲养成本。

鸡蛋的生产成本项目有：

① 种鸡耗损。不管是购进母鸡还是自繁母鸡，其成本价都比淘汰鸡价高，差价即是种鸡耗损。种鸡耗损是鸡蛋成本的一个重要项目，占鸡蛋生产成本的 10%～15%。

② 饲料。生产成本中比重最大，约占成本的 70%，产蛋母鸡对饲料的要求比较严格。要分别按产蛋期和休产期的不同要求配制精料，适当搭配粗料。

③ 工资。指饲养人员的工资及附加费，按应计数计入成本。工资在鸡蛋生产成本中比重最小，在 3%以下。如果是放牧，人工费用要增加，饲料费用可减少，要权衡得失。

④ 其他费用。包括医药费、消耗材料、工具、电费、鸡舍折旧费等，按实耗数或应计数计入成本。如果是自繁鸡雏用的种蛋生产，则种鸡耗资应包括公鸡。公鸡、母鸡比例一般为 1∶10，保证受精率。公鸡过多增大成本，过少不能保证受精率。饲料也应包括公鸡，分析公鸡耗料时，要与受精率的升降参照。宁可改进饲料的质与量，不可降低受精率。

2. 鸡雏生产成本的管理与核算

① 照蛋。照蛋的目的是检查孵化期间鸡胚胎的发育情况，

检查孵化条件是否适宜；同时还可剔除无精蛋、死胚蛋，有助于更好地改进孵化条件，提高孵化率。

在孵化过程中一般照蛋3次，第一次照蛋在6～7天进行，应及时剔除无精蛋、死胚蛋，并检查种鸡的受精率以及种蛋的保存条件等是否适宜。第二次照蛋在15～16天进行，正常的胚蛋尿囊在小头“合拢”，同时剔除死胚蛋。第三次照蛋可进行抽样检查，作为孵化后期调整孵化条件、按时出壳的参考。通过这次照蛋，将不同时期胚胎发育的程度，作为调整孵化条件的依据，照出的无精蛋和死胚蛋均须折价出售。

② 出壳率。鸡雏生产最重要的是掌握出壳率，出壳率＝出雏只数（健壮雏和弱雏）÷受精蛋数×100%。其次是每雏的加工成本（孵抱费）和减少弱雏。弱雏一般不超过出雏总数的3%。

③ 成活率。鸡雏进场到6周龄为育雏期，7～18周龄为育成期。育雏期和育成期应重点计算育雏成活率和育成成活率，育雏期和育成期间发现不健康的鸡应及时淘汰处理。

育雏成活率＝育雏期满成活鸡数÷该批鸡雏进场数×100%，一般标准为94%。

育成成活率＝育成(售出)鸡数÷该批鸡雏育雏成活鸡数×100%，一般标准为97%。

种鸡在育成后期，可能提前产蛋，所产蛋作商品蛋出售。其收入与不合格种鸡作肉鸡处理的收入，都视同副产品，在成本总额中减去。全部成本减去副产品收入，即为该批种鸡的实际成本，除以合格种鸡只数，就得每只种鸡的单位成本。

（三）家庭农场账务处理

家庭农场在做好成本核算的同时，也要将整个农场的整个收支过程做好归集和登记，以全面反映家庭农场经营过程中发生的实际收支和最终得到的收益，使农场主了解和掌握本农场当年的经营状况，达到改善管理、提高效益的目的。

家庭农场记账可以参考山西省农业厅《山西省家庭农场记账台账（试行）》（晋农办经发〔2015〕228号）。

《山西省家庭农场记账台账（试行）》的具体规定如下。

1. 记账对象

记账单位为各级示范家庭农场及有记账意愿的家庭农场。记账内容为家庭农场生产、管理、销售、服务全过程。

2. 记账目的

家庭农场以一个会计年度为记账期间，对生产、销售、加工、服务等环节的收支情况进行登记，计算生产和服务过程中发生的实际收支和最终得到的收益，使农场主了解和掌握本农场当年的经营状况，达到改善管理、提高效益的目的。

3. 记账流程

家庭农场记账包括登记、归集和效益分析三个环节。

（1）登记　家庭农场应当将主营产业及其他经营项目所发生的收支情况，全部登记在《山西省家庭农场记账台账》上。要做到登记及时、内容完整、数字准确、摘要清晰。

（2）归集　在一个会计年度结束后将台账数据整理归集，得到收入、支出、收益等各项数据。归集时家庭农场可以根据自身需要增加、减少或合并项目指标。

（3）效益分析　家庭农场应当根据台账编制收益表，掌握收支情况、资金用途、项目收益等，分析家庭农场经营效益，从而加强成本控制，挖掘增收潜力；明晰经营方向，实现科学决策；规范经营管理，提高经济效益。

4. 计价原则

① 收入以本年度实际实现的收入或确认的债权为准。

② 购入的各种物资和服务按实际购买价格加运杂费等计算。

③固定资产是指单位价值在 500 元以上，使用年限在 1 年以上的生产或生产管理使用的房屋、建筑物、机器、机械、运输工具、役畜、经济林木、堤坝、水渠、机井、晒场、大棚骨架和墙体以及其他与生产有关的设备、器具、工具等。

购入的固定资产按购买价加运杂费及税金等费用合计扣除补贴资金后的金额计价；自行营建的固定资产按实际发生的全部费用扣除补贴资金后的金额计价。

固定资产采用综合折旧率为 10%。享受国家补贴购置的固定资产按扣除补贴金额后的价值计提折旧。

④ 未达到固定资产标准的劳动资料按产品物资核算。

5. 台账运用

① 作为评选示范家庭农场的必要条件。

② 作为家庭农场承担涉农建设项目、享受财政补贴等相关政策的必要条件。

③ 作为认定和审核家庭农场的必要条件。

附件：山西省家庭农场台账样本。

台账样本见表 8-1 山西省家庭农场台账——固定资产明细账、表 8-2 山西省家庭农场台账——各项收入、表 8-3 山西省家庭农场台账——各项支出和表 8-4（）年家庭农场经营收益。

表 8-1　山西省家庭农场台账——固定资产明细账 单位：元

记账日期	业务内容摘要	固定资产原值增加	固定资产原值减少	固定资产原值余额	折旧费	净值	补贴资金
上年结转							

续表

记账日期	业务内容摘要	固定资产原值增加	固定资产原值减少	固定资产原值余额	折旧费	净值	补贴资金
合计							
结转下年							

说明：

1. 上年结转——登记上年结转的固定资产原值余额、折旧费、净值、补贴资金合计数。

2. 业务内容摘要——登记购置或减少的固定资产名称、型号等。

3. 固定资产原值增加——登记现有和新购置的固定资产原值。

4. 固定资产原值减少——登记报废、减少的固定资产原值。

5. 固定资产原值余额——固定资产原值增加合计数减去固定资产原值减少合计数。

6. 折旧费——登记按年（月）计提的固定资产折旧额。

7. 净值——固定资产原值扣减折旧费合计后的金额。

8. 补贴资金——登记购置固定资产享受的国家补贴资金。

9. 合计——上年转来的金额与各指标本年度发生额合计之和。

10. 结转下年——登记结转下年的固定资产原值余额、折旧费、净值、补贴资金合计数。

表 8-2　山西省家庭农场台账——各项收入　　单位：元

记账日期	业务内容摘要	经营收入		服务收入	补贴收入	其他收入
		出售数量	金额			
合计						

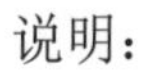

说明：

1. 业务内容摘要——登记收入事项的具体内容。

2. 经营收入——家庭农场出售种植养殖主副产品收入。

3. 服务收入——家庭农场对外提供农机服务、技术服务等各种服务取得的收入。

4. 补贴收入——家庭农场从各级财政、保险机构、集体、社会各界等取得的各种扶持资金、贴息、补贴补助等收入。

5. 其他收入——家庭农场在经营服务活动中取得的不属于上述收入的其他收入。

表 8-3　山西省家庭农场台账——各项支出　　单位：元

记账日期	业务内容摘要	经营支出	固定资产折旧	土地流转（承包）费	雇工费用	其他支出
合计						

说明：

1. 业务内容摘要——登记支出事项的具体内容或用途。

2. 经营支出——家庭农场为从事农牧业生产而支付的各项物质费用和服务费用。

3. 固定资产折旧——家庭农场按固定资产原值计提的折旧费。

4. 土地流转（承包）费——家庭农场流转其他农户耕地或承包集体经济组织的机动地 (包括沟渠、机井等土地附着物)、“四荒”地等的使用权而实际支付的土地流转费、承包费等土地租赁费用。一次性支付多年费用的，应当按照流转（承包、租赁）合同约定的年限平均计算年流转（承包、租赁）费计入当年成本费用。

5. 雇工费用——因雇佣他人（包括临时雇佣工和合同工）劳动（不包括发生租赁作业时由被租赁方提供的劳动）而实际支付的所有费用，包括支付给雇工的工资和合理的饮食费、招待费等。

6. 其他费用——家庭农场在经营、服务活动中发生的不属于上述费用的其他支出。

表 8-4 （　　）年家庭农场经营收益

代码	项目	单位	指标关系	数值
1	各项收入	元	1=2+3+4+5①	
2	经营收入	元		
3	服务收入	元		
4	补贴收入	元		
5	其他收入	元		
6	各项支出	元	6=7+8+9+10+11①	
7	经营支出	元		
8	固定资产折旧	元		
9	土地流转（承包）费	元		
10	雇工费用	元		
11	其他费用	元		
12	收益	元	12=1-6①	

①数字为代码。

五、做好生态鸡产品的“三品一标”认证，提高生态鸡产品的附加值

“三品一标”是指无公害农产品、绿色食品、有机农产品和农产品地理标志（图 8-3、图 8-4）。

图 8-3 “三品一标”图

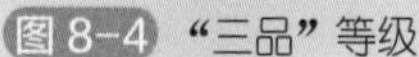
图 8-4 “三品”等级

无公害农产品是指产地环境、生产过程和产品质量符合国家有关标准和规范的要求，经认证合格获得认证证书并允许使用无公害农产品标志的优质农产品及其加工制品。绿色食品是指遵循可持续发展原则，按照特定生产方式生产，经专门机构认证许可使用绿色食品标志的无污染的安全、优质、营养类食品。有机农产品是指纯天然、无污染、高品质、高质量、安全营养的高级食品，也可称为“AA 级绿色食品”。它是根据有机农业原则和有机农产品生产方式及标准生产、加工出来的，并通过有机食品认证机构认证的农产品。农产品地理标志是指标示农产品来源于特定地域，产品品质和相关特征主要取决于自然生态环境和历史人文因素，并以地域名称冠名的特有农产品标志。

安全是这三类食品突出的共性，它们从种植、养殖、收获、出栏、加工生产、贮藏及运输过程中都采用了无污染的工艺技术，实行了从土地、农场到餐桌的全程质量控制，保证了食品的安全性。但是，它们又有不同点。

目标定位上，无公害农产品是规范农业生产，保障基本安全，满足大众消费。绿色食品是提高生产水平，满足更高需求、增强市场竞争力。有机农产品是保持良好生态环境，人与自然的和谐共生。

质量水平上，无公害农产品达到中国普通农产品质量水平。绿色食品达到发达国家普通食品质量水平。有机农产品达到生产国或销售国普通农产品质量水平。

运作方式上，无公害农产品为政府运作，公益性认证。认证标志、程序，产品目录等由政府统一发布。产地认定与产品认证相结合。绿色食品为政府推动、市场运作。质量认证与商标转让相结合。有机农产品为社会化的经营性认证行为。因地制宜、市场运作。

认证方法上，无公害农产品和 A 级绿色食品依据标准，强调从土地到餐桌的全过程质量控制。检查检测并重，注重产品质量。有机农产品实行检查员制度。国外通常只进行检查。国内一般以检查为主，检测为辅，注重生产方式。

标准适用上，生态环境部有机食品发展中心制定了有机产品的认证标准。我国的绿色食品标准是由中国绿色食品中心组织指定的统一标准，其标准分为 A 级和 AA 级。A 级的标准是参照发达国家食品卫生标准和国际食品法典委员会（CAC）的标准制定的，AA 级的标准是根据国际有机农业联盟（IFOAM）有机食品的基本原则，参照有关国家有机食品认证机构的标准，再结合我国的实际情况而制定的。无公害食品在我国是指产地环境、生产过程和最终产品符合无公害食品的标准和规范。这类产品中允许限量、限品种、限时间地使用人工合成化学农药、兽药、鱼药、肥料、饲料添加剂等。

级别区分上，有机农产品无级别之分，有机农产品在生产过程中不允许使用任何人工合成的化学物质，而且需要3年的过渡期，过渡期生产的产品为“转化期”产品。绿色食品有A级和AA级两个等级。A级绿色食品产地环境质量要求评价项目的综合污染指数不超过1，在生产加工过程中，允许限量、限品种、限时间地使用安全的人工合成农药、兽药、鱼药、肥料、饲料及食品添加剂。AA级绿色食品产地环境质量要求评价项目的单项污染指数不得超过1，生产过程中不得使用任何人工合成的化学物质，且产品需要3年的过渡期。无公害食品不分级，在生产过程中允许限品种、限数量、限时间地使用安全的人工合成化学物质。

认证机构上，有机农产品的认证由国家认监委批准、认可的认证机构进行，有中绿华夏、南京国环、五岳华夏、杭州万泰等机构。另外亦有一些国外有机食品认证机构在我国发展有机食品的认证工作，如德国的BCS。绿色食品的认证机构在我国唯一一家是中国绿色食品发展中心，该中心负责全国绿色食品的统一认证和最终审批。无公害食品的认证机构较多，目前有许多省、区、市的农业农村主管部门都进行了无公害食品的认证工作，但只有在国家市场监督管理总局正式注册标识商标或颁布了省级法规的前提下，其认证才有法律效应。

家庭农场通过实施“三品一标”认证，可以规范家庭农场的生产秩序，提升农产品质量安全水平，提高农产品的附加值和市场竞争力，进而提高家庭农场的经济效益，使家庭农场长久发展。

六、做好鸡产品的销售

目前我国家庭农场的畜禽产品普遍存在出售的农产品多为初级农产品，产品大多为同质产品、普通产品，原料型产品多，而特色产品、优质产品少。农产品的生产加工普遍存在仅粗加工、加工效率低、产品附加值比较低的现象。多数家庭农场主不懂市场营销理念，不能对市场进行细分，不能对产品进行准确的市场定位，产品等级划分不确切，大多以统一价格销售，很少有经营者懂得为自己的产品进行包装，特色农产品品牌少，特色农产品的知名品牌更少。在产品销售过程中存在流通渠道环节多、产品流通不畅、交易成本高等问题，也不能及时反馈市场信息。

所以，家庭农场要做好产品销售，就要避免这些普遍存在的问题在本场发生。不仅要研究人们的现实需求，更要研究消费者对农产品的潜在需求，并创造需求。同时要选择一个合适的销售渠道，实现卖得好、挣得多的目的。否则，产品再好，销售不出去，一切前期的努力都是徒劳的。家庭农场销售必须做好本场的产品定位、产品定价、销售渠道等方面工作。

（一）产品定位

家庭农场要实行产业化、适度规模化和标准化经营，提高农产品的质量，增强抵御风险的能力。要进行市场调研，充分了解市场需求信息，根据市场需求来决定自己的生产方向和生产规模，以及生产的数量。目前，市场以活鸡和鸡蛋需求为主，如三黄鸡、青脚麻鸡、乌鸡、绿壳鸡蛋、乌鸡蛋等都有不同程度的需求。家庭农场应根据本地需求、养殖效益，确定饲养的品种。这样既能满足市场多样化的需求，又能调动生产积极性。

（二）销售渠道

销售渠道的分类有多种方法，一般按照有无中间商进行分类。家庭农场的销售渠道可分为直接渠道和间接渠道。

1. 直接渠道

直接渠道是指生产者不通过中间商环节，直接将产品销售给消费者。如家庭农场直接设立门市部进行现货销售，开设生态鸡特色餐馆销售，农场派出推销人员上门销售，接受顾客订货，按合同销售，参加各种展销会、农博会，在网络上销售等。直接销售是以现货交易为主要的交易方式。可以根据本地区销售情况和周边地区市场行情，自行组织销售。可以控制某些产品的价格，掌握价格调整的主动权，同时避免了经纪人、中间商、零售商等赚取中间差价，使家庭农场获得更多的利益。此外，通过直接与消费者接触，可随时听取消费者反馈意见，促使家庭农场提高产品质量和改善经营管理。

但是，直接销售很难形成规模，销量不够稳定。受经营者自身能力的限制，以及其对市场知识缺乏深入的了解，无法做好市场预测，经常会出现压栏滞销。

2. 间接渠道

间接营销渠道是指家庭农场通过若干中间环节将产品间接地出售给消费者的一种产品流通渠道。这种渠道的主要形态有家庭农场－零售商－消费者、家庭农场－批发商－零售商－消费者、家庭农场－代理商－批发商－零售商－消费者等三种。

这类渠道的优点在于接触的市场面广，可以扩大用户群，增加消费量。缺点在于中间环节多，会引起销售费用上升，并且由于受信息不对称的影响，销售价格很难及时与市场同步，议价能力低。

3. 渠道选择

家庭农场经济实力不同，适宜的销售渠道就会有所不同，

生产者规模的大小、财务状况的好坏直接影响着生产者在渠道上的投资能力和设计的领域。一般来说，能以最低的费用把产品保质保量地送到消费者手中的渠道是最佳营销渠道。家庭农场只有通过高效率的渠道，才能将产品有效地送到消费者手中，从而刺激家庭农场提高生产效率，促进生产的发展。

渠道应该便于消费者购买、服务周到、购买环境良好、销售稳定和满足消费者欲望。在保证产品销量的前提下，最大限度地降低运输费、装卸费、保管费、进店费及销售人员工资等销售费用。因此，在选择营销渠道时应坚持销售的高效率、销售费用少和保证产品信誉的原则。

家庭农场采取直接销售有利于及时销售产品，减少损耗、变质等损失。对于市场相对集中、顾客购买量大的产品，直接销售可以减少中转费用，扩大产品的销售。由于农场主既要组织好生产，又要进行产品销售，精力分散，所以该方式对农场主的经营管理能力要求较高。

在现代商品经济不断发展过程中，间接销售已逐渐成为生产单位采用的主要渠道之一。同时，家庭农场主将主要精力放在生产上，更有利于生产水平的提高。

家庭农场的产品销售具体采取直接销售模式还是间接销售模式，应全面分析产品、市场和家庭农场的自身条件，权衡利弊，然后做出选择。

（三）营销方法介绍

1. 饥饿营销法

饥饿营销是指商品提供者有意调低产量，以期调控供求关系，制造供不应求“假象”，以维护产品形象并维持商品较高售价和利润率的营销策略。

在畜禽养殖销售上，饥饿营销同样会取得很好的效果。如开设生态鸡特色餐馆，每天销售固定数量的生态鸡，就是典型“饥饿营销”方式，用这种营销方案来造势吸引消费者，达到营销目的，还可以维持商品较高的利润率，也可以达到维护品牌形象、提高产品附加值的目的。

消费者的欲望不一，程度不同，仅凭以上两个规则，还有些势单力薄。欲望激发与引导是饥饿营销的一条主线，因此，宣传造势虽然已成为各行各业的家常便饭，但却是必不可少的。各养殖场需要根据自身特点，尽量做到选择有度，行销有法，推荐有序。

对于大型企业来说，在新品上市时，可以采取电视、电台、报纸、杂志、网络、电梯、车展、明星代言等媒介进行重点宣传推介。如网易丁磊养猪，由于自身掌握的网络资源和名人效应，他的猪场在未产出一头猪的情况下，却取得了极高的知名度，通过网络宣传大家都知道网易的丁磊要养猪了，而且“丁家猪”是蹲马桶、睡公寓、不吃药的。

而对于中小养殖企业来说，由于资金、人力资源、供应能力等限制，更多是用“巧劲”，借力进行宣传，如利用宣传、慰问、赞助各类活动的方法扩大知名度，利用政府行业主管部门的现场会，举办产品推介会、品鉴会，利用新闻媒体及时报道引进优良养殖品种的整个过程，承担政府技术推广、科研项目，针对目标消费群体进行精准营销宣传等，要不失时机地进行宣传等。

2. 体验式营销

体验一词有亲身经历，实地领会，通过亲身实践所获得的经验，查核、考察等意思。而体验式营销就是通过消费者亲身看、听、用、参与的手段，充分刺激和调动消费者的感官、情感、思考、行动、关联等感性因素（图 8-5）和理性因素，重新定义、设计的一种思考方式的营销方法。

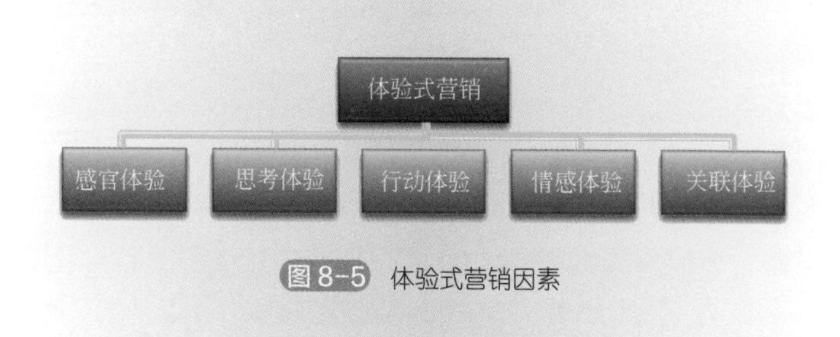

图 8-5 体验式营销因素

体验式营销的关键在于促进顾客和企业之间建立一种良好的互动关系，旨在以用户的需求为导向，设计、生产和销售产品；以用户沟通为手段，关注用户的体验，检验消费情景；以用户满足为目标，积极收集用户反馈，调整营销方法。也就是说，在全面消费者体验时代，不仅需要对消费者深入和全方位的了解，而且还应把对使用者的全方位体验和尊重凝结在产品层面，让用户感受到被尊重、被理解和被体贴。

由于生态养鸡生产周期比普通饲养方法长，这种养殖方法“酒香也怕巷子深”。体验式营销方式消费者看得见、吃得着、买得放心、宣传效果好。如经常性地组织消费者参观生态鸡的养殖全过程，亲身体验养鸡的乐趣，组织特色鸡肉和鸡蛋品鉴，免费试吃，提供鸡肉、鸡蛋等赞助大型活动，还可以开设体验店等，提高消费者对生态鸡产品的认知，扩大知名度。如某生态鸡养殖场为了证明本场所产的鸡蛋同市场上销售的鸡蛋有区别，采取现场验证的方法，当着消费者的面打开鸡蛋，他们场放养生态鸡的公母鸡保证有一定的比例，所产的鸡蛋里面有一个白圈，证明是受精蛋。而市场上销售的鸡蛋因为笼养又没有饲养公鸡而无法受精，就没有这个标志。还有的从鸡爪子上辨别是否为生态放养鸡，生态放养鸡的鸡爪因为长期在野外奔跑、刨食，磨得很粗糙，而笼养的鸡由于活动受限，鸡爪不粗糙，一对比非常明显。从外观来看，土鸡鸡冠鲜红，羽毛颜色较亮，羽毛丰满，和普通的速成鸡有较大的区别。可见，只有让消费者充分了解了饲养的过程，知道特色究竟“特”在哪里，才能做到优质优价。如果再与休闲农业充分地融合，会给投资者带来更丰厚的回报。

在实际运用体验式营销时，生态鸡场主要需要把握好以下几个方面。

一是以良好的质量为基础。产品品质是营销的核心，体验营销下产品大多只是作为体验的载体而存在，尽管在体验营销的高级阶段，体验甚至脱离产品而独立存在，然而，体验的核心是产品，如果没有过硬的产品品质做保障，就不会取得好的体验效果。没有形成规模、没有形成自己的固定产品，就不要搞体验式销售。

二是要品质内外一致，始终如一。体验的时候把最好的产品、产品最好的一面展示出来，本无可厚非，也是使体验能够达到最佳效果的有效办法。但是，切记不能为了搞好体验而搞体验，就是说不能在体验的时候把最好的产品拿出来，或者弄虚作假，用别人家的产品，或者使用作假的手段欺骗体验者，而销售的产品与体验的产品反差太大，甚至相差甚远。这样不但不能使体验时的良好印象延伸，而是会使良好的体验损失殆尽，还会使消费者产生反感，最终受损失的是鸡场。

三是体验活动要组织好。体验式销售讲究的是让消费者在体验中充分感受到产品的优点，产品的可信赖程度，挖掘品牌核心价值，获取高溢价能力。整合多种感官刺激，创造终端体验。充分利用产品和纪念品，开展体验促销等。这就要求在进行体验时要做好体验活动事前、事中和事后的组织安排。体验活动前的策划，包括制定体验价格、体验场地和线路，评估接待能力，科学安排体验项目和时间安排，工作人员分工明确，活动安全保障措施到位等；体验过程中的组织，包括做好体验项目和环节的有机衔接，做好应急突发事件的处置等；体验后的销售，通常经过体验以后，体验者会购买一定的产品或纪念品带走，留给自己继续享用或者作为礼品馈赠给亲朋好友，因此，鸡场要做好这些产品的加工、包装，包装要美观大方、产品标志明显、便于携带等。

3. 微信营销

微信营销就是利用微信基本功能的语音短信、视频、图片、文字和群聊等，以及微信支付和微信提现功能，进行产品点对点网络营销的一种营销模式（图 8-6）。

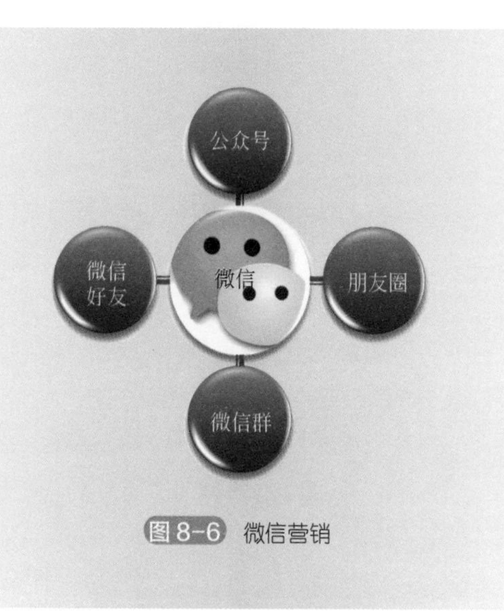

图 8-6 微信营销

微信营销是伴随着微信的出现而兴起的，具有潜在客户数量多、营销方式多元化、定位精准、音讯推送精准、营销更加人性化、营销成本低廉等优势。正是看到微信营销的诸多优点，很多养殖场也纷纷采用微信营销来推广销售本场的畜禽产品，并取得了很好的成绩。

如某微信营销成功案例。首先是挖掘故事，情感营销。鸡肉或鸡蛋它最大的价值不在于营养，而是一种情感和味道，只有抓住那些客户内心深处的东西，才能触动他们的神经，最终成交。可以在微信的朋友圈发微信，怀念小时候吃的鸡肉或鸡蛋，让喜欢吃的朋友请留言，说出爱它的理由，然后选取有代表性留言的人送鸡肉食品。

其次是造势预热，吸引眼球。在朋友圈卖东西，预热很重要，要造成一个神秘感，这样才能吸引大家的关注，还有先在朋友圈发布预售，等过几天才发货，这些都是造势。但是造势是非常有讲究的，造势的前提是你之前和你的微信好友要有一定的黏度和信任度，这个是非常重要的。如果你和你的微信好友之前很少联系和互动，人家不信任你，这根本没有任何效果。可以请交际广泛、威望比较高的人帮助推广，同时在自己的朋友圈帮他进行预热。

再次是借力营销，提升名气。仅依靠一个人的力量是不够的，在发布预售后，让圈内的好友都帮助在他们的朋友圈分享和推广。在朋友圈营销，一定要借助身边的朋友，尤其是好友多、有一定影响力的人去帮你推广。

最后是灵活多变，满足需求。在微信上卖东西，不像淘宝，系统化流程操作，微信就完全靠人工去完成，一个一个沟通，一个一个接单，非常的辛苦和繁琐。在微信上接单，要尽量满足客户的需求，把每个微信好友当作你的好朋友，认真服务，耐心解答，只有这样，人家在收到你的产品时，才会很乐意帮你在朋友圈去分享。为了方便大家，付款方式可以采用多种支付方式，如AA付款、银行卡转账、微信转账、微信红包、支付宝等都可以。

微信营销作为微时代企业营销的利器，其营销优势不言而喻。但养殖场只有正确、合理地利用微信营销才能为企业带来丰厚的收获。因此，养殖场在采用微信营销时要注意以下几点。

一是不能干扰他人。生活中，我们经常会收到一些自己不感兴趣的推销信息，特别是有从事销售的微信好友，在朋友圈中每天都发上几条甚至十几条的推销信息，每当查看朋友圈时，几乎都是这些人发的推销信息，看得人不胜其烦，如果不是碍于情面，这样的好友早就被屏蔽了。像这样的推销已经干扰到了他人的生活，推销的效果可想而知。所以，微信营销要做到精准、适度，要讲究营销策略，不能不管需要不需要、喜欢不喜欢都一律对待，比如有的人将推销的信息编辑到每天的天气预报中，每天早上实时推送，为准备出行的人提供参考，这样既达到了介绍产品的目的，又不使人反感，达到“润物细无声”的效果。

最好单独建立微信群做微信营销，内容可以围绕产品饲养管理的每一个环节、畜禽生长过程及饲养进度进行现场图片、视频、文字的直播，特别是刚出生的幼小畜禽，此时憨态可掬的样子最能激发人们的爱心，也最吸引人。还可以每天转发一些养生保健知识，比如结合节气变化，介绍一下饮食注意事项和饮食风俗习惯，如什么时候吃饺子、吃鸡蛋、粽子等，要及时提醒，然后结合自己的产品介绍一下这些食品的做法等。

二是讲诚信。产品内容介绍要与实物相符，要实事求是、有理有据，不能凭空捏造、夸大其词。因为，消费者最终靠的是实际体验。承诺的事项要兑现，不能说了不算，或者与消费者玩文字游戏，这些都是不诚信的表现，也是消费者最讨厌的做法。比如某集赞送礼品活动，等消费者兴冲冲地去取礼品的时候，组织者不是以来晚了，活动结束了，就是礼品没有了，或者集的赞不符合要求等理由，来搪塞消费者，引起消费者的不满，有的甚至引发群体闹事。

三是不能期望过高。在日常经营过程中，许多养殖场对于微信营销给予厚望。但是，从微信的前景和需求来看，在养殖场营销能力上，在消费群体选择方面，存在一定的盲目性、不确定性等，这也决定了微信营销在公众平台上的营销效果是有限的。微信营销只是众多营销方法中的一种，而且，也没有哪种营销手段是绝对的灵丹妙药，要采取多种营销手段，打好组合拳才是制胜的法宝。

4. 网络营销

根据冯英健著《网络营销基础与实践》第5版，网络营销的定义为：基于互联网络及社会关系网络连接企业、用户及公众，向用户传递有价值的信息和服务，实现顾客价值及企业营销目标所进行的规划、实施及运营管理活动。

网络营销以互联网为技术基础，以顾客为核心，以为顾客创造价值作为出发点和目标，不仅仅是连接了电脑和其他智能设备，更重要的是建立了企业与用户及公众的连接，构建了一个价值关系网。可见，网络营销不仅是"网络＋营销"，网络营销既是一种手段，同时也是一种思想。其具有传播范围广、速度快、无地域限制、无时间约束、内容详尽、多媒体传送、形象生动、双向交流、反馈迅速等特点，可以有效地降低企业营销信息传播的成本。

如今，网络使用和网上购物迅猛发展，数字技术快速进步，从智能手机、平板电脑等数字设备，到网上移动和社交媒体的暴涨。很多企业纷纷在各种社交网络上建立自己的主页，以此来免费获取巨大的网上社群中活跃的社交分享所带来的商业潜力。

常用的网络营销工具有内部信息源工具包括企业自行运营的官方网站、官方博客、官方APP、关联网站等；外部信息源工具包括第三方提供的互联网服务，如博客、微博、微信公众平台等（图8-7）。

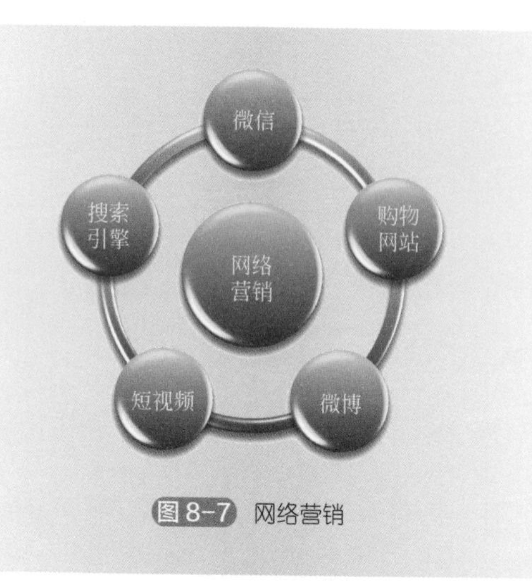

图 8-7 网络营销

如安徽六安的小夏养土鸡。通过网络平台卖土鸡蛋和土鸡，不到两年时间，他就通过淘宝网和微博销售 100 万枚鸡蛋和上万只土鸡，成为小有名气的“鸡蛋哥”。

七、重视生态养鸡的食品安全问题

《中华人民共和国食品安全法》第十章附则第一百五十条规定：食品安全，指食品无毒、无害，符合应当有的营养要求，对人体健康不造成任何急性、亚急性或者慢性危害。

食品安全的含义有三个层次：第一层为食品数量安全，即一个国家或地区能够生产民族基本生存所需的膳食需要。要求人们既能买得到又能买得起生存生活所需要的基本食品。第二层为食品质量安全，指提供的食品在营养、卫生方面满足和保障人群的健康需要，食品质量安全涉及食品的污染、是否有毒、添加剂是否违规超标、标签是否规范等问题，需要在食品受到污染界限之前采取措施，预防食品的污染和遭遇主要危害因素侵袭。第三层为食品可持续安全，这是从发展角度要求食品的获取需要注重生态环境的良好保护和资源利用的可持续。

从“苏丹红”到“三聚氰胺”，从“瘦肉精”到“地沟油”……长期以来，食品安全问题一直困扰着民众，渐成社会痼疾，引起全社会的高度重视。食品安全直接关系广大人民群众的切身利益，关系全面小康和社会主义现代化建设全局。

食品安全关系到全社会、千家万户的生命安全，是关系国计民生的头等大事。而养鸡业食品安全的源头在养殖环节，源头不安全，加工、流通、消费等后续环节当然不会安全。源头管理是1，后面的都是0，食品安全没有严格的源头管理，就输在了起跑线上！食品安全不仅需要政府部门肩负起监管职责，更需要食品生产企业主动承担起责任，从食品的源头做好把控，实现对消费者的安全承诺。

因此，作为负有食品安全责任的养殖者，有责任、有义务做好生产环节的食品安全工作。

（一）主动按照无公害食品生产的要求去做，建立食品安全制度

一个企业规模再大、效益再好，一旦在食品安全上出问题，就是社会的罪人。家庭农场要视食品安全为生命线。坚决不购买和使用违禁药品、饲料及饲料添加剂，不使用受污染的饲料原料和饮水，不购买来历不明的饲料兽药。

（二）生产环节做好预防工作

生态放养鸡的养殖环境是野外，传染病控制难度大，更应该高度重视疫病预防工作。必须保证鸡采食的饲料和牧草品质

安全优良，饮水洁净，符合家禽的卫生要求，补饲得当。按照免疫程序定期给鸡群接种疫苗，养殖过程中不随意使用任何兽药。做好粪便和病死鸡的无害化处理，饲料的保管，水源保护工作，避免出现环境、饲料原料和饮水的污染。严格执行停药期的规定，避免出现药物残留。

（三）积极落实食品安全可追溯制度，建立生产过程质量安全控制信息

主要包括：饲料原料入库、贮存、出库、生产使用等相关信息；生产过程环境监测记录，主要有空气、水源、温度、湿度等记录；生产过程相关信息，主要有兽药使用记录、免疫记录、消毒记录、药物残留检验等内容，包括原始检验数据并保存检验报告；出栏商品鸡和鸡蛋相关信息，包括舍（批）号、数量、生产日期、检验合格单、销售日期、联系方式等内容。做好食品安全可追溯工作（图 8-8），不仅是食品安全的要求，

图 8-8 国家农产品安全追溯管理信息平台网页

同时还可以提高家庭农场的知名度和经济收益，一个食品安全做得好的家庭农场，其鸡产品必定受到消费者的欢迎。

（四）主动接受监督，查找落实食品安全方面的不足

如主动将鸡肉和鸡蛋送到食品监督检验部门做农兽药和禁用药物残留监测。

参考文献

[1] 肖冠华. 投资养蛋鸡你准备好了吗 [M]. 北京：化学工业出版社，2014.

[2] 肖冠华. 投资养肉鸡你准备好了吗 [M]. 北京：化学工业出版社，2014.

[3] 李英，谷子林. 生态放养柴鸡关键技术问答 [M]. 北京：金盾出版社，2010.

[4] 肖冠华. 这样养蛋鸡才赚钱 [M]. 北京. 化学工业出版社，2018.

[5] 肖冠华. 这样养肉鸡才赚钱 [M]. 北京. 化学工业出版社，2018.

[6] 秦志刚，刘冰，张新. 核桃园种草养鸡对核桃树生长的影响及其经济效益分析 [J]. 广西农学报，2011,26 (01): 37-39.

[7] 邱剑平，陈雪，冯正东，等. 规模化养鸡场的生物安全及管理 [J]. 现代农业科技，2012 (1): 301-302，310.

[8] 熊四萍. 养鸡场的生产财务管理 [J]. 农技服务，2011，28(7):1018，1057.